“十二五”普通高等教育本科国家级规划教材

普通高等学校计算机教育“十二五”规划教材

数据结构（C 语言版）

（第 3 版）

DATA STRUCTURE
(C PROGRAMMING LANGUAGE VERSION)
(3rd edition)

李云清 杨庆红 揭安全 ◆ 编著

人民邮电出版社

北京

图书在版编目（ＣＩＰ）数据

数据结构：C语言版 / 李云清，杨庆红，揭安全编
著. -- 3版. -- 北京：人民邮电出版社，2014.9（2023.1重印）
普通高等学校计算机教育"十二五"规划教材
ISBN 978-7-115-36463-0

Ⅰ. ①数… Ⅱ. ①李… ②杨… ③揭… Ⅲ. ①数据结
构－高等学校－教材②C语言－程序设计－高等学校－教
材 Ⅳ. ①TP311.12②TP312

中国版本图书馆CIP数据核字(2014)第179899号

内 容 提 要

本书介绍了数据结构的基本概念和基本算法。全书共分为 10 章，包括概论、线性表及其顺序存储、线性表的链式存储、字符串、数组和特殊矩阵、递归、树型结构、二叉树、图、检索、内排序等内容，附录给出了较为详细的基础实验和几类综合课程设计题。

本书内容丰富，逻辑性强，文字清晰流畅，既注重理论知识，又强调工程实用。书中既体现了抽象数据类型的概念，又对每个算法的具体实现给出了完整的 C 语言源代码描述。

与本书配套的电子教案、书中所有算法的源代码和习题参考答案均可从人民邮电出版社教学服务与资源网（www.ptpedu.com.cn）上免费下载。

本书可作为高等院校计算机专业及相关专业本科生"数据结构"课程的教材，也可作为从事计算机工程与应用的广大读者的参考书。

◆ 编　　著　李云清　杨庆红　揭安全
　　责任编辑　邹文波
　　责任印制　彭志环　焦志炜

◆ 人民邮电出版社出版发行　　北京市丰台区成寿寺路 11 号
　　邮编　100164　电子邮件　315@ptpress.com.cn
　　网址　https://www.ptpress.com.cn
　　涿州市京南印刷厂印刷

◆ 开本：787×1092　1/16
　　印张：19　　　　　　　　　2014 年 9 月第 3 版
　　字数：499 千字　　　　　　2023 年 1 月河北第 23 次印刷

定价：42.00 元

读者服务热线：(010)81055256　印装质量热线：(010)81055316
反盗版热线：(010)81055315

前　言

　　数据结构是计算机专业重要的专业基础课程与核心课程之一。全国硕士研究生入学统一考试计算机科学与技术学科全国联考的考试科目定名为计算机学科专业基础综合，该考试科目涵盖 4 门课程，数据结构为其中重要的 1 门，其所占比例和分值最高。

　　数据结构课程主要是学习基本数据结构及其应用、检索和排序算法的各种实现方法与分析比较，对于选用何种描述工具对数据结构和算法进行描述，我们认为各有千秋。通过教学实践和教学改革研究表明，在数据结构教学中，对数据结构本质和各种算法思想的掌握与理解并不依赖于描述工具。实践表明，对于熟练掌握 C 语言的读者，使用 C 语言描述算法，读者可以将学习精力集中于算法思想的理解，有利于数据结构的教学。

　　为适应我国计算机科学技术的应用和发展，进一步提高计算机专业和相关专业“数据结构”课程的教学质量，2004 年，编者根据多年教学的体会，结合高等教育大众化的趋势，在分析国内、外多种同类教材的基础上，编写出版了《数据结构（C 语言版）》，2009 年修订出版了《数据结构（C 语言版）（第2 版）》。该书先后印刷多次，受到读者的关注和欢迎。

　　本书修订了第 2 版中的一些表述，尽量结合实际应用描述相关知识，希望提升学生的学习兴趣。另外，根据一些使用本教材教师的建议和教学实际，增加了2 个附录，分别是基础实验和综合实验。

　　本书总结了编者主持“数据结构”省级精品课程和省级资源共享课程建设的最新成果，传承了第 2 版教材的特色。修订后，本书具有以下特色。

　　1. 对数据结构的基本概念、基本理论的阐述注重科学性和严谨性。全书贯穿抽象数据类型的思想，在讨论一种数据结构时，都采用抽象数据类型的观点进行描述，以便读者更好地掌握理论知识，提高抽象思维的能力。

　　2. 对各种基本算法描述尽量详细，叙述清楚。对许多算法给出了详尽的图示，帮助读者理解算法的思路。

　　3. 注重工程实用。对于数据结构和算法的描述，本书并没有使用伪代码，而是采用了大多数读者熟悉的 C 语言进行描述，每个算法都用 C 语言的函数形式给出。书中所有的算法实现都对应一个 C 语言的函数，一个数据结构的基本函数实现置于一个 C 文件中，如同使用 C 语言库函数一般，使用十分方便。限于篇幅，书中没有给出使用实例。在我们提供的源代码中，有许多测试程序，读者可以通过参阅这些测试程序掌握书中算法的使用方法。

　　4. 由于递归在算法设计中经常使用，我们单独用一章的篇幅介绍了递归算法的特点、递归的执行过程以及递归和非递归的转换等。

　　5. 附录 1 给出了较为详细的基础实验指导，附录 2 给出了几类综合课程设计题供教学参考，方便教师开展课程实验教学，帮助学生掌握数据结构知识，提高算法设计和实践能力。完整的基础实验案例可从人民邮电出版社网站下载。

为了方便教师使用，编者制作了与本书配套的电子教案和习题参考答案等教学资源，教师在使用时可以根据需要对电子教案进行修改。该电子教案和书中所有算法的源代码等均可从人民邮电出版社教学与服务资源站（www.ptpedu.com.cn）上免费下载。

本书包含正文和附录。正文共10章，第1章、第2章、第3章和第10章由李云清撰写，第4章、第5章、第6章和第7章由杨庆红撰写，第8章、第9章由揭安全撰写。附录1、附录2由揭安全执笔。全书由李云清统稿。

在本书写作过程中，得到了许多老师的指导和帮助。第2版出版后，一些老师和同学也提出了许多富有建设性的意见和建议，在此，笔者向他（她）们表示衷心的感谢。

本书可以作为普通高等院校计算机及相关专业本科、专升本教材，也可作为研究生入学考试的复习参考书。

由于编者水平有限，加上时间仓促，书中难免有错误之处，恳请同行专家及广大读者批评指正。编者的电子邮箱是 dscourse2009@126.com。

编　者

2014.7

目　录

第1章　概论 ………………………… 1

1.1　数据结构的基本概念与术语 ……… 1
 1.1.1　数据结构的基本概念 ………… 1
 1.1.2　数据的逻辑结构 ……………… 2
 1.1.3　数据的存储结构 ……………… 3
 1.1.4　数据的运算集合 ……………… 5
1.2　数据类型和抽象数据类型 ………… 5
 1.2.1　数据类型 ……………………… 6
 1.2.2　抽象数据类型 ………………… 7
 1.2.3　抽象数据类型的描述和实现 … 7
1.3　算法和算法分析 …………………… 8
 1.3.1　算法的基本概念和基本特征 … 8
 1.3.2　算法的时间复杂度和空间
   复杂度 ……………………… 8
习题 …………………………………… 10

第2章　线性表及其顺序存储 ……… 11

2.1　线性表 ……………………………… 11
2.2　顺序表 ……………………………… 11
 2.2.1　顺序表的基本概念及描述 …… 11
 2.2.2　顺序表的实现 ………………… 12
2.3　栈 …………………………………… 16
 2.3.1　栈的基本概念及描述 ………… 16
 2.3.2　顺序栈及其实现 ……………… 18
 2.3.3　栈的应用之一——括号匹配 … 20
 2.3.4　栈的应用之二——算术表达式
   求值 ………………………… 21
2.4　队列 ………………………………… 26
 2.4.1　队列的基本概念及描述 ……… 26
 2.4.2　顺序队列及其实现 …………… 27
 2.4.3　顺序循环队列及其实现 ……… 30
习题 …………………………………… 32

第3章　线性表的链式存储 ………… 34

3.1　链式存储 …………………………… 34
3.2　单链表 ……………………………… 35
 3.2.1　单链表的基本概念及描述 …… 35
 3.2.2　单链表的实现 ………………… 36
3.3　带头结点的单链表 ………………… 40
 3.3.1　带头结点的单链表的基本
   概念及描述 ………………… 40
 3.3.2　带头结点的单链表的实现 …… 40
3.4　循环单链表 ………………………… 44
 3.4.1　循环单链表的基本概念及
   描述 ………………………… 44
 3.4.2　循环单链表的实现 …………… 44
3.5　双链表 ……………………………… 50
 3.5.1　双链表的基本概念及描述 …… 50
 3.5.2　双链表的实现 ………………… 50
3.6　链式栈 ……………………………… 55
 3.6.1　链式栈的基本概念及描述 …… 55
 3.6.2　链式栈的实现 ………………… 56
3.7　链式队列 …………………………… 58
 3.7.1　链式队列的基本概念及描述 … 58
 3.7.2　链式队列的实现 ……………… 59
习题 …………………………………… 62

第4章　字符串、数组和特殊
   矩阵 ………………………… 64

4.1　字符串 ……………………………… 64
 4.1.1　字符串的基本概念 …………… 64
 4.1.2　字符串类的定义 ……………… 64
 4.1.3　字符串的存储及其实现 ……… 65
4.2　字符串的模式匹配 ………………… 72
 4.2.1　朴素的模式匹配算法 ………… 73
 4.2.2　快速模式匹配算法 …………… 73

4.3 数组 ·· 76
　4.3.1 数组和数组元素 ············· 76
　4.3.2 数组类的定义 ·················· 77
　4.3.3 数组的顺序存储及实现 ····· 78
4.4 特殊矩阵 ·· 81
　4.4.1 对称矩阵的压缩存储 ········ 82
　4.4.2 三角矩阵的压缩存储 ········ 83
　4.4.3 带状矩阵的压缩存储 ········ 84
4.5 稀疏矩阵 ·· 86
　4.5.1 稀疏矩阵类的定义 ············ 86
　4.5.2 稀疏矩阵的顺序存储及其
　　　　实现 ································· 87
　4.5.3 稀疏矩阵的链式存储及实现 ····· 89
习题 ··· 93

第5章　递归 ·· 94
5.1 递归的基本概念与递归程序
　　设计 ··· 94
5.2 递归程序执行过程的分析 ·········· 96
5.3 递归程序到非递归程序的转换 ···· 99
　5.3.1 简单递归程序到非递归程序
　　　　的转换 ··························· 99
　5.3.2 复杂递归程序到非递归程序
　　　　的转换 ························· 102
5.4 递归程序设计的应用实例 ········ 107
习题 ··· 109

第6章　树型结构 ······························ 110
6.1 树的基本概念 ······························ 110
6.2 树类的定义 ································· 112
6.3 树的存储结构 ······························ 112
　6.3.1 双亲表示法 ···················· 112
　6.3.2 孩子表示法 ···················· 113
　6.3.3 孩子兄弟表示法 ············· 116
6.4 树的遍历 ····································· 117
6.5 树的线性表示 ······························ 120
　6.5.1 树的括号表示 ················· 120
　6.5.2 树的层号表示 ················· 122
习题 ··· 124

第7章　二叉树 ··································· 125
7.1 二叉树的基本概念 ····················· 125
7.2 二叉树的基本运算 ····················· 127
7.3 二叉树的存储结构 ····················· 128
　7.3.1 顺序存储结构 ················· 128
　7.3.2 链式存储结构 ················· 130
7.4 二叉树的遍历 ······························ 131
　7.4.1 二叉树遍历的定义 ·········· 131
　7.4.2 二叉树遍历的递归实现 ···· 131
　7.4.3 二叉树遍历的非递归实现 ·· 133
7.5 二叉树其他运算的实现 ············· 137
7.6 穿线二叉树 ································· 139
　7.6.1 穿线二叉树的定义 ·········· 139
　7.6.2 中序穿线二叉树的基本
　　　　运算 ····························· 140
　7.6.3 中序穿线二叉树的存储
　　　　结构及其实现 ··············· 140
7.7 树、森林和二叉树的转换 ········· 143
　7.7.1 树、森林到二叉树的转换 ·· 143
　7.7.2 二叉树到树、森林的转换 ·· 144
习题 ··· 144

第8章　图 ··· 146
8.1 图的基本概念 ······························ 146
8.2 图的基本运算 ······························ 149
8.3 图的基本存储结构 ····················· 150
　8.3.1 邻接矩阵及其实现 ·········· 150
　8.3.2 邻接表及其实现 ············· 153
　8.3.3 邻接多重表 ···················· 155
8.4 图的遍历 ····································· 156
　8.4.1 深度优先遍历 ················· 156
　8.4.2 广度优先遍历 ················· 158
8.5 生成树与最小生成树 ················· 160
　8.5.1 最小生成树的定义 ·········· 161
　8.5.2 最小生成树的普里姆
　　　　（Prim）算法 ··············· 163
　8.5.3 最小生成树的克鲁斯卡尔
　　　　（Kruskal）算法 ·········· 166
8.6 最短路径 ····································· 169

8.6.1　单源最短路径 ·············· 169

8.6.2　所有顶点对的最短路径 ····· 172

8.7　拓扑排序 ························· 174

8.8　关键路径 ························· 177

习题 ····································· 182

第 9 章　检索 ························· 186

9.1　检索的基本概念 ················ 186

9.2　线性表的检索 ·················· 187

9.2.1　顺序检索 ················ 187

9.2.2　二分法检索 ·············· 188

9.2.3　分块检索 ················ 191

9.3　二叉排序树 ····················· 193

9.4　丰满树和平衡树 ················ 200

9.4.1　丰满树 ·················· 200

9.4.2　平衡二叉排序树 ·········· 201

9.5　最佳二叉排序树和 Huffman 树 ····· 207

9.5.1　扩充二叉树 ·············· 207

9.5.2　最佳二叉排序树 ·········· 208

9.5.3　Huffman 树 ············· 213

9.6　B 树 ····························· 216

9.6.1　B-树的定义 ·············· 217

9.6.2　B-树的基本操作 ·········· 217

9.6.3　B+树 ··················· 222

9.7　散列表检索 ····················· 224

9.7.1　散列存储 ················ 224

9.7.2　散列函数的构造 ·········· 225

9.7.3　冲突处理 ················ 226

习题 ····································· 230

第 10 章　内排序 ···················· 233

10.1　排序的基本概念 ··············· 233

10.2　插入排序 ······················ 234

10.2.1　直接插入排序 ··········· 234

10.2.2　二分法插入排序 ·········· 237

10.2.3　表插入排序 ············· 238

10.2.4　Shell 插入排序 ·········· 240

10.3　选择排序 ······················ 241

10.3.1　直接选择排序 ··········· 241

10.3.2　树型选择排序 ··········· 243

10.3.3　堆排序 ················· 245

10.4　交换排序 ······················ 249

10.4.1　冒泡排序 ··············· 249

10.4.2　快速排序 ··············· 250

10.5　归并排序 ······················ 253

10.6　基数排序 ······················ 256

10.6.1　多排序码的排序 ·········· 256

10.6.2　静态链式基数排序 ········ 256

习题 ····································· 260

附录 1　基础实验 ··················· 262

实验 1　线性表的顺序实现 ·········· 262

实验 2　不带头结点的单链表 ········ 265

实验 3　带头结点的单链表 ·········· 269

实验 4　栈与字符串 ················· 271

实验 5　递归 ························· 275

实验 6　树 ··························· 278

实验 7　二叉树 ······················ 280

实验 8　图 ··························· 283

实验 9　检索 ························· 285

实验 10　排序 ······················· 286

附录 2　综合实验 ··················· 289

参考文献 ··························· 295

第1章
概论

数据结构讨论的是数据的逻辑结构、存储方式以及相关操作。本章讲述数据结构的基本概念及相关术语，介绍数据结构、数据类型和抽象数据类型之间的联系，介绍算法的特点及算法的时间复杂度与空间复杂度。

1.1　数据结构的基本概念与术语

1.1.1　数据结构的基本概念

人们常把计算机称为数据处理机，在计算机问世的初期，计算机所处理的数据基本上都是数值型数据，也就是说，计算机发展的初期主要是用于数值计算，那时的软件设计者将主要精力用于程序设计的技巧上，而对如何在计算机中组织数据并不需要花费太多的时间和精力。然而，随着计算机软、硬件的发展，计算机的应用范围在不断扩大，计算机处理数据的数量也在不断扩大，计算机处理的数据已不再是单纯的数值数据，而更多的是非数值数据。此时，如果仅在程序设计技巧上花功夫，而不去考虑数据的组织，那么，对大量数据的处理将会是十分低效的，有时甚至是无法进行的。

需要处理的数据并不是杂乱无章的，它们一定有内在的联系，只有弄清楚它们之间本质的联系，才能使用计算机对大量的数据进行有效的处理。

例如，某电信公司的市话用户信息表如表 1.1 所示。

表 1.1　　　　　　　　　　　　　　　用户信息表

序　　号	用　户　名	电话号码	用　户　住　址	
			街　道　名	门　牌　号
00001	万方林	33800***	北京西路	1659*
00002	吴金平	33800***	北京西路	2099*
00003	王　冬	55700***	瑶湖大道	1987*
00004	王　三	55700***	瑶湖大道	2008*
00005	江　凡	68800***	学府大道	5035*

对于上面的数据，每一行是一个用户的有关信息，它由序号、用户名、电话号码和用户住址等项组成。序号、用户名和电话号码等项称为基本项，是有独立意义的最小标识单位，而用户住

址称为组合项，组合项由一个或多个基本项或组合项组成，是有独立意义的标识单位。这里的每一行称为一个结点，每一个组合项称为一个字段。结点是由若干个字段构成的。对于能唯一地标识一个结点的字段或几个字段的组合，如这里的序号字段，称为关键码。当要使用计算机处理用户信息表中的数据时，必须弄清楚下面3个问题。

1. 数据的逻辑结构

这些数据之间存在什么样的内在联系？在这些数据中，有且只有一个结点是表首结点，它前面没有其他结点，后面有一个和它相邻的结点；有且只有一个结点是表尾结点，它后面没有其他结点，前面有一个和它相邻的结点；除这两个结点之外，表中所有其他的结点都有且仅有一个和它相邻的位于它之前的结点，也有且仅有一个和它相邻的位于它之后的结点。上述这些就是用户信息表的逻辑结构。

2. 数据的存储结构

数据在计算机中的存储方式称为存储结构。将用户信息表中的所有结点存入计算机时，就必须考虑存储结构。使用C语言进行设计时，常见的方式是用一个结构数组来存储整个用户信息表，每一个结构数组元素是一个结构，它对应于用户信息表中的一个结点。用户信息表中相邻的结点，对应的结构数组元素也是相邻的，或者说在这种存储方式下，逻辑相邻的结点就必须物理相邻。这是一种被称为顺序存储的方式，当然，还有其他的存储方式。

3. 数据的运算集合

对数据的处理必定涉及到相关的运算。在上述用户信息表中，可以进行删除一个用户、增加一个用户和查找某个用户等操作。应该明确指出这些操作的含义。比如删除操作，是删除序号为5的用户还是删除用户名为王三的用户是应该明确定义的，如果需要可以定义两个不同的删除操作。为一批数据定义的所有运算（或称操作）构成一个运算（操作）集合。

对于一批待处理的数据，只有分析清楚上面3个方面的问题，才能进行有效的处理。

数据结构就是指按一定的逻辑结构组成的一批数据，使用某种存储结构将这批数据存储于计算机中，并在这些数据上定义了一个运算集合。

在讨论一个数据结构时，数据结构所含的3个方面缺一不可，也就是说，只有给定一批数据的逻辑结构和它们在计算机中的存储结构，并且定义了数据运算集合，才能确定一个数据结构。例如，在后面的章节中将要介绍的栈和队列，它们的逻辑结构是一样的，它们都可以用同样的存储结构，但是由于所定义的运算性质不同，它们成为两种不同的数据结构。

1.1.2 数据的逻辑结构

数据的逻辑结构是数据和数据之间所存在的逻辑关系，它可以用一个二元组

$$B = (K, R)$$

来表示，其中 K 是数据，即结点的有限集合；R 是集合 K 上关系的有限集合，这里的关系是从集合 K 到集合 K 的关系。在本书的讨论中，一般只涉及一个关系的逻辑结构。

例如，有5个人，分别记为 a，b，c，d，e，其中 a 是 b 的父亲，b 是 c 的父亲，c 是 d 的父亲，d 是 e 的父亲，如果只讨论他们之间存在的父子关系，则可以用下面的二元组形式化地予以表达：

$$B = (K, R)$$

其中，$K = \{a, b, c, d, e\}$

$R = \{r\}$

$r = \{<a,\ b>,\ <b,\ c>,\ <c,\ d>,\ <d,\ e>\}$

也可以用图形的方式表示数据的逻辑结构，K 中的每个结点 k_i 用一个方框表示，而结点之间的关系用带箭头的线段表示。这 5 人之间的逻辑结构用图形的方式表达，如图 1.1 所示。

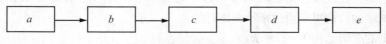

图 1.1　数据的逻辑结构图

若 $k_i \in K$，$k_j \in K$，$<k_i,\ k_j> \in r$，则称 k_i 是 k_j 的相对于关系 r 的前驱结点，k_j 是 k_i 的相对于关系 r 的后继结点。因为一般只讨论具有一种关系的逻辑结构，即 $R = \{r\}$，所以简称 k_i 是 k_j 前驱，k_j 是 k_i 的后继。如果某个结点没有前驱结点，称为开始结点；如果某个结点没有后继结点，称为终端结点；既不是开始结点也不是终端结点的结点称为内部结点。

对于一个逻辑结构 $B = (K，R)$，如果它只有一个开始结点和一个终端结点，而其他的每一个结点有且仅有一个前驱和一个后继，称为线性结构。如果它有一个开始结点，有多个终端结点，除开始结点外，每一个结点有且仅有一个前驱，称为树型结构。如果每个结点都可以有多个前驱和后继，称为图形结构。树型结构和图形结构都是非线性结构。

图 1.2 所示的是一个有 7 个结点的数据结构的逻辑关系的图形表示。

这里 k_1 是开始结点，k_2，k_4，k_5，k_6，k_7 是终端结点，k_3 是内部结点。

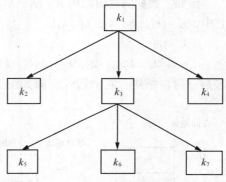

图 1.2　一个逻辑关系的图形表示

以后，在不引起误解的情况下，我们把数据的逻辑结构简称为数据结构。

1.1.3　数据的存储结构

数据的逻辑结构是独立于计算机的，它与数据在计算机中的存储无关。要对数据进行处理，就必须将数据存储在计算机中，如果将数据在计算机中无规律地存储，那么在处理时会非常糟的，是没有用的。试想一下，如果一本英汉字典中的单词是随意编排的，那这本字典谁也不会用。对于一个数据结构 $B = (K，R)$，必须建立从结点集合到计算机某个存储区域 M 的一个映像，这个映像要直接或间接地表达结点之间的关系 R。如前所述，数据在计算机中的存储方式称为数据的存储结构。数据的存储结构主要有以下 4 种。

1. 顺序存储

顺序存储通常用于存储具有线性结构的数据。将逻辑上相邻的结点存储在连续存储区域 M 的相邻存储单元中，使得逻辑相邻的结点一定是物理位置相邻。这种映像是通过物理上存储单元的相邻关系来体现结点间相邻的逻辑关系。

例如，对于一个数据结构 $B = (K，R)$

其中，$K = \{k_1,\ k_2,\ k_3,\ k_4,\ k_5,\ k_6,\ k_7,\ k_8,\ k_9\}$

$R = \{r\}$

$r = \{<k_1,\ k_2>,\ <k_2,\ k_3>,\ <k_3,\ k_4>,\ <k_4,\ k_5>,\ <k_5,\ k_6>,\ <k_6,\ k_7>,\ <k_7,\ k_8>,\ <k_8,\ k_9>\}$

它的顺序存储方式如图 1.3 所示。

2. 链式存储

链式存储方式是给每个结点附加一个指针段，一个结点的指针所指的是该结点的后继存储地址，因为一个结点可能有多个后继，所以指针段可以是一个指针，也可以是多个指针。在链式存储中逻辑相邻的结点在连续存储区域 M 中可以不是物理相邻的。前面讲到，数据的存储结构一定要体现它的逻辑结构，这里是通过指针来体现的。

例如，数据的逻辑结构 $B = (K, R)$

其中，$K = \{k_1, k_2, k_3, k_4, k_5\}$

$\quad R = \{r\}$

$\quad r = \{<k_1, k_2>, <k_2, k_3>, <k_3, k_4>, <k_4, k_5>\}$

这是一个线性结构。它的链式存储如图 1.4 所示。

很明显，在这种存储方式下，必须要知道开始结点的存储地址。

例如，数据的逻辑结构 $B = (K, R)$

其中，$K = \{k_1, k_2, k_3, k_4, k_5\}$

$\quad R = \{r\}$

$\quad r = \{<k_1, k_2>, <k_1, k_3>, <k_2, k_4>, <k_4, k_5>\}$

这是一树型结构，它的链式存储如图 1.5 所示。

存储地址	M
1001	k_1
1002	k_2
1003	k_3
1004	k_4
1005	k_5
1006	k_6
1007	k_7
1008	k_8
1009	k_9

存储地址	info	next
1000		
1001	k_1	1003
1002		
1003	k_2	1007
1004		
1005	k_4	1006
1006	k_5	∧
1007	k_3	1005
1008		

存储地址	数据	指针1	指针2
1000	k_1	1001	1006
1001	k_2	1005	∧
1002			
1003	k_5	∧	∧
1004			
1005	k_4	1003	∧
1006	k_3	∧	∧
1007			
1008			

图 1.3 顺序存储的图示　图 1.4　一个线性结构的链式存储图示　图 1.5　一个树型结构的链式存储图示

3. 索引存储

在线性结构中，设开始结点的索引号为 1，其他结点的索引号等于其前继结点的索引号加 1，则每一个结点都有唯一的索引号。索引存储就是根据结点的索引号确定该结点的存储地址。例如，一本书的目录就是各章节的索引，目录中每个章节后面标识的页码就是该章节在书中的位置。如果某本书的每个章节所占页码总数相同，那么可以由一个线性函数来确定每个章节在书中的位置。

4. 散列存储

散列存储的思想是构造一个从集合 K 到存储区域 M 的函数 h，该函数的定义域为 K，值域

为 M，K 中的每个结点 k_i 在计算机中的存储地址由 $h(k_i)$ 确定。

一个数据结构存储在计算机中，整个数据结构所占的存储空间一定不小于数据本身所占的存储空间，通常把数据本身所占存储空间的大小与整个数据结构所占存储空间的大小之比称为数据结构的存储密度。显然，数据结构的存储密度不大于 1。顺序存储的存储密度为 1，链式存储的存储密度小于 1。

1.1.4　数据的运算集合

对于一批数据，数据的运算是定义在数据的逻辑结构之上的，而运算的具体实现依赖于数据的存储结构。

例如，在一个线性结构中查找一个值为 x 的结点，可以这样定义查找运算："从该结构的第 1 个结点开始，将结点值与 x 比较，如果相等则查找成功结束；如果不相等，则沿着该结点的后继继续比较，直到找到一个满足条件的结点成功结束，或找遍所有结点都没有找到而以查找失败结束。"

如果一个线性结构采用顺序存储，比如用一个一维数组存放，则查找运算中一个结点的后继是通过数组下标的递增实现的，如 $i = i + 1$。如果采用链式存储，一个结点后继是通过形如 p = p->link 的方式来实现的。

数据的运算集合要视情况而定，一般而言，数据的运算包括插入、删除、检索、输出和排序等。

插入是指在一个结构中增加一个新的结点。

删除是指在一个结构中删除一个结点。

检索是指在一个结构中查找满足条件的结点。

输出是指将一个结构中所有结点的值打印、输出。

排序是指将一个结构中所有结点按某种顺序重新排列。

1.2　数据类型和抽象数据类型

在程序设计中，数据和运算是两个不可缺少的因素。所有的程序设计活动都是围绕着数据和其相关运算进行的。从机器指令、汇编语言中的数据没有类型的概念，到现在的面向对象程序设计语言中抽象数据类型概念的出现，程序设计中的数据经历了一次次抽象。数据的抽象经历了三个发展阶段。

第一个发展阶段是从无类型的二进制数到基本数据类型的产生。在机器语言中，程序设计中所涉及的一切数据，包括字符、数、指针、结构数据和程序等都是由程序设计人员用二进制数字表达的，没有类型的概念。人们难以理解、辨别这些由 0 和 1 所组成的二进制数表达的含义。这种程序的易读性、可维护性和可靠性极差。随着计算机技术的发展，出现了 Fortran、Algol 高级程序设计语言，在这些高级程序设计语言中引入了整型、实型和布尔类型等基本数据类型，程序员可以将其他的数据对象建立在基本数据类型之上，避免了复杂的机器表示。这样，程序员不必和繁杂的二进制数字直接打交道就能完成相应的程序设计任务。数据类型就像一层外衣，它反映了一个抽象层次，使得程序设计人员只需知道如何使用整数、实数和布尔数，而不需要了解机器的内部细节。此外，高级程序设计语言的编译程序可以利用类型信息进行类型一致性检查，及早发现程序中的语法错误。

第二个发展阶段是从基本数据类型到用户自定义类型的产生。Fortran 等语言只是引入了整型、实型和布尔型等基本的类型，而在程序的开发过程中，许多复杂的数据对象难以用这些基本的类型表示，这就给程序的设计带来了很大的困难。例如，程序要实现一个数组栈（即栈中的元素为数组）的操作，不能将数组作为基本对象来处理，必须通过其下标变量对数组的分量逐个处理。如果数组的分量又是一个数组，则还必须对这个用作分量的数组的分量逐一处理，直到最底层为整数、实数或布尔数等基本类型的数据为止。也就是说，虽然经过第一个阶段的发展，用户可以不必涉及机器内部细节，但是，仅仅引入几种基本类型，用户在处理复杂的数据时，仍要涉及其数据结构的细节。如果可以把所要处理的数据对象作为某种类型的对象来直接处理，而不必涉及其数据表示细节，将会给控制程序的复杂性带来很大的益处，并且编译程序的类型检查机制可以及早发现错误。为此，PL/I 曾试图引入更多的基本类型（如数组、树和栈等），以便将数组、树和栈作为直接处理的数据对象。但这不是解决问题的好方法。因为，一个大型系统所涉及的数据对象极其复杂，任何一种程序语言都没有办法使所有的类型作为其基本的类型。解决问题的根本方法是，程序设计语言必须提供这样一种机制，程序员可以依据具体问题，灵活方便地定义新的数据类型，即用户定义类型的机制。在大家熟知的 Pascal 和 C 语言中就引入了用户定义类型的机制，程序中允许有用户自己定义的新类型。

第三个发展阶段是从用户自定义类型到抽象数据类型的产生。抽象数据类型是用户自己定义类型的一个机制。数据和运算（即对数据的处理）是程序设计的核心，数据表示的复杂性决定了其上运算实现的复杂性，这也是整个系统复杂性的关键所在。20 世纪 60 年代末期出现的"软件危机"就是因为在软件开发中不能有效地控制数据表示，无法控制整个软件系统的复杂性，最终导致软件系统的失败。"软件危机"使人们认识到，在基于功能抽象的模块化设计方法中，模块间的连接是通过数据进行的，数据从一个模块传送到另一个模块，每一个模块在其上施加一定的操作，并完成一定的功能。尽管 Pascal 和 C 语言等的用户自定义类型机制使得用户可以将这些连接数据作为某种类型的对象直接处理，然而，由于这些用户自定义类型的表示细节是对外部公开的，没有任何保护措施，程序设计人员可以随意地修改这种类型对象的某些成分，添加一些不合法的操作，而处理这种数据对象的其他模块却一无所知，从而危害整个软件系统。这些不利因素将会对由多人合作进行的大型软件系统开发产生致命的危害。为了有效地控制大型程序系统的复杂性，必须从两个方面加以考虑。一方面是更新程序设计语言中的类型定义机制，使类型的内部表示细节对外界不可见，程序设计中不需要依赖于数据的某种具体表示；另一方面要寻求连接模块的新方法，尽可能缩小模块间的界面。面向对象程序设计语言 C++中的类就是实现抽象数据类型的机制。

1.2.1　数据类型

数据类型（或简称类型）反映了数据的取值范围以及对这类数据可以施加的运算。在程序设计语言中，一个变量的数据类型是指该变量所有可能的取值集合。例如，Pascal 语言中布尔类型的变量可以取值为 true 或 false，而不能取其他值。C 语言中的字符型的变量可以取值为 A 或 B 等单个字符，但不能取值 ABC。各种程序设计语言中所规定的基本数据类型不尽相同，利用基本数据类型构造组合数据类型的法则也不一样。因此，一个数据类型就是同一类数据的全体，数据类型用以说明一个数据在数据分类中的归属，是数据的一种属性，数据属性规定了该数据的变化范围。数据类型还包括了这一类数据可以参与的运算，例如，整数型的数据可以进行加、减、乘和除运算，而字符型的数据则不能进行这些运算。所以，数据类型包括两个方面，即数据属性和在这些数据上可以施加的运算集合。

数据结构是数据存在的形式，所有的数据都是按照数据结构进行分类的。简单数据类型对应于简单的数据结构；构造数据类型对应于复杂的数据结构。

1.2.2　抽象数据类型

抽象数据类型是数据类型的进一步抽象，是大家熟知的基本数据类型的延伸和发展。众所周知，整数类型是整数值数据模型（或简单理解为整数）和加、减、乘、除四则运算等的统一体，人们在程序设计中大量使用整数类型及其相关的四则运算，而没有人去追究这些运算是如何实现的。如果人们问到此问题，有人可能会简单回答为计算机自动进行处理。实际上，每一种基本数据类型都有一组与其相关的运算，而这组运算的具体实现都被封装起来，人们不知道也确实不必去关心这些细节。试想一下，如果程序设计人员在程序设计中要考虑基本数据类型的相关运算是如何具体实现的，那将是多么繁杂和令人头痛的事情，程序中的错误也会增加许多。将基本数据类型的概念进行延伸，程序设计人员可以在进行问题求解时，首先确定该问题所涉及的数据模型以及定义在该数据模型上的运算集合，然后求出从数据模型的初始状态到达目标状态所需的运算序列，就成为该问题的求解算法，这样做就是一种抽象。它使得用户不必去关心数据模型中的数据具体表示及相关运算的具体实现，大大提高软件开发中的开发效率和程序的正确性等。

抽象数据类型是与表示无关的数据类型，是一个数据模型及定义在该模型上的一组运算。定义一个抽象数据类型时，必须给出它的名字及各运算的运算符名，即函数名，并且规定这些函数的参数性质。一旦定义了一个抽象数据类型及具体实现，在程序设计中就可以像使用基本数据类型那样，十分方便地使用抽象数据类型。

1.2.3　抽象数据类型的描述和实现

抽象数据类型的描述包括给出抽象数据类型的名称、数据的集合以及数据之间的关系和操作的集合等方面的描述。抽象数据类型的设计者根据这些描述给出操作的具体实现，抽象数据类型的使用者依据这些描述使用抽象数据类型。

在描述抽象数据类型时，抽象数据类型的名称可以任意给定，但最好是用意义贴近的文字表示；对于数据的描述应该给出数据的集合以及这些数据之间关系的描述；对于操作方面的描述，要给出每个操作的名称、操作的前置条件和后置条件以及操作的功能等方面的描述。一个抽象数据类型的操作包括"构造操作集"和"非构造操作集"，读者可以简单地理解构造操作集是一个抽象数据类型中必须定义的操作集合，抽象数据类型中的数据元素均可以通过它们的组合操作获得，而非构造操作集是为了方便使用抽象数据类型而定义的一些操作的集合。例如，对于非负整数抽象数据类型，它的构造操作集有两个：一个是初始化操作 zero，一个是求后继的操作 succ。对任意一个非负整数都可以由这两个操作生成，如 2 = succ(succ(zero()))。当然，还要定义如相等、相加和相减等操作。一般而言，一个抽象数据类型中定义并实现的操作越多，使用就越方便，如同商业银行提供的服务项目越多就越受用户的欢迎一样。

抽象数据类型描述的一般形式如下：

```
ADT 抽象数据类型名称 {
    数据对象：
        ……
    数据关系：
```

```
        ......
    操作集合：
        操作名1：
            ......
            ......
        操作名n：
}ADT 抽象数据类型名称
```

抽象数据类型的具体实现依赖于程序设计语言。面向对象的程序设计语言中的"类"支持抽象数据类型，也支持信息隐藏。本书设定读者使用 C 语言进行程序设计，书中使用 C 语言进行算法的描述和实现，而 C 语言在对抽象数据类型的支持上是欠缺的。一个抽象数据类型 C 语言的不同实现，如一个使用顺序存储，一个使用链式存储，尽管在不同的实现中可以使同一操作对应的函数名相同，但是抽象数据类型的操作所对应的函数原型一般是不同的。因此，要用 C 语言完整地实现抽象数据类型是不现实的。尽管如此，本书在叙述时仍能努力贯彻抽象数据类型的思想，在给出一个抽象数据类型的描述时，对于不同的具体实现，为了和实现中的函数原型一致，在描述抽象数据类型中各操作的时候，有的地方采用了和实现有关的函数原型，并对函数的功能进行了描述。采用这种折衷的方法，是希望向只具有过程式程序设计经验的读者逐渐地灌输抽象数据类型的思想，同时也希望具有面向对象程序设计经验的读者也能从中获益。

1.3　算法和算法分析

1.3.1　算法的基本概念和基本特征

为了求解某问题，必须给出一系列的运算规则，这一系列的运算规则是有限的，表达了求解问题的方法和步骤，这就是一个算法。

一个算法可以用自然语言描述，也可以用高级程序设计语言或伪代码描述。本书采用 C 语言对算法进行描述。

算法是求解问题的一种方法或一个过程。更严格地讲，算法是由若干条指令组成的有穷序列，并满足以下 5 个特征。

① 有穷性　算法的执行必须在有限步内结束。

② 确定性　算法的每一个步骤必须是确定的、无二义性的。

③ 输入　算法可以有 0 个或多个输入。

④ 输出　算法一定有输出结果。

⑤ 可行性　算法中的运算都必须是可以实现的。

程序是用计算机语言表达的求解一个问题的一系列指令的序列，它和算法的主要区别是，算法具有有穷性，程序不需要具备有穷性。一般的程序都会在有限时间内终止，但有的程序却可以不在有限时间内终止，如一个操作系统在正常情况下是永远都不会终止的。

1.3.2　算法的时间复杂度和空间复杂度

求解一个问题可能有多个算法，如何评价算法的优劣呢？一个算法的优劣主要从算法执行时间和所需要占用的存储空间两个方面来衡量。算法执行时间的度量不是采用算法执行的绝对时间来计算的，因为一个算法在不同的机器上执行所花的时间不一样；在不同时刻也会由于计算机资源占用情况的不同，使得算法在同一台计算机上执行的时间也不一样。所以算法的时间复杂度，采用算法执行过程中其基本操作的执行次数，即计算量来度量。

算法中基本操作的执行次数一般是与问题规模有关的，对于结点个数为 n 的数据处理问题，用 $T(n)$ 表示算法基本操作的执行次数。为评价算法的时间复杂度与空间复杂度，我们引入记号为 "O" 的数学符号。设 $T(n)$ 和 $f(n)$ 是定义在正整数集合上的两个函数，如果存在正常数 C 和 n_0，使得当 $n \geq n_0$ 时都有 $0 \leq T(n) \leq C \cdot f(n)$，则记 $T(n) = O(f(n))$。当比较不同算法的时间性能时，主要标准是看不同算法时间复杂度所处的数量级如何。例如，同一问题的两个不同算法，如果一个算法执行基本操作的时间复杂度为 $T1(n) = 2n$，另一个算法的时间复杂度为 $T2(n) = n + 1$，由于 $T1(n) = 2n = O(n)$，$T2(n) = n + 1 = O(n)$，因此，它们被认为是具有相同数量级的算法。也就是说，在评价算法的时间复杂度时，不考虑两算法执行次数之间的细小区别，而只关心算法的本质差别。

对于 $O(\ )$ 记号的深入了解，可以参阅数学分析方面的书籍，表 1.2 给出了一些具体函数的 $O(\ )$ 的表示。

表 1.2　一些具体函数的 $O(\ )$ 表示

$f(n)$	$O(g(n))$	量　级
35	$O(1)$	常数阶
$2n+7$	$O(n)$	线性阶
n^2+10	$O(n^2)$	平方阶
$2n^3+n$	$O(n^3)$	立方阶

按数量级递增排列，常见算法的时间复杂度有常数阶 $O(1)$、对数阶 $O(\log_2^n)$、线性阶 $O(n)$、线性对数阶 $O(n\log_2^n)$、平方阶 $O(n^2)$、立方阶 $O(n^3)$、$\cdots$、k 次方阶 $O(n^k)$，指数阶 $O(2^n)$。即

$$O(1) < O(\log_2^n) < O(n) < O(n\log_2^n) < O(n^2) < O(n^3) < \cdots < (2^n)$$

算法的时间复杂度不仅和问题的规模有关，还与问题数据的初始状态有关。对于在一个线性结构中的检索问题，设问题规模为 n，算法采用从左向右的方向检索，如果要检索的 x 正好就是线性结构中的第一个结点，则检索时间为 $O(1)$；如果 x 不在线性结构中，或 x 等于线性结构中的最后一个结点的值，则检索时间为 $O(n)$。这样就有了算法在最好、最坏以及在平均状态下的时间复杂度的概念。

① 算法在最好情况下的时间复杂度是指算法计算量的最小值。

② 算法在最坏情况下的时间复杂度是指算法计算量的最大值。

③ 算法在平均情况下的时间复杂度是指算法在所有可能的情况下的计算量经过加权计算出的平均值。

对算法时间复杂度的度量，人们更关心的是最坏情况下和平均情况下的时间复杂度。

算法的空间复杂度一般考虑的是算法中除了存储数据本身以外的附加存储空间，它的度量方法和算法的时间复杂度相似。

尽管算法的时间复杂度和空间复杂度是衡量一个算法好坏的两个主要方面，但一般情况下，人们更感兴趣的是算法时间复杂度。

习 题

1.1 什么是数据结构？

1.2 数据结构涉及哪几个方面？

1.3 两个数据结构的逻辑结构和存储结构都相同，但是它们的运算集合中有一个运算的定义不一样，它们是否可以认作是同一个数据结构？为什么？

1.4 线性结构的特点是什么？非线性结构的特点是什么？

1.5 数据结构的存储方式有哪几种？

1.6 算法有哪些特点？它和程序的主要区别是什么？

1.7 抽象数据类型是什么？它有什么特点？

1.8 算法的时间复杂度指的是什么？如何表示？

1.9 算法的空间复杂度指的是什么？如何表示？

1.10 对于下面的程序段，分析带下画线的语句的执行次数，并给出它们的时间复杂度 $T(n)$。

（1）i++;

（2）for(i=0;i<n;i++)
        if (a[i]<x)x=a[i];

（3）for(i=0;i<n;i++)
        for(j=0;j<n;j++)
            printf("%d",i+j);

（4）for (i=1;i<=n-1;i++)
    { k=i;
       for(j=i+1;j<=n;j++)
           if(a[j]>a[j+1]) k=j;
       t=a[k]; a[k]=a[i]; a[i]=t;
    }

（5）for(i=0;i<n;i++)
        for(j=0;j<n;j++)
           {++x;s=s+x;}

第2章
线性表及其顺序存储

线性表是一种常用的数据结构。本章介绍线性表及其顺序存储，并对栈和队列及它们的顺序实现给出详细的设计描述。

2.1 线 性 表

线性表是一个线性结构，它是一个含有 $n \geq 0$ 个结点的有限序列，对于其中的结点，有且仅有一个开始结点，它没有前驱但有一个后继结点；有且仅有一个终端结点，它没有后继但有一个前驱结点；其他的结点都有且仅有一个前驱和一个后继结点。通常，一个线性表可以表示成一个线性序列：k_1，k_2，$\cdots$，k_n，其中 k_1 是开始结点，k_n 是终端结点。

线性表在计算机中的存储基本上是采用顺序存储和链式存储两种方式。

2.2 顺 序 表

2.2.1 顺序表的基本概念及描述

线性表采用顺序存储的方式存储就称为顺序表。顺序表是将表中的结点依次存放在计算机内存中一组地址连续的存储单元中。

如果顺序表中的每个结点需要占用 len 个内存单位，用 location(k_i)表示顺序表中第 i 个结点 k_i 所占内存空间的第 1 个单元的地址。则有如下的关系：

$$location (k_{i+1}) = location (k_i) + len$$

$$location (k_i) = location (k_1) + (i-1) len$$

顺序表的存储结构如图 2.1 所示。

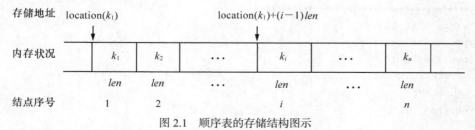

图 2.1 顺序表的存储结构图示

数据结构的存储结构要体现它的逻辑结构。在顺序表的存储结构中，内存中物理地址相邻的结点一定具有顺序表中的逻辑关系。

按照上述的讨论，只要知道顺序表中第 1 个结点的存储地址 location(k_1)，就可以方便地访问顺序表中的任意结点。计算机高级程序设计语言（如 C 语言）中的数组元素是可以随机访问的，所以可以用数组表示顺序表。

顺序表类型的描述如下。

```
ADT sequence_list{
```

数据集合 K:$K=\{k_1, k_2, \cdots, k_n\}$,$n \geq 0$,$K$ 中的元素是 datatype 类型；

数据关系 R:$R=\{r\}$

$r=\{<k_i, k_{i+1}>|\ i=1,2,\cdots,n-1\}$。

操作集合如下。

（1）void init(sequence_list *slt)　顺序表的初始化——置空表。

（2）void append(sequence_list *slt,datatype x)　在顺序表后部插入值为 x 的结点。

（3）void display(sequence_list slt)　打印顺序表的各结点值。

（4）int empty(sequence_list slt)　判断顺序表是否为空。

（5）int find(sequence_list slt,datatype x)　查找顺序表中值为 x 的结点位置。

（6）int get(sequence_list slt,int i)　取得顺序表中第 i 个结点的值。

（7）void insert(sequence_list *slt,int position,datatype x)

在顺序表的 position 位置插入值为 x 的结点。

（8）void dele(sequence_list *slt,int position)　删除表中第 position 位置的结点。

```
} ADT sequence_list
```

2.2.2　顺序表的实现

用 C 语言中的数组存储顺序表，对于顺序表的许多操作，实现起来是比较简单的，如查找第 i 个结点的值、输出整个顺序表的所有结点值等。需要说明的是，C 语言中数组的下标是从 0 开始的，即数组中下标为 0 的元素对应的是顺序表中的第 1 个结点，数组中下标为 i 的元素对应的是顺序表中第 $i+1$ 个结点。为了方便简单起见，将顺序表中各结点的序号改为和对应数组元素的下标序号一致，即将顺序表中各结点的序号从 0 开始编号。这样，一个长度为 n 的顺序表可以表示为：

$$\{k_0,\ k_1,\ k_2,\ \cdots,\ k_{n-1}\}$$

顺序表存储结构的 C 语言描述如下。

```
/*****************************************/
/*  顺序表的头文件,文件名:sequlist.h */
/*****************************************/
 #define MAXSIZE 100
 typedef int datatype;
 typedef struct{
   datatype a[MAXSIZE];
   int size;
 }sequence_list;
```

下面是顺序表的几个基本操作的具体实现，详见算法 2.1～算法 2.6。

```
/*********************************************************/
/*   函数功能:顺序表的初始化——置空表                      */
/*   函数参数:指向 sequence_list 型变量的指针变量 slt      */
/*   函数返回值:空                                        */
/*   文件名:sequlist.c, 函数名:init()                     */
/*********************************************************/
void init(sequence_list *slt)
{
  slt->size=0;
}
```

算法 2.1　顺序表的初始化——置空表

```
/*********************************************************/
/*   函数功能:在顺序表后部进行插入操作                      */
/*   函数参数:指向 sequence_list 型变量的指针变量 slt      */
/*           datatype 类型的变量 x                        */
/*   函数返回值:空                                        */
/*   文件名:sequlist.c, 函数名:append()                   */
/*********************************************************/
void append(sequence_list *slt,datatype x)
{
  if(slt->size==MAXSIZE)
    {printf("顺序表是满的!");exit(1);}
  slt->a[slt->size]=x;
  slt->size=slt->size+1;
}
```

算法 2.2　在顺序表后部进行插入操作

```
/*********************************************************/
/*   函数功能:打印顺序表的各结点值                         */
/*   函数参数:sequence_list 型变量 slt                    */
/*   函数返回值:空                                        */
/*   文件名:sequlist.c,  函数名:display()                 */
/*********************************************************/
void display(sequence_list slt)
{
  int i;
  if(!slt.size) printf("\n 顺序表是空的!");
  else
  for(i=0;i<slt.size;i++)  printf("%5d",slt.a[i]);
}
```

算法 2.3　打印顺序表的各结点值

```
/*********************************************************/
/*   函数功能:判断顺序表是否为空                           */
/*   函数参数:sequence_list 型变量 slt                    */
/*   函数返回值:int 类型。1 表示空,0 表示非空              */
/*   文件名:sequlist.c,函数名:empty()                     */
/*********************************************************/
```

```
int empty(sequence_list slt)
{
  return(slt.size==0 ? 1:0);
}
```

算法 2.4　判断顺序表是否为空

```
/*************************************************************/
/*  函数功能:查找顺序表中值为 x 的结点位置                      */
/*  函数参数:sequence_list 型变量 slt,datatype 型变量 x        */
/*  函数返回值:int 类型。返回 x 的位置值,-1 表示没找到            */
/*  文件名:sequlist.c,函数名:find()                           */
/*************************************************************/
int find(sequence_list slt,datatype x)
{
  int i=0;
  while(i<slt.size&&slt.a[i]!=x) i++;
  return(i<slt.size? i:-1);
}
```

算法 2.5　查找顺序表中值为 x 的结点位置

```
/*************************************************************/
/*  函数功能:取得顺序表中第 i 个结点的值                        */
/*  函数参数:sequence_list 型变量 slt,int 型变量 i            */
/*  函数返回值:datatype 类型。返回第 i 个结点的值               */
/*  文件名:sequlist.c,函数名:get()                            */
/*************************************************************/
datatype get(sequence_list slt,int i)
{
  if(i<0||i>=slt.size)
    {printf("\n 指定位置的结点不存在!");exit(1);}
  else
    return slt.a[i];
}
```

算法 2.6　取得顺序表中第 i 个结点的值

1．顺序表的插入操作

顺序表的插入运算是将一个值为 x 的结点插入到顺序表的第 i 个位置 $0 \leqslant i \leqslant n$，即将 x 插入到 k_{i-1} 和 k_i 之间；如果 $i = n$，则表示插入到表的最后。一般表示如下。

插入前：$\{k_0,\ k_1,\ \cdots,\ k_{i-1},\ k_i,\ \cdots,\ k_{n-1}\}$

插入后：$\{k_0,\ k_1,\ \cdots,\ k_{i-1},\ x,\ k_i,\ \cdots,\ k_{n-1}\}$

插入前 k_{i-1} 的后继是 k_i，k_i 的前驱是 k_{i-1}；插入 x 后，k_{i-1} 的后继是 x，k_i 的前驱是 x，x 的前驱和后继分别是 k_{i-1} 和 k_i。顺序表的插入操作使得其部分结点的逻辑关系发生了变化，这种变更应该在它的存储结构上反映出来，否则，它的存储结构就会因为逻辑结构的变化而丢失功效。为了在存储结构上反映这种变化，需要将 $k_i,\ \cdots,\ k_{n-1}$ 这些结点所对应的数组元素依次后移一个位置，空出 k_i 原先的存储位置以便存放新插入的结点（顺序表的长度将加 1）。插入过程的图示如图 2.2 所示。

图 2.2　插入过程的图示

顺序表插入操作的具体实现过程见算法 2.7。

```
/**********************************************************/
/*  函数功能:在顺序表的 position 位置插入值为 x 的结点     */
/*  函数参数:指向 sequence_list 型变量的指针变量 slt       */
/*          datatype 型变量 x,int 型变量 position          */
/*  函数返回值:空                                          */
/*  文件名:sequlist.c,函数名:insert()                      */
/**********************************************************/
 void insert(sequence_list *slt,datatype x,int position)
 {
   int i;
   if(slt->size==MAXSIZE)
     {printf("\n 顺序表是满的!没法插入!");exit(1);}
   if(position<0||position>slt->size)
     {printf("\n 指定的插入位置不存在!");exit(1);}
   for(i=slt->size;i>position;i--) slt->a[i]=slt->a[i-1];
   slt->a[position]=x;
   slt->size++;
 }
```

算法 2.7　在顺序表的 position 位置插入值为 x 的结点

在算法 2.7 中，所花费的时间主要是元素后移操作，对于在第 i 个位置上插入一个新的元素，需要移动 $n-i$ 个元素，设在第 i 个位置上插入一个元素的概率为 p_i，且在任意一个位置上插入元素的概率相等，即 $p_0=p_1=p_2=\cdots=p_n=1/(n+1)$，则在一个长度为 n 的顺序表中插入一个元素所需的平均移动次数为:

$$\sum_{i=0}^{n} p_i(n-i) = \sum_{i=0}^{n} \frac{1}{n+1}(n-i) = \frac{1}{n+1} \times \frac{n(n+1)}{2} = \frac{n}{2}$$

这就是说，在一个长度为 n 的顺序表中插入一个元素平均需要移动表中的一半元素。该算法的时间复杂度为 $O(n)$。

2. 顺序表的删除操作

顺序表的删除操作是指删除顺序表中的第 i 个结点，$0 \leqslant i \leqslant n-1$，一般表示如下。

删除前: $\{k_0, k_1, \cdots, k_{i-1}, k_i, k_{i+1}, \cdots, k_{n-1}\}$

删除后: $\{k_0, k_1, \cdots, k_{i-1}, k_{i+1}, \cdots, k_{n-1}\}$

同插入操作一样，删除操作也改变了部分结点的逻辑关系，当然也应该在它的存储结构上反映出来。为此，需要将顺序表中的 $k_{i+1}, \cdots, k_{n-1}$ 元素依次前移一个位置。删除过程的图示如图 2.3 所示。

图 2.3　删除过程的图示

删除操作的具体实现过程见算法 2.8。

```
/*******************************************************/
/*  函数功能:删除顺序表中第 position 位置的结点          */
/*  函数参数:指向 sequence_list 型变量的指针变量 slt     */
/*           int 型变量 position                        */
/*  函数返回值:空                                        */
/*  文件名:sequlist.c,函数名:dele()                     */
/*******************************************************/
 void dele(sequence_list *slt,int position)
 {
   int i;
   if(slt->size==0)
     {printf("\n 顺序表是空的!");exit(1);}
   if(position<0||position>=slt->size)
     {printf("\n 指定的删除位置不存在!");exit(1);}
   for(i=position;i<slt->size-1;i++) slt->a[i]=slt->a[i+1];
   slt->size--;
 }
```

算法 2.8　删除顺序表中第 position 位置的结点

在算法 2.8 中，所花费的时间主要是元素前移操作，如果要删除顺序表中的第 i 个结点，则需要移动 $n-i-1$ 个元素，设删除表中第 i 个结点的概率为 q_i，且在表中每一个位置删除的概率相等，即 $q_0 = q_1 = \cdots = q_{n-1} = 1/n$，则在一个长度为 n 的顺序表中删除一个结点的平均移动次数为：

$$\sum_{i=0}^{n-1} q_i(n-i-1) = \sum_{i=0}^{n-1} \frac{1}{n}(n-i-1) = \frac{1}{n} \times \frac{n(n-1)}{2} = \frac{n-1}{2}$$

这表明，在一个长为 n 的顺序表中删除一个元素平均需要移动表中大约一半的元素。该算法的时间复杂度为 $O(n)$。

2.3　栈

2.3.1　栈的基本概念及描述

栈是一种特殊的线性表，对于这种线性表，规定它的插入运算和删除运算均在线性表的同一端进行，进行插入和删除的那一端称为栈顶，另一端称为栈底。栈的插入操作和删除操作分别简称进栈和出栈。

生活中有许多栈的例子。例如，家庭生活中将洗干净的饭碗一个摞一个放置，使用时从这摞碗中最上面依次取出，把这摞饭碗看作是一个栈，则栈顶就是这摞饭碗的上部那端。同时，可以发现一种现象，最先洗净放置于这摞碗最下面的那只碗是最后才使用的，而最后洗净放置于最上面的碗是最先被使用的。当然，这里假设大家都不会从这摞碗的中间取碗，也不会将洗净的碗插入到中间的位置。这就是说，栈具有后进先出或先进后出（First In Last Out，FILO）的性质。通常，如果栈中有 n 个结点 $\{k_0, k_1, k_2, \cdots, k_{n-1}\}$，$k_0$ 为栈底，k_{n-1} 是栈顶，则栈中结点的进栈顺序为 $k_0, k_1, k_2, \cdots, k_{n-1}$，而出栈顺序为 $k_{n-1}, k_{n-2}, \cdots, k_1, k_0$，如图 2.4 所示。

如果一个"Y"字形的铁路调度站需要对几辆列车进行调度，也是一个栈的实例，如图 2.5 所示。

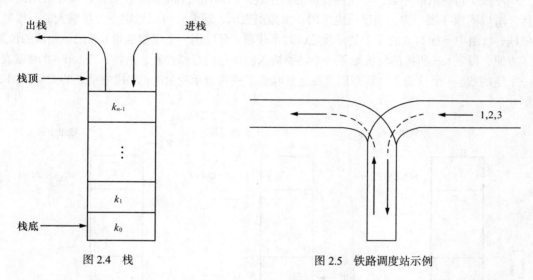

图 2.4 栈　　　　　　　　　　图 2.5 铁路调度站示例

在图 2.5 中，规定右边开来的列车只能经停铁路调度站往左边开出，而不能倒回右边，且设调度站可以停放足够多辆列车。如果有编号为 1，2，3 的 3 辆列车经过该调度站，则经重新调度后，往左边继续行驶的列车次序可能有 5 种情况，分别为：

① 1，2，3
② 1，3，2
③ 2，1，3
④ 2，3，1
⑤ 3，2，1

栈的主要操作是插入和删除运算，当然还有栈的初始化、判断栈是否为空以及读取栈顶结点的值等操作。

栈类型的描述如下。

```
ADT sequence_stack {
    数据集合 K:K={k₁,k₂,…,kₙ},n≥0,K中的元素是datatype类型;
    数据关系 R:R={r}
            r={ <kᵢ,kᵢ₊₁>| i=1,2,…,n-1}。
    操作集合如下。
```

（1）void init(sequence_stack *st)（顺序存储）初始化。

（2）int empty(sequence_stack st)判断栈（顺序存储）是否为空。

（3）datatype read(sequence_stack st)读栈顶（顺序存储）结点值。

（4）void push(sequence_stack *st,datatype x)栈（顺序存储）的插入操作。

（5）void pop(sequence_stack *st)栈（顺序存储）的删除操作。

```
} ADT sequence_stack
```

2.3.2　顺序栈及其实现

栈的实现方式一般有两种：顺序存储和链式存储。对应两种存储方式的栈分别称为顺序栈和链式栈。本小节将给出栈的顺序存储实现，它的链式存储实现将在下一章给出。

顺序栈是特殊的顺序表，对这种特殊的顺序表，它的插入和删除操作规定在顺序表的同一端进行，所以同顺序表一样，顺序栈也可用一维数组表示。通常，可以设定一个足够大的一维数组存储栈，数组中下标为 0 的元素就是栈底，对于栈顶，可以用一个整型变量 top 记录栈顶的位置。为了方便，设定 top 所指的位置是下一个将要插入的结点的存储位置，这样，当 top = 0 时就表示是一个空的栈。一个栈的几种状态以及在这些状态下栈顶指示变量 top 和栈中结点的关系如图 2.6 所示。

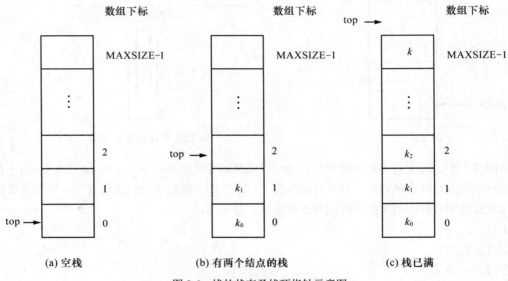

图 2.6　栈的状态及栈顶指针示意图

顺序栈的存储结构用 C 语言描述如下。

```
/*****************************/
/*   栈（顺序存储）的头文件   */
/*       文件名:seqstack.h */
/*****************************/
#define MAXSIZE 100
typedef int datatype;
typedef struct{
  datatype a[MAXSIZE];
  int top;
}sequence_stack;
```

下面是顺序栈的几个基本操作的具体实现，详见算法 2.9～算法 2.13。

```
/***************************************************/
/*   函数功能:栈（顺序存储）初始化                 */
/*   函数参数:指向 sequence_stack 型变量的指针变量 st   */
/*   函数返回值:空                                 */
/*   文件名:seqstack.c,函数名:init()              */
/***************************************************/
void init(sequence_stack *st)
{
    st->top=0;
}
```

算法 2.9   栈（顺序存储）初始化

```
/***************************************************/
/*   函数功能:判断栈（顺序存储）是否为空           */
/*   函数参数:sequence_stack 型变量 st             */
/*   函数返回值:int 类型。1 表示空,0 表示非空      */
/*   文件名:seqstack.c,函数名:empty()             */
/***************************************************/
int empty(sequence_stack st)
{
    return(st.top? 0:1);
}
```

算法 2.10   判断栈（顺序存储）是否为空

```
/***************************************************/
/*   函数功能:读栈顶（顺序存储）结点值             */
/*   函数参数:sequence_stack 型变量 st             */
/*   函数返回值:datatype 类型。返回栈顶结点值      */
/*   文件名:seqstack.c,函数名:read()              */
/***************************************************/
datatype read(sequence_stack st)
{
    if (empty(st))
        {printf("\n 栈是空的!");exit(1);}
    else
        return st.a[st.top-1];
}
```

算法 2.11   取得栈顶（顺序存储）结点值

```
/***************************************************/
/*   函数功能:栈（顺序存储）的插入（进栈）操作     */
/*   函数参数:指向 sequence_stack 型变量的指针变量 st   */
/*            datatype 型变量 x                    */
/*   函数返回值:空                                 */
/*   文件名:seqstack.c,函数名:push()              */
/***************************************************/
void push(sequence_stack *st,datatype x)
```

```
{
  if(st->top==MAXSIZE)
    {printf("\nThe sequence stack is full!");exit(1);}
  st->a[st->top]=x;
  st->top++;
}
```

算法 2.12 栈（顺序存储）的插入操作

```
/************************************************************/
/* 函数功能:栈（顺序存储）的删除（出栈）操作              */
/* 函数参数:指向 sequence_stack 型变量的指针变量 st        */
/* 函数返回值:空                                          */
/* 文件名:seqstack.c,函数名:pop()                         */
/************************************************************/
 void pop(sequence_stack *st)
 {
   if(st->top==0)
     {printf("\nThe sequence stack is empty!");exit(1);}
   st->top--;
 }
```

算法 2.13 栈（顺序存储）的删除操作

2.3.3 栈的应用之一——括号匹配

设一个表达式中可以包含 3 种括号：小括号、中括号和大括号，各种括号之间允许任意嵌套，如小括号内可以嵌套中括号、大括号，但是不能交叉。例如，

([]{})	正确
([()])	正确
{([])}	正确
{([)]}	不正确
{([[]}	不正确

如何去检验一个表达式的括号是否匹配呢？大家知道，当自左向右扫描一个表达式时，凡是遇到的开括号（或称左括号）都期待有一个闭括号（或称右括号）与之匹配。按照括号正确匹配的规则，在自左向右扫描一个表达式时，后遇到的开括号比先遇到的开括号更加期待有一个闭括号与之匹配。因为可能会连续遇到多个开括号，且它们都期待寻求配对的闭括号，所以必须将遇到的开括号存放好。又因为后遇到的开括号的期待程度高于其先前遇到的开括号的期待程度，所以应该将所遇到的开括号存放于一个栈中。这样，当遇到一个闭括号时，就查看这个栈的栈顶结点，如果它们匹配，则删除栈顶结点，继续向右扫描；如果不匹配，则说明表达式中的括号是不匹配的；如果扫描整个表达式后，这个栈是空的，则说明表达式中的括号是匹配的，否则表达式中的括号是不匹配的。判断表达式括号是否匹配的具体实现见算法 2.14。

```
/************************************************************/
/* 函数功能:判断表达式括号是否匹配                        */
/* 函数参数:char 类型数组 c                               */
/* 函数返回值:int 类型。返回 1 为匹配,返回 0 为不匹配     */
/* 文件名:seqmatch.c,函数名:match_kouhao()               */
/************************************************************/
```

```
int match_kuohao(char c[])
{
  int i=0;
  sequence_stack s;
  init(&s);
  while(c[i]!='#')
  {
    switch(c[i])
    {
    case '{':
    case '[':
    case '(':push(&s,c[i]);break;
    case '}':if(!empty(s)&&read(s)=='{'  )
             {pop(&s);break;}
           else return 0;
    case ']':if(!empty(s)&&read(s)=='['  )
             {pop(&s);break;}
           else return 0;
    case ')':if(!empty(s)&&read(s)=='('  )
             {pop(&s);break;}
           else return 0;
    }
    i++;
  }
  return (empty(s));   /*栈为空则匹配,否则不匹配*/
}
```

算法 2.14　判断表达式括号是否匹配

2.3.4　栈的应用之二——算术表达式求值

编译技术中对表达式的求值是使用栈实现的，为了表述的简单，这里仅讨论包含"+"、"−"、"*"、"/" 4 种运算符和小括号的算术表达式的求值问题。这样的讨论不会对一般表达式求值问题的本质产生影响。

表达式的表示形式有中缀、前缀和后缀 3 种形式。中缀表达式是操作符处于两个操作数之间的表达式，通常人们使用的就是这种形式；前缀和后缀表达式分别是指操作符处于两个操作数之前和之后的表达式。

1．中缀表达式

中缀表达式是常用的一种表达式，中缀表达式的计算规则如下。

（1）括号内的操作先执行，括号外的操作后执行。如有多层括号，则先执行内层括号内的操作，再执行外括号内的操作。

（2）先乘除，后加减。

（3）在有多个乘除或加减运算可选择时，按从左到右的顺序执行，即优先级相同的操作符按先后次序进行。

中缀表达式的计算规则是大家熟知的内容，下面讨论一个中缀表达式的计算过程。

$$3 + 4*5$$

依据中缀表达式的计算规则，应先计算 4*5 得 20，再计算 3 + 20 得 23。在从左向右扫描这个表达式的时候，首先得到的是一个操作数 3，接下来看到一个操作符"+"，当再看到一个操作数 4 时，并不一定就能将 3 和 4 作加法操作，根源在于这里的 4 不一定就是该操作符的第 2 个操作数，还需向右继续扫描，当遇到一个新的操作符为"*"，"*"要先于"+"执行，在遇到操作数 5 时，根据计算规则，将 4 和 5 相乘，得 20，其实此时仍不能确定前面遇到的操作符"+"的第 2 个操作数就是 20，还应该继续向右扫描，直到遇到一个和"+"同一优先级的操作符"+"或"−"，或者遇到闭括号，或者是表达式结束，才能确定操作符"+"的第 2 操作数。

按照上述思路，请读者想一想下面几个表达式计算时的执行过程。

3 + 4*5/2

3 + (12 − 3*2)

(3 + 12/3)*5 − 6

3*4 + 5

可以看出，计算机在处理表达式求值问题时，当遇到一个操作符后，尽管已经知道该操作符的第 1 个操作数，但第 2 个操作数还要继续向右扫描才能确定，它可能是某些操作的结果。对于暂时不能确定第 2 操作数的操作符应先保存在一个操作符栈中。后面会有更详细的叙述。

2. 后缀表达式及其求值

后缀表达式中只有操作数和操作符，它不再含有括号，操作符在两个操作数之后。它的计算规则非常简单，严格按照从左向右的次序依次执行每一个操作。每遇到一个操作符，就将前面的两个操作数执行相应的操作。

下面是几个后缀表达式及其中缀表示形式。

后缀表达式	中缀表示形式
3 5 2 *−	3 − 5*2
3 5 − 2*	(3 − 5)*2
3 5 2 *1+/	3/(5*2 + 1)

计算机处理后缀表达式求值问题是比较方便的，即将遇到的操作数暂存于一个操作数栈中，凡是遇到操作符，便从栈中弹出两个操作数执行相应的操作，并将结果存于操作数栈中，直到对后缀表达式中最后一个操作符处理完，最后压入栈中的数就是后缀表达式的计算结果。

设待求值的后缀表达式是符合文法的，在后缀表达式求值算法中，后缀表达式是以字符数组的形式存放在一个一维数组中，表达式的结束标记为"#"，两个操作数之间以一个空格分隔。

如后缀表达式 3.5 2.5 2.0*+

在数组中的存放形式为：

3	.	5		2	.	5		2	.	0	*	+	#	

由于操作数也是以字符的形式存放的，所以需要一个函数实现读取一个数，即将一连续的数字字符和圆点组成的字符序列转换为实数。算法 2.15 给出的是实现该功能的函数。

```
/************************************************************/
/* 函数功能:将数字字符串转变成相应的数                    */
/* 函数参数:char 类型数组 f,指向 int 类型变量的指针 i     */
/* 函数返回值:double 类型。返回数字字符串对应的数         */
/* 文件名:readnumb.c,函数名:readnumber()                  */
/************************************************************/
double readnumber(char f[],int *i)
{ double x=0.0;
  int k=0;
```

```
     while(f[*i]>='0'&&f[*i]<='9')  /*处理整数部分*/
     { x=x*10+(f[*i]-'0');
       (*i)++;
     }
     if (f[*i]=='.')  /*处理小数部分*/
        { (*i)++;
          while (f[*i]>='0' && f[*i]<='9')
             {x=x*10+(f[*i]-'0');
             (*i)++;
             k++;
               }
        }
     while (k!=0)
     { x=x/10.0;
       k=k-1;
     }
     return(x);
 }
```

算法 2.15　将数字字符串转变成数

后缀表达式求值的具体实现过程见算法 2.16。

```
/***************************************************/
/*  函数功能:求一个后缀表达式的值                  */
/*  函数参数:char 类型数组 f                        */
/*  函数返回值:double 类型。返回后缀表达式的值      */
/*  文件名:evalpost.c,函数名:evalpost()             */
/***************************************************/
 double evalpost(char f[])
 { double obst[100]; /*操作数栈*/
   int top=0;
   int i=0;
   double x1,x2;
   while (f[i]!='#')
     { if (f[i]>='0' && f[i]<='9')
       { obst[top]=readnumber(f,&i);top++;}
       else if (f[i]==' ')  i++;
         else if (f[i]=='+')
           { x2=obst[--top];
             x1=obst[--top];
             obst[top]=x1+x2;top++;
             i++;
                 }
             else if (f[i]=='-')
               {
               x2=obst[--top];
               x1=obst[--top];
               obst[top]=x1-x2;top++;
                     i++;
                 }
             else if (f[i]=='*')
           { x2=obst[--top];
```

```
                x1=obst[--top];
                obst[top]=x1*x2;top++;
                i++;
                        }
                else if (f[i]=='/')
            { x2=obst[--top];
                x1=obst[--top];
                obst[top]=x1/x2;top++;
                i++;
                        }
            }
        return obst[0];
    }
```

算法 2.16　后缀表达式求值

需要说明的是，这里没有使用已经定义并实现的顺序栈，其原因是表达式求值时，操作数和操作结果可能是实数，而前面定义的顺序栈是一个整型的栈，所以不能直接使用。为此，这里重新设计了栈的几个基本操作的实现。这主要是因为 C 语言对抽象数据类型不支持，表示能力欠缺所致。如果使用面向对象的程序设计语言 C++，则可以用类模板实现。

3．中缀表达式转换为等价的后缀表达式

中缀表达式不便于计算机处理，通常要将中缀表达式转换成一个与之等价的后缀表达式。等价是指两个表达式的计算顺序和计算结果完全相同。

中缀表达式：

$$0.3/(5*2 + 1)\#$$

的等价后缀表达式是：

$$0.3\ 5\ 2*1 + /\#$$

仔细观察这两个等价的表达式可知，操作数的出现次序是相同的，但运算符的出现次序不同。在后缀表达式中，运算符的出现次序是实际进行操作的次序；在中缀表达式中，由于受到操作符的优先级和括号的影响，操作符的出现次序与实际进行操作的次序很可能是不一样的。

将中缀表达式转换为等价的后缀表达式的过程要使用一个栈存放"("和操作符。具体可以按照下面的方式进行。

（1）从左至右依次扫描中缀表达式的每一个字符，如果是数字字符和圆点"."，则直接将它们写入后缀表达式中。

（2）如果遇到的是开括号"("，则将它压入一个操作符栈中，它表明一个新的计算层次的开始，在遇到和它匹配的闭括号时，将栈中元素弹出并放入后缀表达式中，直到栈顶元素为开括号"("时，将栈顶元素"("弹出，表明这一层括号内的操作处理完毕。

（3）如果遇到的是操作符，则将该操作符和操作符栈顶元素进行比较，方法如下。

① 当所遇到的操作符的优先级小于或等于栈顶元素的优先级时，则取出栈顶元素放入后缀表达式，并弹出该栈顶元素，反复执行直到栈顶元素的优先级小于当前操作符的优先级。

② 当所遇到的操作符的优先级大于栈顶元素的优先级时则将它压入栈中。

重复上述步骤直到遇到中缀表达式的结束标记"#"，弹出栈中的所有元素并放入后缀表达式数组中，转换结束。

算法 2.17 用于判断一个字符是否为操作符。算法 2.18 用于求操作符、"("和"#"的优先级。

```
/****************************************************/
/*  函数功能:判断一个字符是否为运算符               */
/*  函数参数:char 类型变量 op                       */
/*  函数返回值:int 类型。返回 1 表示 op 运算符,否则不是。*/
/*  文件名:is_operat.c,函数名:is_operation()        */
/****************************************************/
int is_operation(char op)
 {
   switch(op)
   { case '+':
     case '-':
     case '*':
     case '/':return 1;
     default:return 0;
   }
 }
```

算法 2.17　判断一个字符是否为操作符

```
/****************************************************/
/*  函数功能:求运算符的优先级                       */
/*  函数参数:char 类型变量 op                       */
/*  函数返回值:int 类型。返回各中运算符的优先级。    */
/*  文件名:priority.c,函数名:priority()             */
/****************************************************/
 int priority(char op)
 {
   switch(op)
   {
     case '#':return -1;
     case '(':return 0;
     case '+':
     case '-':return 1;
     case '*':
     case '/':return 2;
     default: return -1;
   }
 }
```

算法 2.18　求操作符、"("和"#"的优先级

如果中缀表达式和与之等价的后缀表达式分别用字符数组 *e* 和 *f* 存储,将中缀表达式转换为与之等价的后缀表达式的具体转换过程见算法 2.19。

```
/**********************************************************/
/*  函数功能:将一个中缀表达式 e 转换为与它等价的后缀表达式 f  */
/*  函数参数:char 类型数组变量 e 和 f                       */
/*  函数返回值:空                                          */
/*  文件名:postfix.c,函数名:postfix()                       */
/**********************************************************/
void postfix(char e[],char f[])
 { int i=0,j=0;
   char opst[100];
```

```
int top,t;
top=0;
opst[top]='#';top++;
while(e[i]!='#')
{
  if ((e[i]>='0'&&e[i]<='9')||e[i]=='.')
    f[j++]=e[i];          /*遇到数字和小数点直接写入后缀表达式*/
  else if (e[i]=='(')   /*遇到左括号进入操作符栈*/
      { opst[top]=e[i];top++;}
    else if (e[i]==')')
      /*遇到右括号将其对应的左括号后的操作符全部写入后缀表达式*/
      {
        t=top-1;
        while (opst[t]!='(') {f[j++]=opst[--top];t=top-1;}
        top--;  /*'('出栈*/
      }
    else if (is_operation(e[i]))   /* '+ ,-, *, /' */
        {
          f[j++]=' ';  /*用空格分开两个操作数*/
          while (priority(opst[top-1])>=priority(e[i]))
          f[j++]=opst[--top];
          opst[top]=e[i];top++;  /*当前元素进栈*/
        }
    i++;  /*处理下一个元素*/
  }
  while (top) f[j++]=opst[--top];
}
```

算法 2.19   中缀表达式转换为等价的后缀表达式

2.4 队   列

2.4.1 队列的基本概念及描述

队列是一种特殊的线性表，它的特殊性在于队列的插入和删除操作分别在表的两端进行。插入的那一端称为队尾，删除的那一端称为队首。队列的插入操作和删除操作分别简称进队和出队。

生活中的排队购票等现象就是队列的例子，它的特点是先到先享受购票服务，对于一个队列：

$$\{k_0,\ k_1,\ k_2,\ \cdots,\ k_{n-1}\}$$

如果 k_0 那端是队首，k_{n-1} 那端是队尾，则 k_0 是这些结点中最先插入的结点，若要进行删除操作，k_0 将首先被删除，所以说，队列是具有"先进先出"（First In First Out，FIFO）特点的线性结构。

队列类型的描述如下。

```
ADT sequence_queue {
      数据集合 K:K={k₁,k₂,…,kₙ},n≥0,K中的元素是 datatype 类型;
      数据关系 R:R={r}
            r={ <kᵢ,kᵢ₊₁>| i=1,2,…,n-1}。
```

操作集合：

（1）void init (sequence_queue *sq)　队列（顺序存储）初始化。

（2）int empty (sequence_queue sq)　判断队列（顺序存储）是否为空。

（3）void display (sequence_queue sq)　打印队列（顺序存储）的结点值。

（4）datatype get(sequence_queue sq)　取得队列（顺序存储）的队首结点值。

（5）void insert(sequence_queue *sq,datatype x)

　　　　　　　队列（顺序存储）的插入操作。

（6）void dele(sequence_queue *sq)　队列（顺序存储）的删除操作。

} ADT sequence_queue;

2.4.2　顺序队列及其实现

在 C 语言中，队列的顺序存储可以用一维数组表示。为了标识队首和队尾，需要附设两个指针 front 和 rear，front 指示的是队列中最前面，即队首结点在数组中元素的下标；rear 指示的是队尾结点在数组中元素下标的下一个位置，也就是说 rear 指示的是即将插入的结点在数组中的下标。

图 2.7 所示的是队列的几种状态。

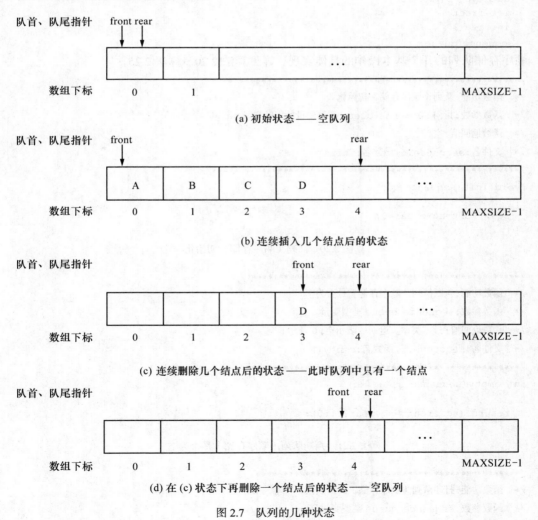

图 2.7　队列的几种状态

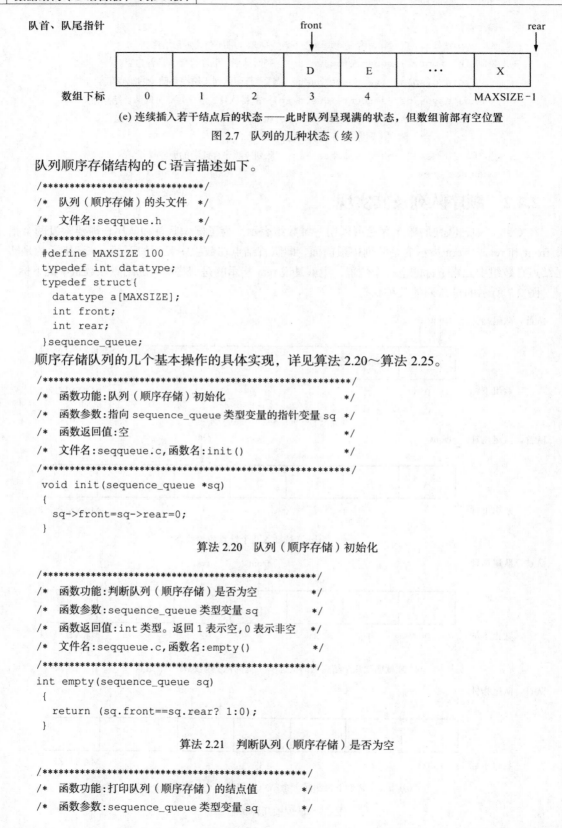

(e) 连续插入若干结点后的状态——此时队列呈现满的状态，但数组前部有空位置

图 2.7　队列的几种状态（续）

队列顺序存储结构的 C 语言描述如下。

```
/****************************/
/* 队列（顺序存储）的头文件  */
/* 文件名:seqqueue.h       */
/****************************/
#define MAXSIZE 100
typedef int datatype;
typedef struct{
  datatype a[MAXSIZE];
  int front;
  int rear;
}sequence_queue;
```

顺序存储队列的几个基本操作的具体实现，详见算法 2.20～算法 2.25。

```
/***************************************************/
/* 函数功能:队列（顺序存储）初始化                  */
/* 函数参数:指向 sequence_queue 类型变量的指针变量 sq */
/* 函数返回值:空                                   */
/* 文件名:seqqueue.c,函数名:init()                 */
/***************************************************/
void init(sequence_queue *sq)
{
  sq->front=sq->rear=0;
}
```

算法 2.20　队列（顺序存储）初始化

```
/***********************************************/
/* 函数功能:判断队列（顺序存储）是否为空          */
/* 函数参数:sequence_queue 类型变量 sq          */
/* 函数返回值:int 类型。返回 1 表示空,0 表示非空  */
/* 文件名:seqqueue.c,函数名:empty()            */
/***********************************************/
int empty(sequence_queue sq)
{
  return (sq.front==sq.rear? 1:0);
}
```

算法 2.21　判断队列（顺序存储）是否为空

```
/***********************************************/
/* 函数功能:打印队列（顺序存储）的结点值          */
/* 函数参数:sequence_queue 类型变量 sq          */
```

```
/*  函数返回值:空                         */
/*  文件名:seqqueue.c,函数名:display()    */
/*******************************************/
void display(sequence_queue sq)
 {
   int i;
   if(empty(sq))
   {
     printf("\n 顺序队列是空的!");
   }
   else
   for(i=sq.front;i<sq.rear;i++)  printf("%5d",sq.a[i]);
 }
```

算法 2.22　打印队列（顺序存储）的结点值

```
/*****************************************************/
/*  函数功能:取得队列（顺序存储）的队首结点值        */
/*  函数参数:sequence_queue 类型变量 sq             */
/*  函数返回值:datatype 类型。返回队首结点值         */
/*  文件名:seqqueue.c,函数名:get()                  */
/*****************************************************/
datatype get(sequence_queue sq)
 {
   if(empty(sq))
   {
     printf("\n 顺序队列是空的! 无法获得队首结点值! ");
     exit(1);
   }
   return sq.a[sq.front];
 }
```

算法 2.23　取得队列（顺序存储）的队首结点值

```
/*********************************************************/
/*  函数功能:队列（顺序存储）的插入（进队）操作        */
/*  函数参数:指向 sequence_queue 类型变量的指针变量 sq */
/*           datatype 类型的变量 x                      */
/*  函数返回值:空                                       */
/*  文件名:seqqueue.c,函数名:insert()                  */
/*********************************************************/
void insert(sequence_queue *sq,datatype x)
 {
   int i;
   if(sq->rear==MAXSIZE)
     {printf("\n 顺序队列是满的!");exit(1);}
   sq->a[sq->rear]=x;
   sq->rear=sq->rear+1;
 }
```

算法 2.24　队列（顺序存储）的插入操作

```
/*********************************************************/
/*  函数功能:队列（顺序存储）的删除（出队）操作        */
```

```
/*  函数参数:指向 sequence_queue 类型变量的指针变量 sq    */
/*  函数返回值:空                                        */
/*  文件名:seqqueue.c,函数名:dele()                      */
/**********************************************************/
void dele(sequence_queue *sq)
{
  if(sq->front==sq->rear)
    {
      printf("\n 顺序队列是空的! 不能做删除操作! ");
      exit(1);
    }
  sq->front++;
}
```

算法 2.25　队列（顺序存储）的删除操作

　　细心的读者可能发现，在图 2.7（e）状态中，队列是一种队满状态，将不能再插入新的结点，而实际上数组的前部还有许多空的位置。为了充分地利用空间，可以将队列看作一个循环队列，在数组的前部继续进行插入运算。

2.4.3　顺序循环队列及其实现

　　给定一个大小为 MAXSIZE 的数组存储一个队列，经过若干次插入和删除操作后，当队尾指针 rear = MAXSIZE 时，呈现队列满的状态，而事实上数组的前部可能还有空闲的位置。为了有效利用空间，将顺序存储的队列想象为一个环状，把数组中的最前和最后两个元素看作是相邻的，这就是循环队列。

　　在循环队列中，如果队列中最后一个结点存放在数组的最后一个元素位置，而数组前面有空位置的话，则下次再进行插入操作时，将插入到数组最前面那个元素的位置。其他情况下的插入操作和一般的队列的插入操作一样。

　　图 2.8 给出的是循环队列的几种状态表示。

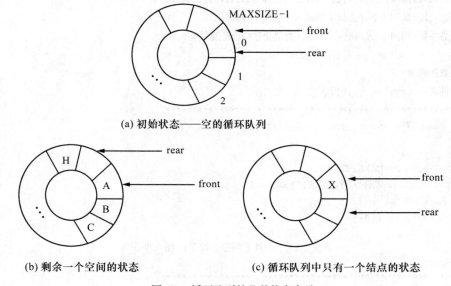

（a）初始状态——空的循环队列

（b）剩余一个空间的状态　　　　　（c）循环队列中只有一个结点的状态

图 2.8　循环队列的几种状态表示

在图 2.8（b）状态中，如果再插入一个新的结点，则数组空间将被全部占用，队列已满，且 rear = front。而在（c）状态中，若删除一个结点队列成为空队列，此时也有 rear = front，这就是说循环队列满与空的条件都是 rear = front。这个问题如何解决呢？一种方法是设置一个标志，标识是由于 rear 增 1 使 rear = front，还是由于 front 增 1 使 rear = front，前者是队满而后者是队空。另一种方法是牺牲一个数组元素的空间，即若数组的大小是 MAXSIZE，则该数组所表示的循环队列最多允许存储 MAXSIZE−1 个结点。这样，循环队列满的条件是：

$$(rear + 1)\%MAXSIZE = front$$

循环队列空的条件是：

$$rear = front$$

循环队列的顺序存储结构的 C 语言描述和一般队列一致，但是循环队列基本操作的具体实现和一般队列是有区别的。主要区别在判断队空与队满的条件以及相关操作中指针增 1 的表达上，循环队列中指针增 1 时要增加一个取模操作，使之成为一个循环队列。循环队列的插入与删除操作的实现，详见算法 2.26 和算法 2.27。其他操作的具体实现参见一般队列相关操作的具体实现。

```
/**************************************************************/
/*   函数功能:循环队列（顺序存储）的插入操作              */
/*   函数参数:指向 sequence_queue 类型变量的指针变量 sq    */
/*           datatype 类型的变量 x                          */
/*   函数返回值:空                                          */
/*   文件名:secqinse.c,函数名:insert_sequence_cqueue()   */
/**************************************************************/
void insert_sequence_cqueue(sequence_queue *sq,datatype x)
 {
   if((sq->rear+1)%MAXSIZE==sq->front)
     {printf("\n 顺序循环队列是满的! 无法进行插入操作! ");exit(1);}
   sq->a[sq->rear]=x;
   sq->rear=(sq->rear+1)%MAXSIZE;
 }
```

算法 2.26　循环队列（顺序存储）的插入操作

```
/**************************************************************/
/*   函数功能:循环队列（顺序存储）的删除操作              */
/*   函数参数:指向 sequence_queue 类型变量的指针变量 sq    */
/*   函数返回值:空                                          */
/*   文件名:secqdele.c, 函数名:dele_sequence_cqueue()   */
/**************************************************************/
 void dele_sequence_cqueue(sequence_queue *sq)
 {
   if(sq->front==sq->rear)
     {
       printf("\n 循环队列是空的! 无法进行删除操作! ");
       exit(1);
     }
   sq->front=(sq->front+1)%MAXSIZE;
 }
```

算法 2.27　循环队列（顺序存储）的删除操作

习　题

2.1　选择题。

（1）表长为 n 的顺序存储的线性表，当在任何位置上插入或删除一个元素的概率相等时，插入一个元素所需移动元素的平均个数为（　　），删除一个元素所需移动元素的平均个数为（　　）。

　　A.（$n-1$）/2　　　　B. n　　　　　　　C. $n+1$　　　　　　D. $n-1$

　　E. n/2　　　　　　F. $(n+1)/2$　　　G. $(n-2)/2$

（2）设栈 S 和队列 Q 的初始状态为空，元素 e1、e2、e3、e4、e5 和 e6 依次通过栈 S，一个元素出栈后即进入队列 Q，若 6 个元素出队的序列为 e2、e4、e3、e6、e5 和 e1，则栈 S 的容量至少应该为（　　）。

　　A. 6　　　　　　　　B. 4　　　　　　　　C. 3　　　　　　　　D. 2

（3）设栈的输入序列为 1、2、3…n，若输出序列的第一个元素为 n，则第 i 个输出的元素为（　　）。

　　A. 不确定　　　　　B. $n-i+1$　　　　　C. i　　　　　　　　D. $n-i$

（4）在一个长度为 n 的顺序表中删除第 i 个元素（$1 \leqslant i \leqslant n$）时，需向前移动（　　）个元素。

　　A. $n-i$　　　　　　B. $n-i+1$　　　　　C. $n-i-1$　　　　　D. i

（5）若长度为 n 的线性表采用顺序存储结构存储，在第 i 个位置上插入一个新元素的时间复杂度为（　　）。

　　A. $O(n)$　　　　　　B. $O(1)$　　　　　　C. $O(n^2)$　　　　　D. $O(n^3)$

（6）表达式 $a*(b+c)-d$ 的后缀表达式是（　　）。

　　A. $abcd*+-$　　　B. $abc+*d-$　　　C. $abc*+d-$　　　D. $-+*abcd$

（7）队列是一种特殊的线性表，其特殊性在于（　　）。

　　A. 插入和删除在表的不同位置执行　　　B. 插入和删除在表的两端执行

　　C. 插入和删除分别在表的两端执行　　　D. 插入和删除都在表的某一端执行

（8）栈是一种特殊的线性表，具有（　　）性质。

　　A. 先进先出　　　　B. 先进后出　　　　C. 后进后出　　　　D. 顺序进出

（9）顺序循环队列中（数组的大小为 n），队头指示 front 指向队列的第 1 个元素，队尾指示 rear 指向队列最后元素的后 1 个位置，则循环队列中存放了 $n-1$ 个元素，即循环队列满的条件为（　　）。

　　A. (rear + 1)%n = front − 1　　　　　B. (rear + 1)%n = front

　　C. (rear)%n = front　　　　　　　　　D. rear + 1 = front

（10）顺序循环队列中（数组的大小为 6），队头指示 front 和队尾指示 rear 的值分别为 3 和 0，当从队列中删除 1 个元素，再插入 2 个元素后，front 和 rear 的值分别为（　　）。

　　A. 5 和 1　　　　　B. 2 和 4　　　　　C. 1 和 5　　　　　D. 4 和 2

2.2　什么是顺序表？什么是栈？什么是队列？

2.3　设计一个算法，求顺序表中值为 x 的结点的个数。

2.4　设计一个算法，将一个顺序表倒置，即如果顺序表各个结点值存储在一维数组 a 中，倒置的结果是使得数组 a 中的 $a[0]$ 等于原来的最后一个元素，$a[1]$ 等于原来的倒数第 2 个元素，…a 的最后一个元素等于原来的第一个元素。

2.5 已知一个顺序表中的各结点值是从小到大有序的，设计一个算法，插入一个值为 x 的结点，使顺序表中的结点仍然是从小到大有序。

2.6 将下列中缀表达式转换为等价的后缀表达式。

（1） $5 + 6*7$

（2）$(5 - 6)/7$

（3）$5 - 6*7*8$

（4）$5*7 - 8$

（5）$5*(7 - 6) + 8/9$

（6）$7*(5 - 6*8) - 9$

2.7 已知循环队列存储在一个数组中，数组大小为 n，队首指针和队尾指针分别为 front 和 rear，写出求循环队列中当前结点个数的表达式。

2.8 编号为 1，2，3，4 的 4 列火车通过一个栈式的列车调度站，可能得到的调度结果有哪些？如果有 n 列火车通过调度站，设计一个算法，输出所有可能的调度结果。

第3章
线性表的链式存储

线性表的存储方式除了常用的顺序存储外，链式存储也是一种常见的方式。本章将介绍线性表的几种链式存储实现方式，如单链表、带头结点的单链表、循环单链表、双链表以及特殊的线性表——栈和队列的链式存储实现。

3.1　链　式　存　储

数据结构的存储方式必须体现它的逻辑关系。线性表的顺序存储实现中，线性表的逻辑关系通过顺序存储中物理单元的相邻来表现。在用 C 语言中的数组实现线性表时，线性表中满足逻辑关系的两个结点，它们在数组中的存放位置一定是相邻的，如果下标为 i 的数组元素表示的结点有后继，则它的后继结点对应的数组元素的下标为 $i+1$；如果下标为 i 的数组元素表示的结点有前驱，则它的前驱结点对应的数组元素的下标为 $i-1$。大家知道，一个数据结构采用顺序存储方式时，它所占用的存储区域应该是连续的。

在一个数据结构中，如果一个结点有多个后继或多个前驱，那么用顺序存储实现就是一件麻烦的事情。即便是线性结构，如果没有足够大的连续存储区域可供使用，那也是无法实现的。为了解决这些问题，可以使用链式存储。在链式存储方式下，实现时除存放一个结点的信息外，还需附设指针，用指针体现结点之间的逻辑关系。如果一个结点有多个后继或多个前驱，那么可以附设相应个数的指针，一个结点附设的指针指向的是这个结点的某个前驱或后继。

在线性结构中，每个结点最多只有一个前驱和一个后继，这里暂且设定更关心它的后继，这样在存储时除了存放该结点的信息外，只要附设一个指针即可，该指针指向它后继结点的存放位置。每个结点的存储形式是：

info	next

其中，info 字段存放该结点的数据信息，next 字段是指针，存放的是该结点的后继结点的存放地址。线性表的最后一个结点没有后继，它的指针域设置为空。C 语言中指针为空用 NULL 表示，在图示中用"∧"表示。

例如，数据的逻辑结构 $B = (K, R)$

其中，$K = \{k_1, k_2, k_3, k_4, k_5\}$

$R = \{r\}$

$r = \{<k_1, k_2>, <k_2, k_3>, <k_3, k_4>, <k_4, k_5>\}$

这是一个线性结构，它的链式存储如图 3.1 所示。

因为 C 语言的动态分配函数 malloc( ) 和 free( ) 分别实现内存空间的动态分配和回收，所以一般用户不必知道某个结点具体的地址值是多少。为了清晰化，图 3.1 可以更简洁地用图 3.2 表示。

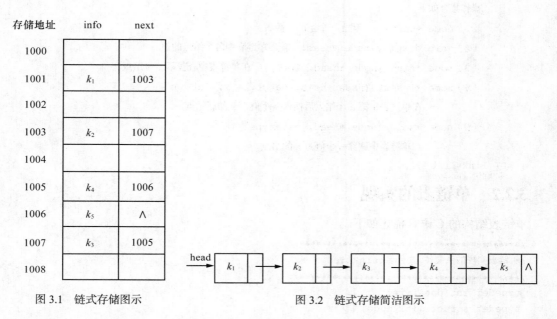

图 3.1　链式存储图示　　　　　　　　　　图 3.2　链式存储简洁图示

当然，在这种存储方式下，必须有一个指针指向第一个结点的存储位置，否则，整个数据结构的各个结点都无法访问。这个指针一般用 head 标示。

3.2　单　链　表

3.2.1　单链表的基本概念及描述

单链表是线性表链式存储的一种形式，其中的结点一般含有两个域，一个是存放数据信息的 info 域，另一个是指向该结点的后继结点存放地址的指针 next 域。一个单链表必须有一个首指针指向单链表中的第一个结点。图 3.3 给出了空的单链表和非空的单链表的图示。

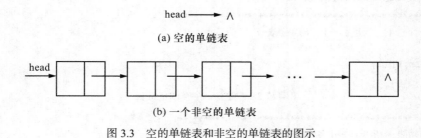

(a) 空的单链表

(b) 一个非空的单链表

图 3.3　空的单链表和非空的单链表的图示

单链表类型的描述如下。

```
ADT link_list{
```

数据集合 K:$K=\{k_1,k_2,\cdots,k_n\}$,$n\geqslant0$,K中的元素是 datatype 类型;

数据关系 R:$R=\{r\}$

$r=\{<k_i,k_{i+1}>|i=1,2,\cdots,n-1\}$。

操作集合如下。

（1）`node *init( )` 建立一个空的单链表。

（2）`void display(node *head)` 输出单链表中各个结点的值。

（3）`node *find (node *head, int i)` 在单链表中查找第 i 个结点。

（4）`node *insert (node *head, datatype x, int i)`
　　　　在单链表中第 i 个结点后插入一个值为 x 的新结点。

（5）`node *dele (node *head, datatype x)`
　　　　在单链表中删除一个值为 x 的结点。

```
} ADT link_list
```

3.2.2　单链表的实现

单链表结构的 C 语言描述如下。

```
/*****************************************/
/* 链表实现的头文件,文件名:slnklist.h */
/*****************************************/
typedef int datatype;
typedef struct link_node{
    datatype info;
    struct link_node *next;
}node;
```

创建一个单链表可以从一个空的单链表开始，通过不断地向单链表中插入新结点获得。已知一个单链表的首指针就可以找到单链表中的第一个结点，依据该结点的指针域可以获得它的后继结点，反复进行这一操作，直到遇到一个结点的指针域为空，表明已经到达表中最后一个结点，依此可以访问单链表中的所有结点。

算法 3.1~算法 3.3 给出的是单链表几个基本操作的具体实现。

```
/***********************************************/
/*   函数功能:建立一个空的单链表               */
/*   函数参数:无                               */
/*   函数返回值:指向 node 类型变量的指针        */
/*   文件名:slnklist.c,函数名:init()           */
/***********************************************/
node *init() /*建立一个空的单链表*/
{
    return NULL;
}
```

算法 3.1　建立一个空的单链表

```
/***********************************************/
/*   函数功能:输出单链表中各个结点的值          */
/*   函数参数:指向 node 类型变量的指针 head      */
/*   函数返回值:空                             */
```

```
/*   文件名:slnklist.c,函数名:display()              */
/************************************************/
 void display(node *head)
{
   node *p;
   p=head;
   if(!p) printf("\n单链表是空的! ");
   else
     {
        printf("\n单链表各个结点的值为:\n");
        while(p) { printf("%5d",p->info);p=p->next;}
     }
 }
```

算法 3.2　输出单链表中各个结点的值

```
/****************************************************/
/*   函数功能:在单链表中查找第 i 个结点的存放地址        */
/*   函数参数:指向 node 类型变量的指针 head,int 型变量 i   */
/*   函数返回值:指向 node 类型变量的指针                */
/*   文件名:slnklist.c,函数名:find()                  */
/****************************************************/
 node *find(node *head,int i)
 {
   int j=1;
   node *p=head;
   if(i<1) return NULL;
   while(p&&i!=j)
   {
     p=p->next;j++;
   }
   return p;
 }
```

算法 3.3　在单链表中查找第 i 个结点

算法 3.3 是查找第 i 个结点,单链表不同于顺序表,它不能随机访问某个结点,必须从单链表的第 1 个结点开始,沿着 next 指针域向后查找。

1. 单链表的插入操作

对于一般情况下的插入操作,如新插入的结点由 p 指示,将它插入到单链表中 q 所指结点的后面,这意味着 p 的后继结点是 q 原来的后继结点,同时 q 的后继结点改变为新插入的结点 p,实现这种改变只需修改它们的指针域。在单链表的最前面插入新结点要做特殊的处理,必须使单链表的首指针指向新插入的结点。单链表的插入过程如图 3.4 所示。

算法 3.4 是插入操作的具体实现。

```
/****************************************************/
/*   函数功能:单链表第 i 个结点后插入值为 x 的新结点     */
/*   函数参数:指向 node 类型变量的指针 head            */
/*           datatype 类型变量 x,int 型变量 i         */
/*   函数返回值:指向 node 类型变量的指针               */
/* 文件名:slnklist.c,函数名:insert()                 */
/****************************************************/
```

```
node *insert(node *head,datatype x,int i)
{
  node *p,*q;
  q=find(head,i);                      /*查找第 i 个结点*/
  if(!q&&i!=0)
      printf("\n 找不到第%d 个结点,不能插入%d! ",i,x);
  else{
      p=(node*)malloc(sizeof(node));   /*分配空间*/
      p->info=x;                       /*设置新结点*/
      if(i==0){                        /*插入的结点作为单链表的第一个结点*/
          p->next=head;                /*插入(1)*/
          head=p;                      /*插入(2)*/
          }
      else {
          p->next=q->next;             /*插入(1)*/
          q->next=p;                   /*插入(2)*/
          }
      }
  return head;
}
```

算法 3.4　在单链表中第 *i* 个结点后插入一个值为 *x* 的新结点

算法 3.4 中注释为操作"插入（1）"、"插入（2）"的语句是插入操作的关键部分，它们的顺序是不能颠倒的。如果在这些算法中仅仅是交换它们的次序，将会产生什么结果？

通过对插入算法的分析可知，当确定了插入点之后，插入的关键是对两个指针值的修改，并没有结点的移动，同顺序表中插入一个结点平均需要移动表中一半的结点比较，单链表的插入效率是高的。

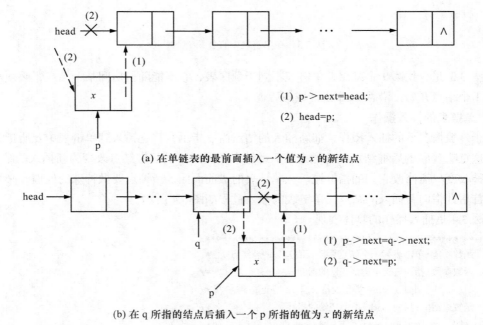

(1) p->next=head;

(2) head=p;

(a) 在单链表的最前面插入一个值为 *x* 的新结点

(1) p->next=q->next;

(2) q->next=p;

(b) 在 q 所指的结点后插入一个 p 所指的值为 *x* 的新结点

图 3.4　单链表的插入过程图示

2. 单链表的删除操作

删除单链表的某个指定的结点 q，必定要涉及该结点的前驱结点，假设 pre 指向前驱结点，则前驱结点 pre 的后继将变为被删除结点 q 的后继结点。因为单链表的第一个结点没有前驱结点，所以，当被删除的结点是单链表中的第一个结点时，要做特别处理。删除操作如图 3.5 所示。

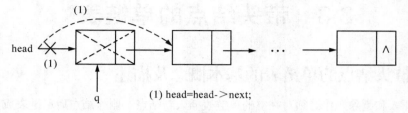

(1) head=head->next;

(a) 删除单链表的最前面的（第一个）结点

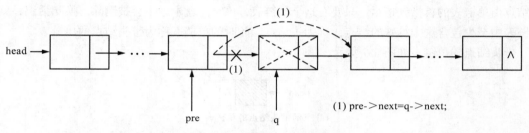

(1) pre->next=q->next;

(b) 删除 q 指向的结点，pre 为 q 的前驱结点

图 3.5　单链表的删除过程图示

算法 3.5 是删除操作的具体实现。

```
/****************************************************/
/*  函数功能:在单链表中删除一个值为 x 的结点        */
/*  函数参数:指向 node 类型变量的指针 head          */
/*           datatype 类型变量 x                    */
/*  函数返回值:指向 node 类型变量的指针             */
/*  文件名:slnklist.c,函数名:dele()                 */
/****************************************************/
node *dele(node *head,datatype x)
{
  node *pre=NULL,*p;
  if(!head) {printf("单链表是空的! ");return head;}
  p=head;
  while(p&&p->info!=x)           /*没有找到并且没有找完*/
    {pre=p;p=p->next;}           /*pre 指向 p 的前驱结点*/
  if(p)                         /*找到了被删除结点*/
    {
      if(!pre)  head=head->next; /*要删除的第一个结点*/
      else pre->next=p->next;
      free(p);
    }
  return head;
}
```

算法 3.5　在单链表中删除一个值为 x 的结点

单链表的删除，其主要操作就是修改一个指针，不必移动结点，同顺序表中删除一个结点平均需要移动表中一半的结点比较，其效率更高。

总之，链式存储的插入和删除操作比顺序存储方便，但不能随机访问某个结点。

3.3　带头结点的单链表

3.3.1　带头结点的单链表的基本概念及描述

单链表的插入和删除操作必须对在空的单链表插入新结点、删除结点后单链表成为空表等特殊情况做特别处理。为了减少对特殊情况的判断处理，可以在单链表中设置一个特殊的结点，这个结点由单链表的首指针指示，只要有这个单链表，该结点就永远不会被删除。换句话说，就是单链表中至少包含这个特殊的结点，称为头结点，此时的单链表称为带头结点的单链表。

带头结点的单链表如图 3.6 所示。

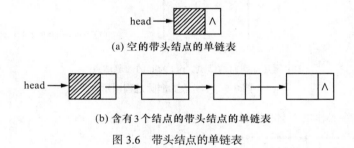

(a) 空的带头结点的单链表

(b) 含有3个结点的带头结点的单链表

图 3.6　带头结点的单链表

带头结点的单链表类型描述如下。

```
ADT hlink_list{
        数据集合 K:K={k₁,k₂,…,kₙ},n≥0,K中的元素是datatype 类型;
        数据关系 R:R={r}
                r={<kᵢ,kᵢ₊₁>|i=1,2,…,n-1}。
        操作集合如下。
        （1）node *init ()　建立一个空的带头结点的单链表。
        （2）void display (node *head)　输出带头结点的单链表中各个结点的值。
        （3）node *find (node *head, int i)　在带头结点的单链表中查找第 i 个结点。
        （4）node *insert (node *head, datatype x, int i)
                在带头结点的单链表中第 i 个结点后插入一个值为 x 的新结点。
        （5）node *dele (node *head, datatype x)
                在带头结点的单链表中删除一个值为 x 的结点。
} ADT hlink_list;
```

3.3.2　带头结点的单链表的实现

一般的单链表中，第一个结点由 head 指示，而在带头结点的单链表中，head 指示的是所谓的头结点，它不是数据结构中的实际结点，第一个实际结点是 head->next 指示的。在带头结点的单链表的操作实现时要注意这一点。

　　带头结点的单链表结构的 C 语言描述和单链表结构一样。下面的算法 3.6～算法 3.8 给出的是带头结点单链表的几个基本操作的具体实现。

```
/*****************************************************/
/*  函数功能:建立一个空的带头结点的单链表            */
/*  函数参数:空                                      */
/*  函数返回值:指向 node 类型变量的指针              */
/*  文件名:hlnklist.c,函数名:init()                 */
/*****************************************************/
node *init()
{
  node *head;
  head=(node*)malloc(sizeof(node));
  head->next=NULL;
  return head;
}
```

算法 3.6　建立一个空的带头结点的单链表

```
/*****************************************************/
/*  函数功能:输出带头结点的单链表中各个结点的值      */
/*  函数参数:指向 node 类型变量的指针 head           */
/*  函数返回值:无                                    */
/*  文件名:hlnkdisp.c,函数名:display()              */
 /*****************************************************/
void display(node *head)
{
  node *p;
  p=head->next;   /*从第一个（实际）结点开始*/
  if(!p) printf("\n 带头结点的单链表是空的!");
  else
    {
      printf("\n 带头结点的单链表各个结点的值为:\n");
      while(p) { printf("%5d",p->info);p=p->next;}
    }
}
```

算法 3.7　输出带头结点的单链表中各个结点的值

```
/*****************************************************/
/*  函数功能:在带头结点的单链表中查找第 i 个结点地址 */
/*  函数参数:指向 node 类型变量的指针 head           */
/*            int 类型变量 i                         */
/*  函数返回值:指向 node 类型变量的指针 head         */
/*  文件名:hlnklist.c,函数名:find()                 */
/*****************************************************/
node *find(node *head,int i)
{
  int j=0;
  node *p=head;
```

```
    if(i<0){printf("\n带头结点的单链表中不存在第%d个结点! ",i);return NULL;}
    else if(i==0) return p;        /*此时p指向的是头结点*/
    while(p&&i!=j)                 /*没有查找完并且还没有找到*/
    {
      p=p->next;j++;              /*继续向后（左）查找,计数器加1*/
    }
    return p;                     /*返回结果,i=0时,p指示的是头结点*/
}
```

算法 3.8　在带头结点的单链表中查找第 i 个结点

1. 带头结点的单链表的插入操作

带头结点的单链表插入过程如图 3.7 所示。

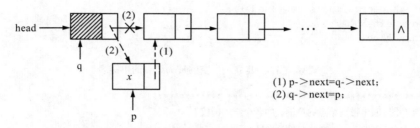

(a) 在非空带头结点的单链表最前面插入一个值为 *x* 的新结点

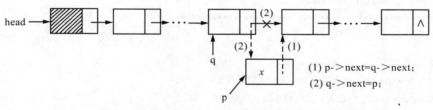

(b) 在 q 所指的结点后插入一个 p 所指的值为 *x* 的新结点

图 3.7　带头结点的单链表插入过程图示

带头结点的单链表的插入操作的具体实现见算法 3.9。

```
/****************************************************************/
/*  函数功能:在带头结点的单链表中第 i 个结点后插入一个值为 x 的新结点  */
/*  函数参数:指向 node 类型变量的指针 head                          */
/*          datatype 类型变量 x,int 型变量 i                       */
/*  函数返回值:指向 node 类型变量的指针 head                        */
/*  文件名:hlnklist.c,函数名:insert()                            */
/****************************************************************/
node *insert(node *head,datatype x,int i)
{
  node *p,*q;
  q=find(head,i);           /*查找带头结点的单链表中的第 i 个结点*/
                            /*i=0,表示新结点插入在头结点之后,此时 q 指向的是头结点*/
  if(!q)                    /*没有找到*/
```

```
    { printf("\n 带头结点的单链表中不存在第%d 个结点! 不能插入%d! ",i,x);return head;}
    p=(node*)malloc(sizeof(node));        /*为准备插入的新结点分配空间*/
    p->info=x;                            /*为新结点设置值 x*/
    p->next=q->next;                      /*插入(1)*/
    q->next=p;          /*插入(2),当 i=0 时,由于 q 指向的是头结点,本语句等价于 head->next=p */
    return head;
}
```

算法 3.9　在带头结点的单链表中第 *i* 个结点后插入一个值为 *x* 的新结点

2. 带头结点的单链表的删除操作

带头结点的单链表的删除过程如图 3.8 所示。

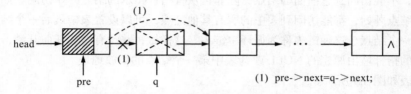

(1) pre->next=q->next;

(a) 删除带头结点的单链表最前面的（第一个）实际结点

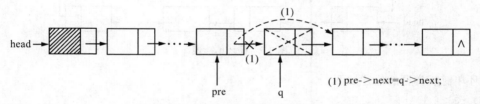

(1) pre->next=q->next;

(b) 在带头结点的单链表中删除 q 指向的结点，pre 为 q 的前驱结点

图 3.8　带头结点的单链表的删除过程图示

带头结点的单链表的删除操作的具体实现见算法 3.10。

```
/**********************************************************/
/*  函数功能:在带头结点的单链表中删除一个值为 x 的结点      */
/*  函数参数:指向 node 类型变量的指针 head                  */
/*           datatype 类型变量 x                          */
/*  函数返回值:指向 node 类型变量的指针                     */
/*  文件名:hlnklist.c,函数名:dele()                        */
/**********************************************************/
node *dele(node *head,datatype x)
{
  node *pre=head,*q;          /*首先 pre 指向头结点*/
  q=head->next;              /*q 从带头结点的第一个实际结点开始找值为 x 的结点*/
  while(q&&q->info!=x)        /*没有查找完并且还没有找到*/
    {pre=q;q=q->next;}        /*继续查找,pre 指向 q 的前驱*/
  if(q)
  {
    pre->next=q->next;        /*删除*/
    free(q);                  /*释放空间*/
  }
```

```
        return head;
    }
```

算法 3.10　在带头结点的单链表中删除一个值为 x 的结点

3.4　循环单链表

3.4.1　循环单链表的基本概念及描述

无论是单链表，还是带头结点的单链表，从表中的某个结点开始，都只能访问到这个结点及其后面的结点，不能访问到它前面的结点，除非再从首指针指示的结点开始访问。如果希望从表中的任意一个结点开始，都能访问到表中的所有其他结点，可以设置表中最后一个结点的指针域指向表中的第一个结点，这种链表称为循环单链表。这样做，并没有增加任何开销，只不过是将最后一个结点的指针域由原先的 NULL 改为表中第一个结点的存放地址。

循环单链表如图 3.9 所示。

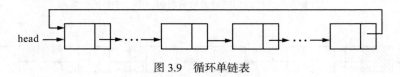

图 3.9　循环单链表

循环单链表类型的描述如下。

```
ADT clink_list{
        数据集合 K:K={k₁,k₂,…,kₙ},n≥0,K 中的元素是 datatype 类型;
        数据关系 R:R={r}
                r={<kᵢ,kᵢ₊₁>|i=1,2,…,n-1}。
        操作集合如下。
```

（1）node *init（）　建立一个空的循环单链表。

（2）node *rear（node *head）

　　　　　　　获得循环单链表的最后一个结点的存储地址。

（3）void display（node *head）　输出循环单链表中各个结点的值。

（4）node *find（node *head, datatype x）

　　　　　　　在循环单链表中查找值为 x 的结点。

（5）node *insert（node *head, datatype x, int i）

　　　　　　　在循环单链表中第 i 个结点后插入一个值为 x 的新结点。

（6）node *dele（node *head, datatype x）

　　　　　　　在循环单链表中删除一值为 x 的结点。

```
} ADT clink_list
```

3.4.2　循环单链表的实现

单链表中某个结点 p 是表中最后一个结点的特征是 p->next==NULL。对于一个循环单链表，若首指针为 head，表中的某个结点 p 是最后一个结点的特征应该是 p->next==head。

循环单链表的头文件和单链表的相同。

算法 3.11～算法 3.14 是循环单链表的几个基本操作的具体实现。

```
/*****************************************************/
/*  函数功能:建立一个空的循环单链表              */
/*  函数参数:无                                  */
/*  函数返回值:指向 node 类型变量的指针          */
/*  文件名:clnklist.c,函数名:init()             */
/*****************************************************/
node *init()              /*建立一个空的循环单链表*/
{
  return NULL;
}
```

算法 3.11　建立一个空的循环单链表

```
/*****************************************************/
/*  函数功能:获得循环单链表的最后一个结点的存储地址  */
/*  函数参数:指向 node 类型变量的指针变量 head      */
/*  函数返回值:指向 node 类型变量的指针             */
/*  文件名:clnklist.c,函数名:rear()               */
/*****************************************************/
node *rear(node *head)
{
  node *p;
  if(!head)                /*循环单链表为空*/
    p=NULL;
  else
    {
      p=head;              /*从第一个结点开始*/
      while(p->next!=head)  /*没有到达最后一个结点*/
        p=p->next;          /*继续向后*/
    }
  return p;
}
```

算法 3.12　获得循环单链表的最后一个结点的存储地址

```
/*****************************************************/
/*  函数功能:输出循环单链表中各个结点的值        */
/*  函数参数:指向 node 类型变量的指针变量 head    */
/*  函数返回值:空                                */
/*  文件名:clnklist.c,函数名:display()           */
/*****************************************************/
void display(node *head)
{
  node *p;
  if(!head) printf("\n 循环单链表是空的! \n");
  else
    {
      printf("\n 循环单链表各个结点的值分别为:\n");
      printf("%5d",head->info);     /*输出非空表中第一个结点的值*/
      p=head->next;                 /*p 指向第一个结点的下一个结点*/
```

```
        while(p!=head)                    /*没有回到第一个结点*/
        {
          printf("%5d",p->info);
          p=p->next;
        }
      }
  }
```

算法 3.13　输出循环单链表中各个结点的值

```
/*****************************************************/
/*  函数功能:循环单链表中查找值为 x 的结点的存储地址    */
/*  函数参数:指向 node 类型变量的指针变量 head          */
/*             datatype 类型的变量 x                   */
/*  函数返回值:指向 node 类型变量的指针                 */
/*  文件名:clnklist.c,函数名:find()                    */
/*****************************************************/
node *find(node *head,datatype x)
{
   /*查找一个值为 x 的结点*/
   node *q;
   if(!head)   /*循环单链表是空的*/
     {
       printf("\n 循环单链表是空的! 无法找指定结点! ");
       return NULL;
     }
   q=head;            /* q指向循环单链表的第一个结点,准备查找*/
   while(q->next!=head&&q->info!=x) /*没有查找到并且没有查找完整个表*/
     q=q->next;       /*继续查找*/
   if(q->info==x) return q;
     else
      return NULL;
  }
```

算法 3.14　在循环单链表中查找一个值为 x 的结点

1. 循环单链表的插入操作

在非空循环单链表中插入新结点时，需要注意的是，如果插入的结点成为表中的第一个结点，那么必须修改表中最后一个结点的指针域，使最后一个结点的指针域指向新插入的结点。在非空循环单链表中插入一个结点的过程如图 3.10 所示。对于在一个空的循环单链表中插入一个结点的过程，读者可以自己分析并给出图示。

循环单链表的插入操作的具体实现见算法 3.15。

```
/*****************************************************/
/*  函数功能:循环单链表第 i 个结点后插入值为 x 的新结点   */
/*  函数参数:指向 node 类型变量的指针变量 head          */
/*            datatype 类型的变量 x,int 类型的变量 i    */
/*  函数返回值:指向 node 类型变量的指针                 */
/*  文件名:clnklist.c,函数名:insert()                  */
/*****************************************************/
```

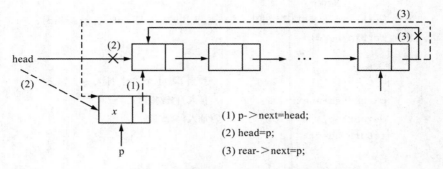

(1) p->next=head;

(2) head=p;

(3) rear->next=p;

(a) 在循环单链表的最前面插入一个值为 x 的新结点

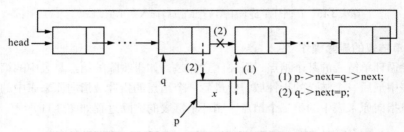

(1) p->next=q->next;

(2) q->next=p;

(b) 循环单链表，在 q 所指的结点后插入一个 p 所指的值为 x 的新结点

图 3.10　循环单链表的插入过程图示

```
node *insert(node *head,datatype x,int i)
{        /*i 为 0 时表示将值为 x 的结点插入作为循环单链表的第一个结点*/
  node *p,*q,*myrear;
  int j;
  p=(node*)malloc(sizeof(node)); /*分配空间*/
  p->info=x;               /*设置新结点的值*/
  if(i<0)                  /*如果 i 小于 0，则输出出错信息*/
    {printf("\n 无法找到指定的插入位置！"); free(p);return head;}
  if(i==0&&!head)          /*插入前循环单链表如果是空的,则新结点的指针域应指向它自己*/
    { p->next=p;head=p;return head;}
  if(i==0&&head)          /*在非空的循环单链表最前面插入*/
    { myrear=rear(head);  /*找到循环单链表的最后一个结点*/
       p->next=head;       /*插入(1)*/          head=p;  /*插入(2)*/
       myrear->next=p;     /*插入(3)最后一个结点的指针域指向新插入的表中第一个结点*/
       return head;
  }
  if(i>0&&!head) {printf("\n 无法找到指定的插入位置！"); free(p);return head;}
  if(i>0&&head){  /*在非空的循环单链表中插入值为 x 的结点,并且插入的结点不是第一个结点*/
          q=head;                         /*准备从表中第一个结点开始查找*/
          j=1;                            /*计数开始*/
          while(i!=j&&q->next!=head)      /*没有找到并且没有找遍整个表*/
          {
          q=q->next;j++;                  /*继续查找,计数器加 1*/
          }
          if(i!=j)   /* 找不到指定插入位置,即 i 的值超过表中结点的个数,则不进行插入*/
```

```
              {
                  printf("\n 表中不存在第%d 个结点,无法进行插入!\n",i);free(p);
                  return head;
              }
              else
              {                            /*找到了第 i 个结点,插入 x*/
                  p->next=q->next;         /*插入,修改指针(1)*/
                  q->next=p;               /*插入,修改指针(2)*/
                  return head;
              }
          }
    }
```

算法 3.15　在循环单链表中第 *i* 个结点后插入一个值为 *x* 的新结点

2. 循环单链表的删除操作

对于删除循环单链表的某个结点，需要注意的是，如果删除的结点是表中的第一个结点，那么必须修改表中最后一个结点的指针域，使最后一个结点的指针域指向原来表中的第二个结点，当然首指针也指向原来表中的第二个结点。循环单链表的删除过程如图 3.11 所示。

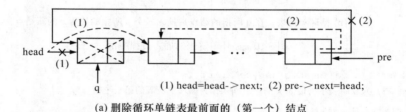

(1) head=head->next;　(2) pre->next=head;

(a) 删除循环单链表最前面的（第一个）结点

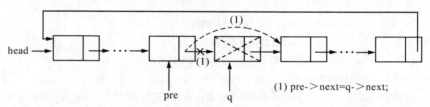

(1) pre->next=q->next;

(b) 删除 q 指向的结点，pre 为 q 的前驱结点（q 指向的不是循环单链表的第一个结点）

图 3.11　循环单链表的删除过程图示

循环单链表的删除操作的具体实现见算法 3.16。

```
/***************************************************/
/*   函数功能:在循环单链表中删除一个值为 x 的结点      */
/*   函数参数:指向 node 类型变量的指针变量 head       */
/*           datatype 类型的变量 x                 */
/*   函数返回值:指向 node 类型变量的指针             */
/*   文件名:clnklist.c,函数名:dele()              */
/***************************************************/
node *dele(node *head,datatype x)
{
    node *pre=NULL,*q;   /*q 用于查找值为 x 的结点,pre 指向 q 的前驱结点*/
    if(!head)            /*表为空,则无法做删除操作*/
    {
```

```
      printf("\n 循环单链表为空,无法做删除操作! ");
      return head;
   }
  q=head;                /*从第一个结点开始准备查找*/
  while(q->next!=head&&q->info!=x) /*没有找遍整个表并且没有找到*/
   {
     pre=q;
     q=q->next;         /*pre 为 q 的前驱,继续查找*/
   }                     /*循环结束后,pre 为 q 的前驱*/
  if(q->info!=x)         /*没找到*/
   {
     printf("没有找到值为%d 的结点! ",x);
   }
  else                   /*找到了,下面要删除 q*/
   {
     if(q!=head){pre->next=q->next;free(q);}
     else
      if(head->next==head){free(q);head=NULL;}
      else
      { pre=head->next;
        while(pre->next!=q) pre=pre->next;     /*找 q 的前驱结点位置*/
        head=head->next;
        pre->next=head;
        free(q);
      }
   }
  return head;
}
```

算法 3.16　在循环单链表中删除一个值为 *x* 的结点

3.　循环单链表的整体插入与删除操作

如果需要将一个循环单链表整体插入到一个单链表的前部,其过程很简单。将循环单链表 head_a 插入到单链表 head_b 前部的过程如图 3.12 所示。

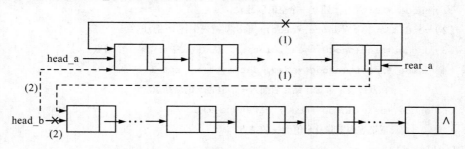

图 3.12　一个循环单链表整体插入到一个单链表前部的图示

这说明,如果要将整个循环单链表删除,不必一个一个结点删除,只需要将整个单链表插入一个称为"可利用空间表"的表中即可。

另外,可以给循环单链表增加一个"头结点",构成所谓的带头结点的循环单链表。

3.5 双 链 表

3.5.1 双链表的基本概念及描述

前面的各种链式表中，一个结点的指针域是指向它的后继结点的，如果需要找一个结点 p 的前驱结点，则必须从表首指针开始查找，当某个结点 pre 的指针域指向的是结点 p 时，即 pre->next==p 时，则说明 pre 是 p 的前驱结点。如果常常需要知道一个结点的前驱和后继结点，上述的链式表是不适合的。既然单链表中每个结点都有一个指针域指向它的后继结点，那自然地想到再增设一个指针域指向它的前驱结点，这就构成了双链表。

双链表的结点包括 3 个域，一个是存放数据信息的 info 域，另外两个是指针域，这里用 llink 和 rlink 表示，llink 指向它的前驱结点，rlink 指向它的后继结点。结点的形式如下。

双链表的一般情形如图 3.13 所示。

图 3.13　双链表图示

双链表类型的描述如下：

```
ADT dlink_list{
```
数据集合 K: $K=\{k_1, k_2, \cdots, k_n\}, n \geqslant 0, K$ 中的元素是 datatype 类型；

数据关系 R: $R=\{r\}$

$r=\{<k_i, k_{i+1}>|i=1, 2, \cdots, n-1\}$。

操作集合如下。

（1）dnode *init( )　建立一个空的双链表。

（2）void display (dnode *head)　输出双链表中各个结点的值。

（3）dnode *find(dnode *head, int i)　在双链表中查找第 i 个结点。

（4）dnode *insert(dnode *head, datatype x, int i)

在双链表中第 i 个结点后插入一个值为 x 的新结点。

（5）dnode *dele(dnode *head, datatype x)

双链表中删除一个值为 x 的结点。

```
} ADT dlink_list
```

3.5.2 双链表的实现

双链表结构的 C 语言描述如下。

```
/***************************************/
/* 双链表的头文件,文件名:dlnklist.h */
/***************************************/
 typedef int datatype;
```

```
typedef struct dlink_node{
    datatype info;
    struct dlink_node *llink,*rlink;
}dnode;
```

双链表中第一个结点没有前驱，它的 llink 域为 NULL；最后一个结点没有后继，它的 rlink 域为 NULL。结点中的 rlink 域的作用和单链表结点的 next 域一样，因此，双链表的一些基本操作的实现并不复杂。但是双链表的插入和删除操作就和单链表的插入和删除操作有较大的区别。

算法 3.17～算法 3.19 是双链表的一些基本操作的具体实现。

```
/******************************************************/
/*   函数功能:建立一个空的双链表                      */
/*   函数参数:无                                      */
/*   函数返回值:指向 dnode 类型变量的指针             */
/*   文件名:dlnklist.c,函数名:init()                  */
/******************************************************/
dnode *init()
{
    return NULL;
}
```

算法 3.17 建立一个空的双链表

```
/******************************************************/
/*   函数功能:输出双链表中各个结点的值                */
/*   函数参数:指向 dnode 类型变量的指针 head          */
/*   函数返回值:空                                    */
/*   文件名:dlnklist.c,函数名:display()               */
/******************************************************/
void display(dnode *head)
{
    dnode *p;
    printf("\n");
    p=head;
    if(!p) printf("\n 双链表是空的!\n");
    else
      {
        printf("\n 双链表中各个结点的值为:\n");
        while(p) { printf("%5d",p->info);p=p->rlink;}
      }
}
```

算法 3.18 输出双链表中各个结点的值

```
/******************************************************/
/*   函数功能:在双链表中查找第 i 个结点的存储地址     */
/*   函数参数:指向 dnode 类型变量的指针 head          */
/*            int 类型的变量 i                        */
/*   函数返回值:指向 dnode 类型变量的指针             */
/*   文件名:dlnklist.c,函数名:find()                  */
/******************************************************/
dnode *find(dnode *head,int i)
```

```
{
    int j=1;
    dnode *p=head;
    if(i<1){printf("\n第%d个结点不存在!\n",i);return NULL;}
    while(p&&i!=j)        /*没有找完整个表并且没有找到*/
    {
        p=p->rlink;j++;    /*继续沿着右指针向后查找,计数器加1*/
    }
    if(!p){printf("\n第%d个结点不存在!\n",i);return NULL;}
    return p;
}
```

算法 3.19　查找双链表中第 i 个结点

1．双链表的插入操作

对于双链表的插入操作，如果要在双链表中 q 所指向的结点后插入一个新的结点 p，其中要涉及的结点有 q 指向的结点、p 指向的结点以及 q 的后继结点（q->rlink 指向的结点）。要设置或修改的只有 4 个指针，具体要做的设置为：p 的 rlink 设置为 q 的后继结点（q->rlink）；p 的 llink 设置为 q；q 的后继结点的前驱（q->rlink->llink）修改为 p；q 的后继结点（q->rlink）修改为 p。对于特殊情形，双链表同单链表一样需要做特别处理。双链表插入过程如图 3.14 所示。

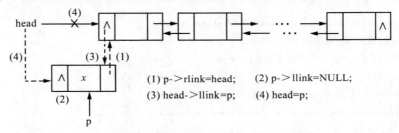

(1) p->rlink=head;　(2) p->llink=NULL;
(3) head->llink=p;　(4) head=p;

(a) 在双链表的最前面插入一个值为 x 的新结点

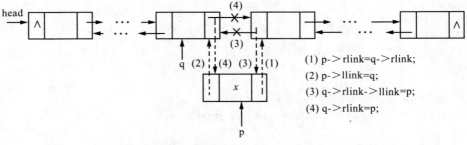

(1) p->rlink=q->rlink;
(2) p->llink=q;
(3) q->rlink->llink=p;
(4) q->rlink=p;

(b) 在双链表中 q 所指结点的后面插入一个值为 x 的新结点

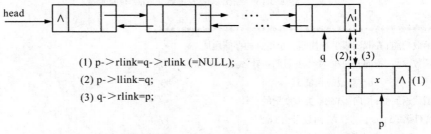

(1) p->rlink=q->rlink (=NULL);
(2) p->llink=q;
(3) q->rlink=p;

(c) 在双链表中 q 所指结点（是最后一个结点）的后面插入一个值为 x 的新结点
图 3.14　双链表插入过程图示

双链表的插入操作的具体实现过程见算法 3.20。

```
/******************************************************/
/*   函数功能:双链表第 i 个结点后插入值为 x 的新结点        */
/*   函数参数:指向 dnode 类型变量的指针 head             */
/*            datatype 类型的变量 x, int 类型的变量 i   */
/*   函数返回值:指向 dnode 类型变量的指针                 */
/*   文件名:dlnklist.c,函数名:insert()                 */
/******************************************************/
dnode *insert(dnode *head,datatype x,int i)
 {
   dnode  *p,*q;
   p=(dnode*)malloc(sizeof(dnode));  /*分配空间*/
   p->info=x;                 /*设置新结点的值*/
   if(i==0)                   /*在最前面插入一个值为 x 的新结点*/
     {
       p->llink=NULL;         /*新插入的结点没有前驱*/
       p->rlink=head;         /*新插入的结点的后继是原来双链表中的第一个结点*/
       if (!head)             /*原表为空*/
       {
          head=p;
       }
       else
       {
        head->llink=p;        /*原来双链表中第一个结点的前驱是新插入的结点*/
        head=p;               /*新结点成为双链表的第一个结点*/
       }
       return head;
     }
   q=find(head,i);            /*查找第 i 个结点*/
   if(!q)                     /*第 i 个结点不存在*/
     {printf("第%d 个结点不存在,无法进行插入",i);free(p);return head;}
   if(q->rlink==NULL)         /*在最后一个结点后插入*/
     {
       p->rlink=q->rlink;     /*即为 NULL,新插入的结点没有后继。插入操作（1）*/
       p->llink=q;            /*插入操作（2）*/
       q->rlink=p;            /*插入操作（4）*/
     }                        /*注意不能和下面的一般情况一样处理,这里如执行下面的（3）将出错！*/
   else                       /*一般情况下的插入*/
     {
       p->rlink=q->rlink;     /*插入操作（1）*/
       p->llink=q;            /*插入操作（2）*/
       q->rlink->llink=p;     /*插入操作（3）*/
       q->rlink=p;            /*插入操作（4）*/
     }
   return head;
 }
```

算法 3.20　在双链表中第 *i* 个结点后插入一个值为 *x* 的新结点

2. 双链表的删除操作

删除双链表中 q 指向的结点，需要修改 q 的前驱结点的后继指针域（q->llink->rlink）和 q 的后继结点的前驱指针域（q->rlink->llink）。具体的修改及对特殊情形的处理如图 3.15 所示。

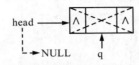

(a) 被删除的 q 是双链表中唯一的一个结点

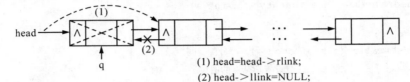

(1) head=head->rlink;
(2) head->llink=NULL;

(b) 被删除的 q 是双链表中的第一个结点（表中不只这一个结点）

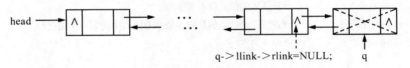

q->llink->rlink=NULL;

(c) 被删除的 q 是双链表中的最后一个结点

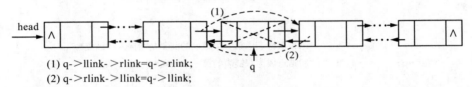

(1) q->llink->rlink=q->rlink;
(2) q->rlink->llink=q->llink;

(d) 被删除的 q 是双链表中既非第一个也非最后一个结点

图 3.15　双链表删除操作图示

双链表的删除操作的具体实现过程见算法 3.21。

```
/******************************************************/
/*   函数功能:在双链表中删除一个值为 x 的结点          */
/*   函数参数:指向 dnode 类型变量的指针 head           */
/*            datatype 类型的变量 x                    */
/*   函数返回值:指向 dnode 类型变量的指针              */
/*   文件名:dlnklist.c,函数名:dele()                   */
/******************************************************/
dnode *dele(dnode *head,datatype x)
{
  dnode *q;
  if(!head)       /*双链表为空,无法进行删除操作*/
    {printf("双链表为空,无法进行删除操作");return head;}
  q=head;
  while(q&&q->info!=x) q=q->rlink; /*循环结束后 q 指向的是值为 x 的结点*/
  if(!q)
    {
      printf("\n 没有找到值为%d 的结点!不做删除操作! ",x);
```

```
    }
    if(q==head&&&head->rlink)      /*被删除的结点是第一个结点并且表中不只一个结点*/
    {
        head=head->rlink;
        head->llink=NULL;
        free(q);return head;
    }
    if(q==head&&!head->rlink)  /*被删除的结点是第一个结点并且表中只有这一个结点*/
    {
        free(q);
        return NULL; /*双链表置空*/
    }
    else
    {
        if(!q->rlink)  /*被删除的结点是双链表中的最后一个结点*/
    {
        q->llink->rlink=NULL;
        free(q);
        return head;
    }
        else      /*q 是有 2 个以上结点的双链表中的一个非开始、也非终端结点*/
    {
        q->llink->rlink=q->rlink;
        q->rlink->llink=q->llink;
        free(q);
        return head;
    }
    }
}
```

算法 3.21 在双链表中删除一个值为 x 的结点

3.6 链 式 栈

3.6.1 链式栈的基本概念及描述

栈的链式存储称为链式栈。链式栈就是一个特殊的单链表，对于这种特殊的单链表，它的插入和删除操作规定在单链表的同一端进行。链式栈的栈顶指针一般用 top 表示，链式栈如图 3.16 所示。

链式栈类型的描述如下。

```
ADT link_stack{
```
　　　　数据集合 K：$K=\{k_1,k_2,\cdots,k_n\}$，$n{\geqslant}0$，K 中的元素是 datatype 类型；

　　　　数据关系 R：$R=\{r\}$

　　　　　　　　$r=\{<k_i,k_{i+1}>|i=1,2,\cdots,n-1\}$。

　　　　操作集合如下。

　　　　（1）node *init() 建立一个空链式栈。

　　　　（2）int empty(node *top) 判断链式栈是否为空。

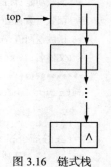

图 3.16 链式栈

（3）datatype read(node *top)　读链式栈的栈顶结点值。

（4）void display (node *top)　输出链式栈中各个结点的值。

（5）node *push (node *top, datatype x)

　　　　　　向链式栈中插入一个值为 x 的结点（进栈）。

（6）node *pop(node *top)　删除链式栈的栈顶结点（出栈）。

} ADT link_stack

3.6.2　链式栈的实现

链式栈的结点定义同单链表的结点定义。链式栈的几个基本操作的具体实现过程见算法 3.22～算法 3.25。

```
/***************************************************/
/*  函数功能:建立一个空的链式栈                      */
/*  函数参数:无                                     */
/*  函数返回值:指向 node 类型变量的指针              */
/*  文件名:lnkstack.c,函数名:init()               */
/***************************************************/
node *init()  /*建立一个空栈*/
{
  return NULL;
}
```

算法 3.22　建立一个空的链式栈

```
/***************************************************/
/*  函数功能:判断链式栈是否为空                       */
/*  函数参数:指向 node 类型变量的指针 top            */
/*  函数返回值:int 类型的变量                        */
/*  文件名:lnkstack.c,函数名:empty()              */
/***************************************************/
int empty(node *top)
{
  return (top? 0:1);
}
```

算法 3.23　判断链式栈是否为空

```
/***************************************************/
/*  函数功能:读链式栈的栈顶结点值                     */
/*  函数参数:指向 node 类型变量的指针 top            */
/*  函数返回值:datatype 类型的变量                   */
/*  文件名:lnkstack.c,函数名:read()               */
/***************************************************/
datatype read(node *top)
{
  if(!top) {printf("\n 链式栈是空的!");exit(1);}
  return(top->info);
}        /*本函数可以调用 empty()函数*/
```

算法 3.24　取得链式栈的栈顶结点值

```
/***************************************************/
/*  函数功能:输出链式栈中各个结点的值                  */
/*  函数参数:指向 node 类型变量的指针 top             */
/*  函数返回值:空                                    */
/*  文件名:lnkstack.c,函数名:display()              */
/***************************************************/
void display(node *top)
{
  node *p;
  p=top;
  printf("\n");
  if(!p) printf("\n 链式栈是空的!");
  while(p) { printf("%5d",p->info);p=p->next;}
}
```

算法 3.25　输出链式栈中各个结点的值

链式栈的插入操作如图 3.17 所示。链式栈的删除操作如图 3.18 所示。

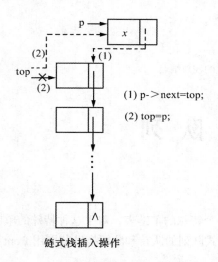

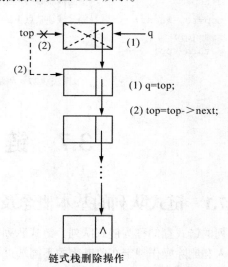

链式栈插入操作

链式栈删除操作

图 3.17　链式栈的插入操作图示　　　　图 3.18　链式栈的删除操作图示

链式栈的插入和删除操作的具体实现过程见算法 3.26 和算法 3.27。

```
/***************************************************/
/*  函数功能:向链式栈插入值为 x 的结点（进栈）          */
/*  函数参数:指向 node 类型变量的指针 top             */
/*           datatype 类型的变量 x                  */
/*  函数返回值:指向 node 类型变量的指针               */
/*  文件名:lnkstack.c,函数名:push()                 */
/***************************************************/
node *push(node *top,datatype x)
{
  node *p;
  p=(node*)malloc(sizeof(node));        /*分配空间*/
  p->info=x;                            /*设置新结点的值*/
```

```
    p->next=top;                              /*插入（1）*/
    top=p;                                    /*插入（2）*/
    return top;
}
```

算法 3.26　向链式栈中插入一个值为 x 的结点

```
/*****************************************************/
/*  函数功能:删除链式栈的栈顶结点（出栈）             */
/*  函数参数:指向 node 类型变量的指针 top           */
/*  函数返回值:指向 node 类型变量的指针              */
/*  文件名:lnkstack.c,函数名:pop()                 */
/*****************************************************/
node *pop(node *top)
{
    node *q;
    if(!top) {printf("\n 链式栈是空的!");return NULL;}
    q=top;                   /*指向被删除的结点（1）*/
    top=top->next;           /*删除栈顶结点（2）*/
    free(q);
    return top;
}
```

算法 3.27　删除链式栈的栈顶结点

3.7　链　式　队　列

3.7.1　链式队列的基本概念及描述

队列的链式存储称为链式队列。链式队列就是一个特殊的单链表，对于这种特殊的单链表，它的插入和删除操作规定在单链表的不同端进行。链式队列的队首和队尾指针分别用 front 和 rear 表示，链式队列如图 3.19 所示。

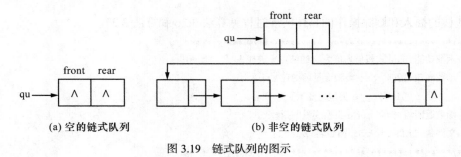

图 3.19　链式队列的图示

链式队列类型的描述如下。

```
ADT link_queue{
        数据集合 K:K={k₁,k₂,…,kₙ},n≥0,K 中的元素是 datatype 类型;
        数据关系 R:R={r}
```

$$r=\{<k_i,k_{i+1}>|i=1,2,\cdots,n-1\}。$$

操作集合如下。

（1）queue *init ( )　建立一个空的链式队列。

（2）int empty(queue qu)　判断链式队列是否为空。

（3）void diaplay(queue *qu)　输出链式队列中各个结点的值。

（4）datatype read(queue qu)　取得链式队列的队首结点值。

（5）queue *insert(queue *qu, datatype x)　向链式队列中插入一个值为 x 的结点。

（6）queue *dele(queue *qu)　删除链式队列中队首结点。

} ADT link_queue

3.7.2　链式队列的实现

链式队列的结点定义和单链表一样。队列必须有队首和队尾指针，因此增加定义一个结构类型，其中的两个域分别为队首和队尾指针。

链式队列结构的 C 语言描述如下。

```
/*****************************/
/*链式队列的头文件,文件名:lnkqueue.h */
/*****************************/
 typedef int datatype;
 typedef struct link_node{
   datatype info;
   struct link_node *next;
 }node;
 typedef struct{
   node *front,*rear;  /*定义队首与队尾指针*/
 }queue;
```

链式队列基本操作的具体实现过程见算法 3.28～算法 3.31。

```
/**********************************************/
/*  函数功能:建立一个空的链式队列                */
/*  函数参数:无                              */
/*  函数返回值:指向 queue 类型变量的指针          */
/*  文件名:lnkqueue.c,函数名:init()            */
/**********************************************/
 queue *init() /*建立一个空的链式队列*/
 {
   queue *qu;
   qu=(queue*)malloc(sizeof(queue));    /*分配空间*/
   qu->front=NULL;                     /*队首指针设置为空*/
   qu->rear=NULL;                      /*队尾指针设置为空*/
   return qu;
 }
```

算法 3.28　建立一个空的链式队列

```
/**********************************************/
/*  函数功能:判断链式队列是否为空                */
/*  函数参数:queue 类型的变量 qu               */
/*  函数返回值:int 类型                       */
```

```
/*   文件名:lnkqueue.c,函数名:empty()                 */
/**************************************************/
int empty(queue qu)
{
  return (qu.front ? 0:1);
}
```

算法 3.29 判断链式队列是否为空

```
/****************************************************/
/*  函数功能:输出链式队列中各个结点的值              */
/*  函数参数:指向 queue 类型的指针变量 qu           */
/*  函数返回值:空                                    */
/*  文件名:lnkqueue.c,函数名:display()             */
/****************************************************/
void display(queue *qu)
{
  node *p;
  printf("\n");
  p=qu->front;
  if(!p) printf("\nThe link queue is empty!\n");
  while(p) { printf("%5d",p->info);p=p->next;}
}
```

算法 3.30 输出链式队列中各个结点的值

```
/****************************************************/
/*  函数功能:取得链式队列的队首结点值                */
/*  函数参数:queue 类型的变量 qu                     */
/*  函数返回值:datatype 类型                         */
/*  文件名:lnkqueue.c,函数名:read()                 */
/****************************************************/
datatype read(queue qu)
{
  if(!qu.front) {printf("\n 链式队列是空的!");exit(1);}
  return(qu.front->info);
}
```

算法 3.31 取得链式队列的队首结点值

1. 链式队列的插入操作

链式队列的插入过程如图 3.20 所示。

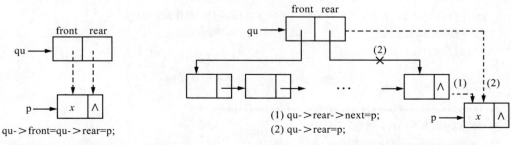

(a) 向空链式队列中插入值为 x 的新结点   (b) 在非空链式队列中插入值为 x 的新结点

图 3.20 链式队列的插入过程图示

链式队列插入操作的具体实现见算法 3.32。

```
/*****************************************************/
/*   函数功能:向链式队列中插入一个值为 x 的结点       */
/*   函数参数:指向 queue 类型变量的指针变量 qu        */
/*            datatype 类型的变量 x                   */
/*   函数返回值:指向 queue 类型变量的指针            */
/*   文件名:lnkqueue.c,函数名:insert()              */
/*****************************************************/
 queue *insert(queue *qu,datatype x)
 {
   /*向链式队列中插入一个值为 x 的结点*/
   node *p;
   p=(node*)malloc(sizeof(node));     /*分配空间*/
   p->info=x;                         /*设置新结点的值*/
   p->next=NULL;
   if (qu->front==NULL)               /*当前队列为空,新插入的结点为队列中唯一一个结点*/
     qu->front=qu->rear=p;
   else
     { qu->rear->next=p;              /*队尾插入*/
 qu->rear=p;
     }
   return qu;
 }
```

算法 3.32　向链式队列中插入一个值为 *x* 的结点

2. 链式队列的删除操作

链式队列的删除过程如图 3.21 所示。

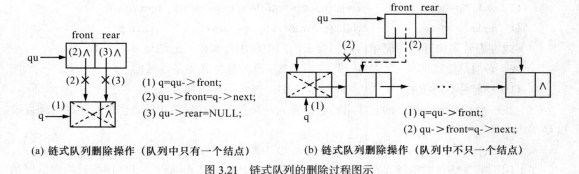

(a) 链式队列删除操作（队列中只有一个结点）　　(b) 链式队列删除操作（队列中不只一个结点）

图 3.21　链式队列的删除过程图示

链式队列删除操作的具体实现见算法 3.33。

```
/*****************************************************/
/*   函数功能:删除链式队列中的队首结点              */
/*   函数参数:指向 queue 类型变量的指针变量 qu       */
/*   函数返回值:指向 queue 类型变量的指针           */
/*   文件名:lnkqueue.c,函数名:dele()               */
/*****************************************************/
queue *dele(queue *qu)           /*删除队首结点*/
```

```
{
    node *q;
    if(!qu->front) {printf("队列为空,无法删除! ");return qu;}
    q=qu->front;           /*q指向队首结点（1）*/
    qu->front=q->next;     /*队首指针指向下一个结点（2）*/
    free(q);               /*释放原队首结点空间*/
    if (qu->front==NULL) qu->rear=NULL; /*队列中的唯一结点被删除后,队列变空（3）*/
    return qu;
}
```

算法 3.33　删除链式队列中的队首结点

习　题

3.1　选择题。

（1）两个有序线性表分别具有 n 个元素与 m 个元素，且 $n \leqslant m$，现将其归并成一个有序表，其最少的比较次数是（　　）。

    A. n B. m C. $n-1$ D. $m+n$

（2）非空的循环单链表 head 的尾结点（由 p 所指向）满足（　　）。

    A. p->next==NULL   B. p==NULL   C. p->next==head   D. p==head

（3）在带头结点的单链表中查找 x 应选择的程序体是（　　）。

    A. node *p=head->next;　while (p && p->info!=x)　p=p->next;

         if (p->info==x)　return p;　else return NULL;

    B. node *p=head;　　　　　while (p&& p->info!=x) p=p->next;　return p;

    C. node *p=head->next;　while (p&&p->info!=x) p=p->next;　return　p;

    D. node *p=head;　　　　　while (p->info!=x) p=p->next ;　　　　return p;

（4）线性表若采用链式存储结构时，要求内存中可用存储单元的地址（　　）。

    A. 必须是连续的   B. 部分地址必须是连续的

    C. 一定是不连续的   D. 连续不连续都可以

（5）在一个具有 n 个结点的有序单链表中插入一个新结点并保持单链表仍然有序的时间复杂度是（　　）。

    A. $O(1)$ B. $O(n)$ C. $O(n^2)$ D. $O(n\log_2^n)$

（6）用不带头结点的单链表存储队列时，其队头指针指向队头结点，其队尾指针指向队尾结点，则在进行删除操作时（　　）。

    A. 仅修改队头指针   B. 仅修改队尾指针

    C. 队头、队尾指针都要修改   D. 队头、队尾指针都可能要修改

（7）若从键盘输入 n 个元素，则建立一个有序单向链表的时间复杂度为（　　）。

    A. $O(n)$ B. $O(n^2)$ C. $O(n^3)$ D. $O(n \times \log_2^n)$

（8）下面哪个术语与数据的存储结构无关（　　）。

    A. 顺序表   B. 链表   C. 散列表   D. 队列

（9）在一个单链表中，若删除 p 所指结点的后续结点，则执行（　　）。

A.　p->next=p->next->next;　　　　　　　B.　p=p->next; p->next=p->next->next;

C.　p->next=p->next;　　　　　　　　　　D.　p =p->next->next;

（10）在一个单链表中，若 p 所指结点不是最后结点，在 p 之后插入 s 所指结点，则执行（　　　）。

A.　s->next=p;p->next=s;　　　　　　　　B.　s->next=p->next;p->next=s;

C.　s->next=p->next;p=s;　　　　　　　　D.　p->next=s;s->next=p;

3.2　设计一个算法，求一个单链表中的结点个数。

3.3　设计一个算法，求一个带头结点的单链表中的结点个数。

3.4　设计一个算法，在一个单链表中值为 y 的结点前面插入一个值为 x 的结点，即使值为 x 的新结点成为值为 y 的结点的前驱结点。

3.5　设计一个算法，判断一个单链表中的各个结点值是否有序。

3.6　设计一个算法，利用单链表原来的结点空间逆转一个单链表。

3.7　设计一个算法，将一个结点值为自然数的单链表拆分为两个单链表，原表中保留值为偶数的结点，而值为奇数的结点按它们在原表中的相对次序组成一个新的单链表。

3.8　设计一个算法，对一个有序的单链表，删除所有值大于 x 而不大于 y 的结点。

3.9　设计一个算法，在双链表中值为 y 的结点前面插入一个值为 x 的新结点，即使值为 x 的新结点成为值为 y 的结点的前驱结点。

3.10　设计一个算法，从右向左打印一个双链表中各个结点的值。

3.11　设计一个算法，将一个双链表改建成一个循环双链表。

第4章
字符串、数组和特殊矩阵

字符串是一种特殊的线性表，它是许多非数值计算问题的一种重要处理对象；而数组可以看作是线性表的推广。本章主要介绍字符串和数组的基本概念和存储结构、字符串的模式匹配算法、特殊矩阵和稀疏矩阵的压缩存储方式及其实现。

4.1 字 符 串

随着计算机技术的迅速发展，计算机的应用领域已从数值计算转向非数值处理，符号处理已成为许多系统中必须解决好的一个重要问题。本节主要介绍字符串的基本概念、存储结构及字符串部分运算的实现，下一节将集中介绍字符串处理中常用到的模式匹配算法。

4.1.1 字符串的基本概念

字符串是由 0 个或多个字符构成的有限序列，一般可表示成如下形式：

$$\text{“}c_1\,c_2\,c_3\cdots c_n\text{”} \qquad (n \geqslant 0)$$

表示字符串常量时，常用双引号括起来，如上所示，双引号括住的部分 $c_1\,c_2\,c_3\cdots c_n$ 为该字符串的值。串中所含字符的个数 n 称为字符串的长度；当 $n=0$ 时，字符串为一空串。

串中任意个连续的字符构成的子序列称为该串的子串，包含子串的串称为主串。通常，称字符在字符串序列中的序号为该字符在串中的位置。子串在主串中的位置以子串的第 1 个字符在主串中的位置来表示。例如，T = "STUDENT"，S = "UDEN"，则 S 是 T 的子串，T 是 S 的主串，S 在 T 中出现的位置为 3。

两个字符串相等，当且仅当两个串的长度相等，并且各个对应位置的字符都相等。例如，T1 = "REDROSE"，T2 = "RED ROSE"，由于 T1 和 T2 的长度不相等，因此 T1 ≠ T2；若 T3 = "STUDENT"，T4 = "STUDENS"，虽然 T3 和 T4 的长度相等，但两者有些对应的字符不同，因而 T3 ≠ T4。

值得一提的是，若 S = " "，此时 S 由一个空格字符组成，其长度为 1，它不等价于空串，因为空串的长度为 0。

4.1.2 字符串类的定义

根据字符串的定义，字符串是元素类型为字符型的特殊线性表，它与一般线性表的不同之处在于，其每个元素的类型一定为字符型，而不能为其他类型。因此，字符串的处理既可以使用前面介绍的关于线性表的基本操作，也可以使用自己定义的一些独特操作。根据字符串的特性及其在实际问题中的应用，可以抽象出字符串的一些基本操作，它们与字符串的定义一起构成了字符串的抽象数据类型。

字符串类的描述如下。

```
ADT string {
        数据对象 D:由零个或多个字符型的数据元素构成的有限集合;
        数据关系 R:{<aᵢ,aᵢ₊₁>|其中 aᵢ,aᵢ₊₁∈D,i=1,2,…,n-1}。
        字符串的基本操作如下。
```

（1）strcreate(S):初始化字符串操作,该操作产生一个新的字符串放入字符串变量 S 中。

（2）strassign(S,T):字符串赋值操作,其中 S 和 T 均为字符串变量,该函数的功能是将字符串变量 T 中存放的值赋给 S。

（3）strlength(S):求变量 S 中存放的字符串的长度。

（4）strempty(S):判断变量 S 中存放的字符串是否为空串,若是返回 1,否则返回 0。

（5）strclear(S):若字符串 S 已存在,则该操作将它清空。

（6）strcompare(S_1,S_2):比较两个字符串 S_1 和 S_2 的大小。若 $S_1>S_2$,则返回 1;若 $S_1=S_2$,则返回 0;否则返回-1。

（7）strconcat(S_1,S_2):字符串的连接操作,它将 S_2 中存放的字符串连接到 S_1 中存放的字符串的后面构成一个新串返回。

（8）substring(S,i,len):该操作的功能为求 S 的子串,它表示在字符串 S 中,从第 i 个字符开始取 len 个连续字符构成一个子串返回。

（9）index(P,T):寻找字符串 P 在字符串 T 中首次出现的起始位置。

（10）strinsert(S,i,T):字符串的插入运算,表示将字符串 T 插入到字符串 S 的第 i 个字符之前。

（11）strdelete(S,i,len):字符串的删除运算,表示将字符串 S 中第 i 个字符开始长度为 len 的子串删除。

（12）replace(S,T_1,T_2):表示在字符串 S 中用 T_2 替换 T_1 的所有出现。

（13）strdestroy(S):字符串销毁运算。若字符串 S 存在,执行 strdestroy 运算后,S 被销毁, 空间被回收。

```
} ADT string
```

例如，若 $T=$ "abc"，则执行 strassign(S, T)后，S 中的值也变为 "abc"。

若 $S=$ "abc"，则 strlength(S)=3；若 $S=\Phi$（Φ表示空串），则 strlength(S)=0。

假设 $S_1=$ "abc"，$S_2=$ "acd"，则 strcompare(S_1,S_2)=-1；若 $S_1=$ "aaa"，$S_2=$ "aaa"，则 strcompare(S_1,S_2) =0；若 $S_1=$ "bbb"，$S_2=$ "aaa"，则 strcompare(S_1,S_2)返回 1。

例如，$S_1=$ "abc"，$S_2=$ "cd"，则 strconcat(S_1,S_2)= "abccd"。

若 $S=$ "abcdef"，$i=3$，$len=2$，则 substring(S,i,len)= "cd"；若 $S=$ "abc"，$i=4$，$len=2$，则出错。

若 $T=$ "abcdefg"，$P=$ "bcd"，则 index(P,T)=2；若 $P=$ "bbd"，此时 P 没有在 T 中出现，因此 index(P,T)=0。

若 $S=$ "abcdef"，$i=4$，$T=$ "kk"，则执行 strinsert(S,i,T)操作后，S 的值变成 "abckkdef"。

若 $S=$ "abcdefg"，$i=3$，$len=3$，则执行 strdelete(S,i,len)后，$S=$ "abfg"。

若 $S=$ "aabcdbca"，$T_1=$ "bc"，$T_2=$ "bb"，则执行 replace(S,T_1,T_2)后，$S=$ "aabbdbba"。

4.1.3　字符串的存储及其实现

字符串是一种特殊的线性表，由于线性表有顺序存储和链式存储两种基本存储结构，因此字符串也有两种基本存储结构：顺序串和链式串。

1. 串的顺序存储及其部分运算的实现

串的顺序存储使用数组类型实现，具体类型定义如下。

```
/**************************************/
/* 顺序串的头文件,文件名:seqstr.h */
/**************************************/
    # define MAXSIZE 100
    typedef struct {
        char str[MAXSIZE];
        int length ;
    } seqstring;
```

其中，**str** 数组用来存放字符串中的每个字符，length 表示字符串当前的实际长度，而 MAXSIZE 表示数组 str 所能存放的字符串的最大长度。以下给出在顺序存储方式下字符串部分运算的具体实现。

（1）插入运算 strinsert(*S*, *i*, *T*)

插入运算实现的功能是将字符串 *T* 插到字符串 *S* 中的第 *i* 个字符开始的位置上。由于字符串采用顺序存储方式进行存储，因此，为了实现 *T* 的插入，必须将串 *S* 中从第 *i* 个字符开始一直到 *S* 的最后一个字符构成的子串向后移动 *T*.length 个字符的位置，以便使用所空出的位置来存放字符串 *T*。具体实现过程见算法 4.1，算法 4.1 中还考虑了一些特殊情况的处理。

```
/*****************************************************/
/* 函数功能:顺序串的插入                          */
/* 函数参数:S 为指向 seqstring 类型的指针变量      */
/*          整型变量 i 为插入位置                  */
/*          T 为 seqstring 类型,表示插入的子串      */
/* 函数返回值:空                                   */
/* 文件名:seqstrin.c,函数名:strinsert()           */
/*****************************************************/
void strinsert(seqstring *S, int i , seqstring T)
  {
    int k;
    if (i<1 || i>S->length+1 || S->length + T.length>MAXSIZE-1)  /*非法情况的处理*/
    printf("cannot insert\n");
    else
     {
        for(k=S->length-1;k>=i-1;k--)        /*S 中从第 i 个元素开始后移*/
          S->str[T.length+k]=S->str[k];
        for (k=0;k<T.length;k++)             /*将 T 写入 S 中第 i 个字符开始的位置*/
          S->str[i+k-1]=T.str[k];
        S->length= S->length + T.length;
        S->str[S->length]='\0';              /*设置字符串 S 新的结束符*/
     }
  }
```

算法 4.1　顺序串的插入算法

（2）删除运算 strdelete(*S*, *i*, *len*)

删除运算实现的功能为将串 *S* 中从第 *i* 个字符起长度为 *len* 的子串删除。同样由于字符串采用顺序存储方式进行存储，串中所有字符必须连续存放，因此，删除 *S* 中从第 *i* 个字符起长度为 *len* 的子串后，其空出的位置应该被其后继字符代替，这可以通过将 *S* 中从下标为 $i + len - 1$ 到 $S->length - 1$ 之间的所有字符前移 *len* 个字符来实现。具体实现过程见算法 4.2，算法 4.2 中还考虑了一些特殊情况的处理。

```
/***************************************************/
/*  函数功能:顺序串的删除                           */
/*  函数参数:S 为指向 seqstring 类型的指针变量       */
/*           整型变量 i 为删除的起始位置             */
/*           整型变量 len 为所删除的子串长度         */
/*  函数返回值:空                                   */
/*  文件名:seqstrde.c, 函数名:strdelete()           */
/***************************************************/
void strdelete(seqstring *S,int i,int len)
{
    int k;
    if (i<1 || i>S->length || i+len-1>S->length)/*非法情况的处理*/
            printf(" cannot delete\n");
    else
      {
                for(k=i+len-1; k<S->length;k++)
                /*S 中从下标为 i+len-1 开始的元素前移*/
                    S->str[k-len]= S->str[k];
                S->length=S->length-len;
                S->str[S->length]='\0';              /*置字符串 S 新的结束符*/
      }
}
```

算法 4.2 顺序串的删除算法

（3）连接运算 strconcat (S_1，S_2)

连接运算的功能是实现串 S_1 和 S_2 的连接，连接后 S_1 在前，S_2 在后。在具体实现过程中首先必须考虑 S_1 和 S_2 连接后存放字符的数组空间是否足够使用。如果足够使用，则只需将 S_1 复制到新字符数组的前部分，将 S_2 拷贝到新字符数组中 S_1 之后即可；否则应该报错。具体实现过程见算法 4.3。

```
/***********************************************/
/*  函数功能:顺序串的连接                        */
/*  函数参数:S1,S2 均为 seqstring 类型           */
/*  函数返回值:指向 seqstring 的指针类型          */
/*  文件名:seqstrco.c,函数名:strconcat()         */
/***********************************************/
  seqstring * strconcat(seqstring S1,seqstring S2)
    {
    int i;
    seqstring *r;
    if(S1.length+S2.length>MAXSIZE-1)     /*处理字符数组空间不够使用的情况*/
            { printf("cannot concate");
              return(NULL);}
    else
       {
            r=(seqstring*)malloc (sizeof(seqstring));
            /*将 S1 复制到 r 字符数组的前端*/
            for (i=0; i<S1.length;i++) r->str[i]= S1.str[i];
            /*将 S2 复制到 r 字符数组的后端*/
```

```
            for (i=0; i<S2.length;i++) r->str[ S1.length+i]= S2.str[i];
            r->length= S1.length+ S2.length;
            r->str[r->length]='\0';
        }
    return (r);
    }
```

算法 4.3　顺序串的连接运算算法

（4）求子串运算 substring(*S*, *i*, *len*)

求子串运算的功能是从串 *S* 的第 *i* 个字符开始取长度为 *len* 的子串返回。由于字符串采用顺序存储方式进行存储，因此取串 *S* 的子串非常方便，*S* 中下标从 *i* $-$ 1 到 *i* $+$ *len* $-$ 2 之间的元素即构成所求的子串，实现过程中还必须考虑特殊情况的处理。substring(*S*, *i*, *len*)的具体实现过程见算法 4.4。

```
/***********************************************/
/*   函数功能:求给定顺序串的子串               */
/*   函数参数:S 为 seqstring 类型              */
/*           整型变量 i 为所取子串的起始位置    */
/*           整型变量 len 为所取子串的长度      */
/*   函数返回值:指向 seqstring 的指针类型       */
/*   文件名:seqstrsb.c,函数名:substring()      */
/***********************************************/
seqstring *substring(seqstring S,int i, int len)
    {
    int k;
    seqstring *r;
    if (i<1 || i>S.length || i+len-1>S.length)   /*处理非法情况*/
              { printf("error\n");
                  return(NULL);}
    else
        {
            r=(seqstring*) malloc (sizeof(seqstring));
            for(k=0;k<len;k++)                 /*复制子串到 r 的字符数组中*/
               r->str[k]= S.str[i+k-1];
            r->length=len;
            r->str[r->length]='\0';
        }
    return(r);
}
```

算法 4.4　求顺序串子串的算法

2. 串的链式存储及其部分运算的实现

串的链式存储采用单链表的形式实现，其中每个结点的定义如下。

```
/*********************************/
/*   链接串的头文件,文件名:linkstr.h */
/*********************************/
  typedef struct node
    {
      char data;              /*用于存放字符串中的每个字符*/
      struct node *next;      /*用于指向本字符的下一个字符对应的结点的指针*/
```

```
    } linkstrnode;
  typedef linkstrnode *linkstring;
```

其中，linkstring 为指向结点的指针类型。例如，串 S = "abcdef"，其链式存储结构如图 4.1
所示。

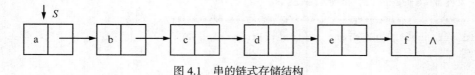

图 4.1　串的链式存储结构

下面讨论在上述链式存储结构中字符串部分运算的具体实现。

（1）创建字符串运算 strcreate(S)

创建字符串运算实现的功能是从键盘上按顺序读入一个字符串，并将它存入字符串变量 S 中。
该运算实现时，假设当输入的字符为回车符时，意味着字符串输入的结束；否则，若输入为其他
字符时，则建立一个新结点，并将它插入到已建好的链表尾部。具体实现过程见算法 4.5。

```
/*****************************************************/
/* 函数功能:链式串的创建                              */
/* 函数参数:S 为指向 linkstring 类型的指针变量         */
/* 函数返回值:空                                      */
/* 文件名:lstrcrea.c, 函数名:strcreate()             */
/*****************************************************/
   void  strcreate (linkstring *S)
   { char ch;
     linkstrnode *p,*r;
     *S=NULL; r=NULL;           /*用 r 始终指向当前链式串的最后一个字符对应的结点*/
     while ((ch=getchar())!='\n')
     { p=(linkstrnode *)malloc(sizeof(linkstrnode)); /*产生新结点*/
       p->data=ch;
       if (*S==NULL)            /*新结点插入空表的情况*/
        *S=p;
       else r->next=p;          /*新结点插入非空表的情况*/
       r=p;                     /*r 移向当前链式串的最后一个字符的位置*/
      }
    if (r!=NULL)  r->next=NULL; /*处理表尾结点指针域*/
    }
```

算法 4.5　链式串的建立算法

（2）插入运算 strinsert(S, i, T)

插入运算实现的功能为将字符串 T 插到字符串 S 中的第 i 个字符开始的位置上。由于字符串
采用链式方式存储，为了实现将 T 插入到 S 的第 i 个位置上，必须首先从前往后扫描链式串 S，
找到 S 中的第 i−1 个元素的位置 p；同时还必须扫描链接串 T，找到 T 中最后一个元素的位置 q，
然后将 p 所指结点的下一个结点（即 S 中的第 i 个元素）连接到 T 的后面，而将 T 连接到 p 所指
结点之后即可。具体实现过程见算法 4.6。

```
/*****************************************************/
/* 函数功能:链式串的插入                              */
```

```
/*  函数参数:S 为指向 linkstring 类型的指针变量         */
/*          整型变量 i 为插入的位置                     */
/*          T 为 linkstring 类型,表示插入的子串          */
/*  函数返回值:空                                       */
/*  文件名:lstrinse.c, 函数名:strinsert()              */
/******************************************************/
void strinsert(linkstring *S,int i,linkstring T)
{
   int k ;
   linkstring p,q;
   p=*S, k=1;
   while (p && k<i-1)                    /*用p查找S中第i-1个元素的位置*/
     {
       p=p->next ; k++;
     }
   if (!p) printf("error\n");            /*第i-1个元素不存在,则出错*/
   else
     {
       q=T;
       while(q&&q->next)  q=q->next;     /*用q查找T中最后一个元素的位置*/
       q->next=p->next;                  /*将T连接到S中的第i个位置上*/
       p->next=T;
     }
}
```

算法 4.6　链式串的插入算法

（3）删除运算 strdelete(S，i，len)

删除运算实现的功能为将串 S 中从第 i 个字符起长度为 len 的子串删除。在实现该运算时，不仅要找到 S 中第 i 个元素的位置 p，还需设置一个指针 q，用于查找 S 的第 $i-1$ 个元素的位置，以便实现删除。为了达到上述目的，在扫描过程中可以让 q 始终跟踪 p 走。具体实现过程见算法 4.7，算法 4.7 中还考虑了一些特殊情况的处理。

```
/******************************************************/
/*  函数功能:链式串的删除                              */
/*  函数参数:S 为指向 linkstring 类型的指针变量         */
/*          整型变量 i 为删除的起始位置                 */
/*          整型变量 len 为所删除的子串长度             */
/*  函数返回值:空                                       */
/*  文件名:lstrdele.c, 函数名:strdelete()              */
/******************************************************/
void strdelete(linkstring*S,int i,int len)
  {
     int k ;
     linkstring p,q,r;
     p=*S, q=null; k=1;
     while (p && k<i)
     {q=p; p=p->next ; k++;}          /*用p查找S的第i个元素,q始终跟踪p的前驱*/
     if (!p) printf("error1\n"); /*S的第i个元素不存在,则出错*/
     else
```

```
      { k=1;
       while(k<len && p )                        /*p 从第 i 个元素开始查找长度为 len 子串的最后元素*/
         { p=p->next ;k++;}
      if(!p)  printf("error2\n");
      else
       { if (!q) { r=*S; *S=p->next; }           /*被删除的子串位于 S 的最前面*/
          else
           {                                     /*被删除的子串位于 S 的中间或最后的情形*/
             r=q->next; q->next= p->next;
             }
          p->next=null;
          while (r !=null)                        /*回收被删除的子串所占用的空间*/
            {p=r; r=r->next; free(p);}
        }
       }
     }
```

算法 4.7　链式串的删除算法

（4）连接运算 strconcat(S_1，S_2)

连接运算的功能是实现串 S_1 和 S_2 的连接，连接后 S_1 在前，S_2 在后。由于字符串采用链式方式存储，因此在实现该运算的过程中，若 S_1 和 S_2 均不为空，则必须从前往后扫描 S_1，找到 S_1 最后一个字符的位置 p，以便将链式串 S_2 连接到 S_1 之后。具体实现过程见算法 4.8，算法 4.8 中还考虑了 S_1、S_2 为空的特殊情况的处理。

```
/********************************************************/
/*  函数功能:链式串的连接                        */
/*  函数参数:S1 为指向 linkstring 类型的指针变量       */
/*          S2 为 linkstring 类型                 */
/*  函数返回值:空                               */
/*  文件名:lstrconc.c, 函数名:strconcat()        */
/********************************************************/
      void strconcat(linkstring *S₁, linkstring S₂)
       {
          linkstring p;
          if (!(*S₁) )                      /*考虑串 S₁ 为空串的情形*/
             {*S₁=S₂; return;}
          else
             if (S₂)                        /*S₁ 和 S₂ 均不为空串的情形*/
                {
                 p=*S₁;                     /*用 p 查找 S₁ 的最后一个字符的位置*/
                 while(p->next ) p= p->next;
                 p->next=S₂;                /*将串 S₂ 连接到 S₁ 之后*/
                 }
          }
```

算法 4.8　链式串的连接算法

（5）求子串运算 substring(S, i, len)

求子串运算的功能是从串 S 的第 i 个字符开始取长度为 len 的子串返回。为了得到所求解的子串，首先必须找到串 S 中的第 i 个字符，由它构成所求子串的第 1 个结点；然后继续扫描 S，同时设置一个计数器计数，每扫描 S 的一个结点，就形成一个相应的新结点，并将其插入到子串链表的尾部，直至扫描完 *len* 个结点为止。为此，必须设置一个指针 q，它始终指向所求子串的当前最后一个字符的位置。具体实现过程见算法 4.9。

```
/***************************************************/
/*  函数功能:求给定链式串的子串                    */
/*  函数参数:S 为 linkstring 类型                  */
/*          整型变量 i 为所取子串的起始位置         */
/*          整型变量 len 为所取子串的长度           */
/*  函数返回值:linkstring 类型                     */
/*  文件名:lstrsubs.c,函数名:substring()           */
/***************************************************/
    linkstring substring(linkstring S,int i, int len)
      {
       int k;
       linkstring p,q,r,t;
       p=S, k=1;
       while (p && k<i) {p= p->next;k++;} /*用 p 查找 S 中的第 i 个字符*/
       if (!p)  {printf("error1\n"); return(null);}
       /*处理 S 中的第 i 个字符不存在的情形*/
       else
        {
         r=(linkstring ) malloc (sizeof(linkstrnode));
         r->data=p->data; r->next=null;
         k=1; q=r;                      /*用 q 始终指向子串的最后一个字符的位置*/
         while (p->next && k<len)       /*取长度为 len 的子串*/
           {
            p=p->next ;k++;
            t=(linkstring) malloc (sizeof (linkstrnode));
            t->data=p->data;
            q->next=t; q=t;
          }
         if (k<len) {printf("error2\n") ; return(null);}
         else
           {q->next=null; return(r);}/*处理子串的尾部*/
       }
     }
```

算法 4.9　求链式串子串的算法

4.2　字符串的模式匹配

寻找字符串 *p* 在字符串 *t* 中首次出现的起始位置称为字符串的模式匹配，其中，称 *p* 为模式（Pattern），*t* 为正文（Text），*t* 的长度远远大于 *p* 的长度。在 4.1 节中介绍的字符串运算 index(*p*, *t*) 实现的功能就是模式匹配。模式匹配在符号处理的许多问题中是一个十分重要的操作，这一节将详细讨论它的具体实现算法。

4.2.1　朴素的模式匹配算法

朴素模式匹配算法的基本思想是：用 p 中的每个字符去与 t 中的字符一一比较，如下。

$$正文\ t:\qquad t_1\quad t_2\cdots t_m\cdots t_n$$
$$\qquad\qquad\quad\updownarrow\quad\updownarrow\quad\updownarrow$$
$$模式\ p:\qquad p_1\quad p_2\cdots p_m$$

其中，n 代表正文 t 的长度，m 为模式字符串 p 的长度。如果 $t_1=p_1$，$t_2=p_2$，$\cdots$，$t_m=p_m$，则模式匹配成功，$t_1t_2\cdots t_m$ 即为所要寻找的子串，此时返回其起始位置 1 即可；否则，将 p 向右移动一个字符的位置，重新用 p 中的字符从头开始与 t 中相对应的字符依次比较，如下。

$$t_1\quad t_2\quad t_3\cdots t_m\quad t_{m+1}\cdots t_n$$
$$\quad\updownarrow\quad\updownarrow\quad\updownarrow\qquad\updownarrow$$
$$p_1\quad p_2\cdots p_{m-1}\quad p_m$$

如此反复，直到匹配成功或者 p 已经移到使 t 中剩下的字符个数小于 p 的长度的位置，此时意味着模式匹配失败，表示 t 中没有子串与模式 p 相等，我们约定返回-1 代表匹配失败。朴素模式匹配算法的具体实现过程见算法 4.10，算法 4.10 是以串的顺序存储结构为基础加以实现的。

```
/****************************************************************/
/*  函数功能:字符串朴素模式匹配算法的实现                        */
/*  函数参数:模式 p 和正文 t 均为 seqstring 类型                 */
/*  函数返回值:如匹配成功则返回 p 在 t 中首次出现的起始位置      */
/*            如匹配不成功则返回-1                              */
/*  文件名:smpmatch.c,函数名:index()                           */
/****************************************************************/
  int index(seqstring p, seqstring t)   /*寻找模式 p 在正文 t 中首次出现的起始位置*/
  {
      int i,j, succ;
      i=0; succ=0;            /* 用 i 扫描正文 t,succ 为匹配成功的标志*/
      while((i<=t.length-p.length) && (!succ))
         {
         j=0 ; succ=1;     /*用 j 扫描模式 p*/
         while ((j<=p.length-1) && succ)
           if (p.str[j]==t.str[i+j] )  j++;
           else succ=0;
         ++i;
         }
      if (succ) return (i-1);
      else  return (-1);
  }
```

算法 4.10　字符串的朴素模式匹配算法

4.2.2　快速模式匹配算法

仔细分析上述朴素的模式匹配算法，不难发现其执行效率是非常低的。在最坏的情况下，其比较次数达到 $(n-m+1)*m$，由于 m 远小于 n，因此其时间复杂度为 $O(nm)$。分析朴素模式匹配算法效率低的主要原因在于，该算法在寻求匹配时没有充分利用比较时已经得到的信息，每次比较不相等时总是将模式 p 右移一位，并用 p 中的字符从头开始再与 t 中的字符进行比较，这是一种带回溯的比较方法，而这种回溯并不经常是必要的。下面，介绍一种快速模式匹配算法，称为 KMP 算法，此算法是由 D.E.Knuth、J.H.Morris 和 V.R.Pratt 同时发现的，该算法可以在 $O(n+m)$ 的时间数量级上完成串的模式匹配操作。

首先，我们来分析一下图 4.2 所示的情况。

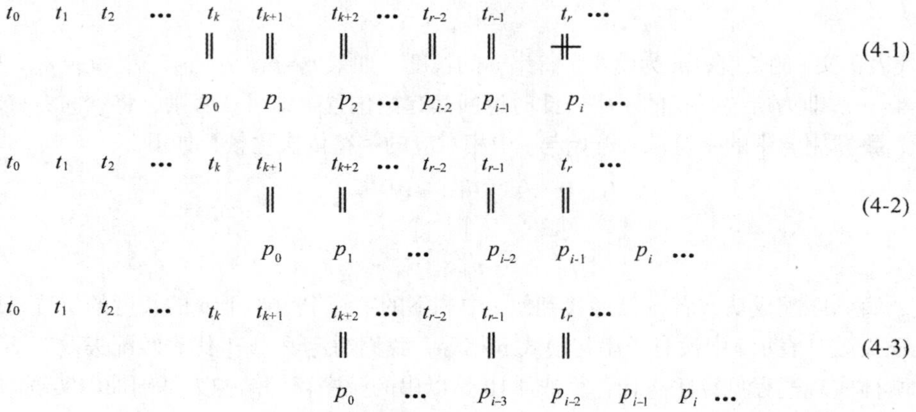

$$t_0 \quad t_1 \quad t_2 \quad \cdots \quad t_k \quad t_{k+1} \quad t_{k+2} \quad \cdots \quad t_{r-2} \quad t_{r-1} \quad t_r \cdots$$

$$p_0 \quad p_1 \quad p_2 \quad \cdots \quad p_{i-2} \quad p_{i-1} \quad p_i \cdots \tag{4-1}$$

$$t_0 \quad t_1 \quad t_2 \quad \cdots \quad t_k \quad t_{k+1} \quad t_{k+2} \quad \cdots \quad t_{r-2} \quad t_{r-1} \quad t_r \cdots$$

$$p_0 \quad p_1 \quad \cdots \quad p_{i-2} \quad p_{i-1} \quad p_i \cdots \tag{4-2}$$

$$t_0 \quad t_1 \quad t_2 \quad \cdots \quad t_k \quad t_{k+1} \quad t_{k+2} \quad \cdots \quad t_{r-2} \quad t_{r-1} \quad t_r \cdots$$

$$p_0 \quad \cdots \quad p_{i-3} \quad p_{i-2} \quad p_{i-1} \quad p_i \cdots \tag{4-3}$$

图 4.2　模式右移一位和两位的情形

式（4-1）表明此次匹配从 p_0 与 t_k 开始比较，当比较到 p_i 与 t_r 时出现不等情况，于是将模式右移一位，变成式（4-2）所示的状态，若此次比较成功，则必有 $p_0 = t_{k+1}$，$p_1 = t_{k+2}$，$\cdots$，$p_{i-2} = t_{r-1}$，且 $p_{i-1} \neq p_i$；而根据式（4-1）的比较结果有：$p_1 = t_{k+1}$，$p_2 = t_{k+2}$，$\cdots$，$p_{i-1} = t_{r-1}$，因此有：$p_0 = p_1$，$p_1 = p_2$，$\cdots$，$p_{i-2} = p_{i-1}$。这个性质说明在模式 p 中 p_i 之前存在一个从 p_0 开始长度为 $i-1$ 的连续序列 $p_0 p_1 \cdots p_{i-2}$ 和以 p_{i-1} 为结尾、长度同样为 $i-1$ 的连续序列 $p_1 p_2 \cdots p_{i-1}$ 其值对应相等，即：

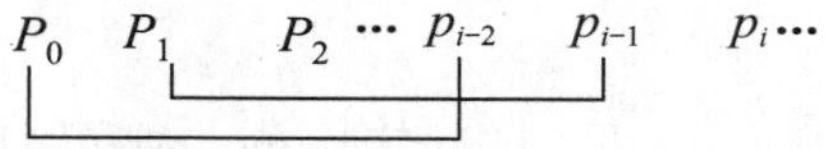

$$P_0 \quad P_1 \quad P_2 \quad \cdots \quad P_{i-2} \quad P_{i-1} \quad P_i \cdots$$

简记为：

$$[p_0 \sim p_{i-2}] = [p_1 \sim p_{i-1}]$$

称模式 p 中 p_i 之前存在长度为 $i-1$ 的真前缀和真后缀的匹配。

现反过来考虑。在式（4-1）所示的状态下，若模式 p 中 p_i 之前存在长度为 $i-1$ 的真前缀和真后缀的匹配，即$[p_0 \sim p_{i-2}] = [p_1 \sim p_{i-1}]$，且 $p_{i-1} \neq p_i$，当 p_i 与 t_r 出现不等时，根据前面已比较的结果 $p_1 = t_{k+1}$，$p_2 = t_{k+2}$，$\cdots$，$p_{i-1} = t_{r-1}$，于是可得 $p_0 = t_{k+1}$，$p_1 = t_{k+2}$，$\cdots$，$p_{i-2} = t_{r-1}$，因此接下来只需从 p_{i-1} 与 t_r 开始继续后继对应字符的比较即可。

再假设在式（4-1）所示的状态下，模式右移一位成为状态式（4-2）后，匹配仍然不成功，说明$[p_0 \sim p_{i-2}] \neq [p_1 \sim p_{i-1}]$或 $p_{i-1} = p_i$，于是模式再右移一位，成为状态式（4-3），若此次匹配成功，仿照上述分析，必有：

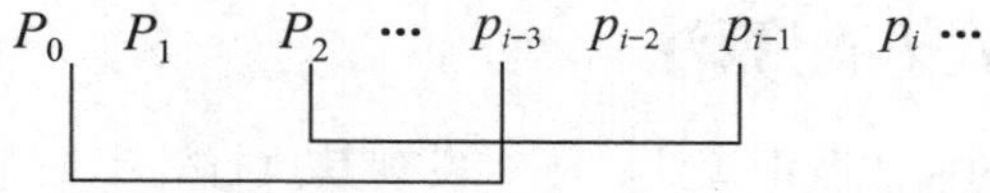

$$P_0 \quad P_1 \quad P_2 \quad \cdots \quad P_{i-3} \quad P_{i-2} \quad P_{i-1} \quad P_i \cdots$$

即：

$$[p_0 \sim p_{i-3}] = [p_2 \sim p_{i-1}]$$

说明模式 p 中 p_i 之前存在长度为 $i-2$ 的真前缀和真后缀的匹配。由式（4-3）表明，在式（4-1）

所示的状态下，若模式 p 中 p_i 之前最长真前缀和真后缀匹配的长度为 $i-2$，当 p_i 与 t_r 出现不等时，接下来只需从 p_{i-2} 与 t_r 开始继续后继对应字符的比较。

考虑一般情况。在进行模式匹配时，若模式 p 中 p_i 之前最长真前缀和真后缀匹配的长度为 j，当 $p_i \neq t_r$ 时，则下一步只需从 p_j 与 t_r 开始继续后继对应字符的比较，而不应该将模式一位一位地右移，也不应该反复从模式的开头进行比较。这样既不会失去任何匹配成功的机会，又极大地加快了匹配的速度。

根据上述分析，在模式匹配过程中，每当出现 $p_i \neq t_r$ 时，下一次与 t_r 进行比较的 p_j 和模式 p 中 p_i 之前最长真前缀和真后缀匹配的长度密切相关；而模式 p 中 p_i 之前最长真前缀和真后缀匹配的长度只取决于模式 p 的组成，与正文无关。

于是可以针对模式 p 定义一个数组 next[m]，其中 next[i] 表示当 $p_i \neq t_r$ 时，下一次将从 $p_{\text{next}[i]}$ 与 t_r 开始继续后继对应字符的比较。显然，next[i] 的值与模式 p 中 p_i 之前最长真前缀和真后缀匹配的长度密切相关。下面考虑如何根据模式 p 的组成求数组 next 的值。我们规定：

$$\text{next}[0] = -1$$

这表明当 $p_0 \neq t_r$ 时，将从 p_{-1} 与 t_r 开始继续后继对应字符的比较；然而 p_{-1} 是不存在的，我们可以将这种情况理解成下一步将从 p_0 与 t_{r+1} 开始继续后继对应字符的比较。

有了 next[0] 为基础，便可以考虑按照 $i=1$，2，$\cdots$，$m-1$ 的顺序依次求解 next[i] 的值。以下假设 next[0]，next[1]，$\cdots$，next[i] 的值均已求出，现要求 next[i+1] 的值。由于在求解 next[i] 时已得到 p_i 之前最长真前缀和真后缀匹配的长度，设其值为 j，即：

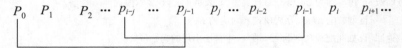

如果此时进一步有 $p_j = p_i$，则 p_{i+1} 之前最长真前缀和真后缀匹配的长度就为 $j+1$，且 next[i+1]=$j+1$；反之，若 $p_j \neq p_i$，注意到，求 p_{i+1} 之前最长真前缀和真后缀匹配问题本质上仍然是一个模式匹配问题，只是在这里模式和正文都是同一个串 p 而已。因此，当 $p_j \neq p_i$ 时，应该检查 $p_{\text{next}[j]}$ 与 p_i 是否相等；若相等，则 next[i+1] = next[j]+1；如仍然不相等，则再取 $p_{\text{next}[\text{next}[j]]}$ 与 p_i 进行比较……直至要将 p_{-1} 与 p_i 进行比较为止，此时 next[i+1] = 0。算法 4.11 给出了根据模式 p 的组成求数组 next 值的过程，其中的字符串选择了顺序存储结构进行存储。

```
/***********************************************************/
/*   函数功能:根据模式 p 的组成求其对应的 next 数组值          */
/*   函数参数:p 为 seqstring 类型,表示模式                   */
/*           next 为整型数组,用于存放模式 p 对应的 next 数组值  */
/*   函数返回值:空                                          */
/*   文件名:pattnext.c,函数名:getnext()                     */
/***********************************************************/
  void getnext(seqstring p,int next[])
  { int i,j;
    next[0]=-1;
    i=0;  j=-1;
    while (i<p.length)
      {
      if (j==-1||p.str[i]==p.str[j])
         {++i;++j;next[i]=j;}
      else
```

```
        j=next[j];
      }
    for(i=0;i<p.length;i++)
    printf("%d",next[i]);
}
```

算法 4.11　求模式 p 的 next 数组值的算法

在 KMP 模式匹配算法中，next 数组的求解是关键。求出 next 数组的值后，就可以快速寻找模式 p 在正文 t 中首次出现的起始位置了。

KMP 算法基本思想如下。

假设以 i 和 j 分别指示正文 t 和模式 p 中正待比较的字符，令 i、j 的初值为 0；若在匹配过程中 $t_i = p_j$，则 i 与 j 分别加 1；否则 i 不变，而 j 退到 next[j]的位置继续比较（即 $j=$ next[j]）；若相等，则指针各自增加 1；否则 j 再退到下一个 next[j]值的位置，依此类推，直至下列两种可能之一出现。

① j 退到某个 next 值（next[…[next[j]]…]）时，t_i 与 p_j 字符比较相等，则 i、j 指针各自增加 1 后继续进行比较。

② j 退到–1（即模式的第一个字符"失配"），此时需将正文指针 i 向右滑动一个位置，即从正文的下一个字符 t_{i+1} 起和模式 p 重新从头开始比较。

KMP 算法的具体实现过程见算法 4.12，其中使用了算法 4.11 的输出结果。

```
/****************************************************************/
/*  函数功能:字符串 KMP 模式匹配算法的实现                        */
/*  函数参数:t 和 p 均为 seqstring 类型,t 表示正文,p 表示模式      */
/*          整型数组 next 存放模式 p 对应的 next 值              */
/*  函数返回值:如匹配成功则返回 p 在 t 中首次出现的起始位置       */
/*          如匹配不成功则返回-1                                */
/*  文件名:kmpmatch.c,函数名:kmp()                             */
/****************************************************************/
  int kmp(seqstring t, seqstring p, int next[])
  { int i,j;
    i=0; j=0;
    while (i<t.length && j<p.length)
      {
      if  (j==-1||t.str[i]==p.str[j])
          {i++; j++;}
      else  j=next[j];
      }
    if (j==p.length) return (i-p.length);
    else return(-1);
  }
```

算法 4.12　字符串的 KMP 模式匹配算法

4.3　数　　组

4.3.1　数组和数组元素

数组在高级程序设计语言中是一种常见的数据类型，目前的高级程序设计语言均提供了数组类型的定义方式。从前面的介绍可知，线性表的顺序存储可以采用数组类型实现。其实，数组本身也可以看成是线性表的推广，数组的每个元素由一个值和一组下标确定，在数组中，对于每组有定义的下标都存在一个与之相对应的值；而线性表是有限结点的有序集合，若将其每个结点的序号看成下标，线性表就是一维数组（向量）；多维数组可以看成是简单线性表的推广，因为其对应线性表中的每个元素又是一个数据结构。

下面首先研究一个 $m \times n$ 的二维数组 $A[m][n]$：

$$A = \begin{bmatrix} a_{00} & a_{01} & a_{02} & \cdots & a_{0(n-1)} \\ a_{10} & a_{11} & a_{12} & \cdots & a_{1(n-1)} \\ \vdots & \vdots & \vdots & & \vdots \\ \vdots & \vdots & \vdots & & \vdots \\ a_{(m-1)0} & a_{(m-1)1} & \cdots & & a_{(m-1)(n-1)} \end{bmatrix}$$

当把二维数组看成是线性表时，它的每一个结点又是一个向量（一维数组）。例如，上述二维数组 A 可以看成是如下的线性表：

$$(A_0, A_1, A_2, \cdots, A_{m-1})$$

即 A 中的每一行成为线性表的一个元素，其中每个 A_i（$0 \le i \le m-1$）都是一个向量：

$$(a_{i0}, a_{i1}, a_{i2}, \cdots, a_{i(n-1)})$$

当然，也可以将上述二维数组 A 看成如下的线性表：

$$(A_0', A_1', A_2', \cdots, A_{n-1}')$$

即 A 中的每一列成为线性表的一个元素，其中每一个 A_i'（$0 \le i \le n-1$）都是一个向量：

$$(a_{0i}, a_{1i}, a_{2i}, \cdots, a_{(m-1)i})$$

由以上分析可知，二维数组 A 中的每一个元素 a_{ij} 都同时属于两个向量，即第 $i+1$ 行的行向量和第 $j+1$ 列的列向量，因此每个元素 a_{ij} 最多有两个前驱结点 $a_{(i-1)j}$ 和 $a_{i(j-1)}$，也最多有两个后继结点 $a_{(i+1)j}$ 和 $a_{i(j+1)}$（只要这些结点存在）；特别地，a_{00} 没有前驱结点，$a_{(m-1)(n-1)}$ 没有后继结点，边界上的结点 a_{0j}（$1 \le j < n$）、$a_{(m-1)j}$（$0 \le j < n-1$）、a_{i0}（$1 \le i < m$）和 $a_{i(n-1)}$（$0 \le i < m-1$）均只有一个后继结点或一个前驱结点。

对于三维数组，也可以将它看成是一个线性表。当把三维数组看成是线性表结构时，它的每个元素均由一个二维数组构成。例如，对于三维数组 $A[m][n][l]$，我们可把它看成是一个由 m 个元素构成的线性表，线性表的每个元素是一个 $n \times l$ 的矩阵；也可以把它看成是一个由 n 个元素构成的线性表，其中的每个元素是一个 $m \times l$ 的矩阵；还可以将它看成是一个由 l 个元素构成的线性表，其中的每个元素是一个 $m \times n$ 的矩阵。三维数组 A 中的每个元素 a_{ijk} 都同时属于 3 个向量，这时每个元素最多可以有 3 个前驱结点和 3 个后继结点。

对于 m（$m>3$）维数组，可以依据上述规律类推。

4.3.2 数组类的定义

数组是一个具有固定数量数据元素的有序集合。由于数组本身的大小是固定的，因而对数组本身不能执行删除和添加运算，通常除了数组初始化和销毁数组的操作外，只有访问数组元素和改变数组元素的值这两种运算，因此数组类的定义如下。

```
ADT array {
        数据对象 D:具有相同类型的数据元素构成的有序集合;
        数据关系 R:对于 n 维数组,其每一个元素均位于 n 个向量中,每个元素最多具有 n 个前驱结点和 n 个后继
```

结点。

数组的基本操作如下：

（1）initarray（A,n,index1,index2,…,indexn）

表示新建立一个 n 维数组 A，其每维的大小由 index1,index2,…,indexn 确定。

（2）destroyarray（A）

该运算实现的功能为：若数组 A 已经存在，则销毁数组 A，将其占用的空间收回。

（3）value（A,index1,index2,…,indexn,x）

表示取出 A[index1][index2] … [indexn]数组元素的值存入变量 x 中。

（4）assign（A,e,index1,index2,…,indexn）

表示将表达式 e 的值赋给数组元素 A[index1][index2] … [indexn]。

} ADT array

4.3.3　数组的顺序存储及实现

由于数组是由有限的元素构成的有序集合，数组的大小和元素之间的关系一经确定，就不再发生变化，因此数组均采用顺序存储结构实现，它要求使用连续的存储空间存储。

然而存储空间中存储单元的分布是一维的结构，这种结构存储一维数组是非常方便的，对于多维数组的存储，必须约定一个元素的存储次序，以方便将来对数组元素的存取。

在不同的高级程序设计语言中，多维数组数据元素的存储顺序有不同的规定，但归纳起来主要分为两大类：按行优先存储和按列优先存储。所谓按行优先存储，其基本思想为：从第 1 行的元素开始按顺序存储，第 1 行元素存储完成后，再按顺序存储第 2 行的元素，然后依次存储第 3 行……直到最后一行的所有元素存储完毕为止；相反，按列优先存储即为：依次按顺序存储第 1 列，第 2 列……直到最后一列的所有元素存储完毕为止。

例如，对于二维数组 $A[m][n]$：

$$A \begin{pmatrix} a_{00} & a_{01} & a_{02} & \cdots & a_{0(n-1)} \\ a_{10} & a_{11} & a_{12} & \cdots & a_{1(n-1)} \\ \vdots & \vdots & \vdots & & \vdots \\ \vdots & \vdots & \vdots & & \vdots \\ a_{(m-1)0} & a_{(m-1)1} & \cdots & a_{(m-1)(n-1)} \end{pmatrix}$$

若将 A 按行优先存储，其存储顺序为：a_{00}，a_{01}，…，$a_{0(n-1)}$，a_{10}，a_{11}，…，$a_{1(n-1)}$，…，$a_{(m-1)0}$，$a_{(m-1)1}$，…，$a_{(m-1)(n-1)}$；而按列优先存储，其顺序为：a_{00}，a_{10}，…，$a_{(m-1)0}$，a_{01}，a_{11}，…，$a_{(m-1)1}$，…，$a_{0(n-1)}$，$a_{1(n-1)}$，…，$a_{(m-1)(n-1)}$。

对于数组，一旦确定了它的维数和各维的长度，便可以为它分配存储空间；当规定了数组元素的存储次序后，便可根据给定的一组下标值求得相应数组元素的存储位置。

现假设数组中每个元素占用 L 个存储单元，若考虑按行优先存储方式，则上述 A 数组中任何一个元素 a_{ij} 的存储位置可以按以下公式确定：

$$address(a_{ij}) = address(a_{00}) + (i \times n + j) \times L$$

其中，$address(a_{ij})$ 表示数组元素 a_{ij} 的存储地址，$address(a_{00})$ 表示数组 A 的首地址，即其第一个元素 a_{00} 的地址，$i \times n + j$ 表示在元素 a_{ij} 之前已经存放了完整的前 i 行中的所有元素以及第 $i+1$ 行的前 j 个元素。

若考虑按列优先的存储方式，数组中任何一个元素 a_{ij} 存储位置的地址计算公式为：

$$address(a_{ij}) = address(a_{00}) + (j \times m + i) \times L$$

其中，$j \times m + i$ 表示在数组元素 a_{ij} 之前已经存放了完整的前 j 列中的所有元素以及第 $j+1$ 列的前 i 个元素。

多维数组的存储也和二维数组一样，存在两种存储方式：按行优先和按列优先。由于多维数组中数据元素间的关系较二维数组复杂，因此数据元素的地址计算公式也相对复杂些，但两者所采用的原理是相同的。

例如，若有数组说明如下：

```
datatype  b[3] [2] [3] [2];
```

其中，datatype 为数组元素的类型。现假设每个数组元素所需的存储单元数为 L，则存储数组 b 总共需要 $3 \times 2 \times 3 \times 2 \times L = 36L$ 个单元。若采用按行优先方式存储数组 b，则数组 b 中元素在存储器上的排列顺序为：

$b[0][0][0][0]$	$b[0][0][0][1]$	$b[0][0][1][0]$	$b[0][0][1][1]$
$b[0][0][2][0]$	$b[0][0][2][1]$	$b[0][1][0][0]$	$b[0][1][0][1]$
$b[0][1][1][0]$	$b[0][1][1][1]$	$b[0][1][2][0]$	$b[0][1][2][1]$
$b[1][0][0][0]$	$b[1][0][0][1]$	$b[1][0][1][0]$	$b[1][0][1][1]$
$b[1][0][2][0]$	$b[1][0][2][1]$	$b[1][1][0][0]$	$b[1][1][0][1]$
$b[1][1][1][0]$	$b[1][1][1][1]$	$b[1][1][2][0]$	$b[1][1][2][1]$
$b[2][0][0][0]$	$b[2][0][0][1]$	$b[2][0][1][0]$	$b[2][0][1][1]$
$b[2][0][2][0]$	$b[2][0][2][1]$	$b[2][1][0][0]$	$b[2][1][0][1]$
$b[2][1][1][0]$	$b[2][1][1][1]$	$b[2][1][2][0]$	$b[2][1][2][1]$

从以上四维数组 b 按行优先存储方式下数组元素下标的变化规律可以看出，在按行优先存储方式下，数组元素下标发生变化时，总是优先考虑右边下标的变化，等其所有可能的取值均穷尽后，再考虑其左边下标的变化；相反，在按列优先存储的方式下，数组元素下标发生变化时，总是优先考虑左边下标的变化，等其所有可能的取值均穷尽后，再考虑其右边下标的变化。这一结论同样适合于其他多维数组的情形。

根据上述多维数组按行优先存储的规律，可以得到以上四维数组 b 中任意元素 $b[i][j][k][l]$ 在按行优先存储方式下的地址计算公式：

$$\text{address}\,(b[i][j][k][l]) = \text{address}\,(b[0][0][0][0]) + (i \times 2 \times 3 \times 2 + j \times 3 \times 2 + k \times 2 + l) \times L$$
$$= \text{address}\,(b[0][0][0][0]) + (12i + 6j + 2k + l) \times L$$

现在考虑 n 维数组的情形：

$$\text{datatype} \quad A[b_1][b_2] \cdots [b_n];$$

其中，b_1、b_2、$\cdots$、b_n 为数组每一维的长度。仍假设每个元素占用 L 个存储单元，则 n 维数组 A 中任何一个元素 $A[j_1][j_2] \cdots [j_n]$ 在按行优先存储方式下的地址计算公式为：

$$\text{address}\,(A[j_1][j_2] \cdots [j_n]) = \text{address}\,(A[0][0] \cdots [0]) + (b_2 \times b_3 \times \cdots b_n \times j_1 + b_3 \times b_4 \times \cdots b_n \times j_2 + \cdots b_n \times j_{n-1} + j_n) \times L$$

上式可以简写为：

$$\text{address}\,(A[j_1][j_2] \cdots [jn]) = \text{address}\,(A[0][0] \cdots [0]) + \sum_{i=1}^{n} c_i j_i$$

其中，$c_n = L$，$c_{i-1} = b_i \times c_i$，$1 < i \leqslant n$。

由以上分析可以看出，数组元素的存储地址是其下标的线性函数，因为 $c_i(1 \leqslant i \leqslant n)$ 只依赖于数组各维的大小和每个元素所占用的单元数 L，即对于一个给定的数组而言，$c_i(1 \leqslant i \leqslant n)$ 是一个常量。

因此，可以考虑预先计算出数组的所有 c_i($1 \leqslant i \leqslant n$)值，并存储起来，以便将来可以直接使用。

以下以三维数组为例，给出三维数组的顺序存储表示及其部分运算的实现。

```
/**************************************************/
/*  三维数组顺序存储的头文件,文件名:array.h      */
/**************************************************/
   typedef int datatype;        /*假设数组元素的值为整型*/
   typedef  struct {
           datatype *base;      /*数组存储区的首地址指针*/
           int   index[3];      /*存放三维数组各维的长度*/
           int   c[3]           /*存放三维数组各维的 c_i 值*/
       } array;
```

1. 数组初始化运算 initarray(A, b1, b2, b3)

数组初始化运算的功能为分别以 $b1$, $b2$, $b3$ 作为数组三维的长度新建一个三维数组 A。在该运算的实现过程中，首先根据 $b1$, $b2$, $b3$ 的值计算数组 A 所需空间的大小，为 A 分配存储空间，并将 $b1$, $b2$, $b3$ 的值写入 index 数组中，同时按上述所介绍的公式求出各维的 c_i 值存入数组 c 中。若数组初始化成功，则返回 1，否则返回 0。具体实现过程见算法 4.13，算法 4.13 中假设数组每个元素占用的存储单元数为 1。

```
/******************************************************************/
/*   函数功能:三维数组的初始化                                  */
/*   函数参数:A 为指向结构类型 array 的指针变量                 */
/*           整型变量 b1,b2,b3 表示三维数组中每维的大小         */
/*   函数返回值:整型,如数组初始化成功返回 1,否则返回 0          */
/*   文件名:initarr.c,函数名:initarray()                        */
/******************************************************************/
   int initarray (array *A, int b1 , int b2, int b3)
     {
       int elements;
       if (b1<=0||b2<=0||b3<=0)  return(0);         /*处理非法情况*/
       A->index[0]=b1; A->index[1]=b2; A->index[2]=b3;
       elements = b1×b2×b3;                          /*求数组元素的个数*/
       A->base=(datatype*) malloc (elements × sizeof (datatype));
       /*为数组分配空间*/
       if  (! (A->base)) return(0);
       A->c[0]= b2 × b3;  A->c[1]= b3;  A->c[2]= 1;
        return(1);
     }
```

算法 4.13　数组初始化运算算法

2. 访问数组元素值的运算 value(A, i1, i2, i3, x)

访问数组元素值的运算实现的功能为：取出下标为 $i1$, $i2$, $i3$ 的数组元素的值存入变量 x 中。该运算实现时首先应该检查 $i1$, $i2$, $i3$ 的合法性，然后根据 $i1$, $i2$, $i3$ 的值计算出相应数组元素的地址，从而获得数组元素的值赋给 x。具体实现过程见算法 4.14。

```
/******************************************************************/
/*      函数功能:访问数组元素值                                 */
/*      函数参数:A 为 array 结构类型,x 为 datatype 类型的指针变量  */
```

```
/*           整型变量 i1,i2,i3 表示所访问元素的下标              */
/*    函数返回值:整型,如访问成功返回 1,否则返回 0              */
/*    文件名:arrayval.c, 函数名:value()                      */
/*********************************************************/
int value(array A, int i1 , int i2, int i3, datatype *x)
  {
    int off;
    if (i1<0 || i1>=A.index[0] || i2< 0 || i2>=A.index[1] || i3<0 ||
       i3>=A.index[2])
      return(0);              /*处理下标非法的情况*/
    off= i1×A.c[0]+ i2×A.c[1]+ i3×A.c[2];  /*计算数组元素的位移*/
    *x=*(A.base + off);      /*赋值*/
    return(1);
  }
```

算法 4.14　访问数组元素值的运算算法

3. 数组元素的赋值运算 assign(A，e，i1，i2，i3)

数组元素的赋值运算实现的功能是将表达式 e 的值赋给下标为 i1，i2，i3 的数组元素。同样，该运算实现时首先必须检查 i1，i2，i3 的合法性，然后根据 i1，i2，i3 的值计算出相应数组元素的地址，再将表达式 e 的值赋给上述所确定的数组元素。具体实现过程见算法 4.15。

```
/*********************************************************/
/*   函数功能:实现对数组元素的赋值运算                      */
/*   函数参数:A 为指向结构类型 array 的指针变量,e 为 datatype 类型 */
/*            整型变量 i1,i2,i3 表示被赋值的数组元素下标        */
/*   函数返回值:整型,如赋值成功返回 1,否则返回 0              */
/*   文件名:arrassig.c,函数名:assign()                      */
/*********************************************************/
int assign( array *A, datatype e, int i1, int i2, int i3)
{
  int off;
  if (i1<0 || i1>=A->index[0] || i2< 0 || i2>=A->index[1] || i3<0 ||
     i3>=A->index[2])
    return (0 );          /*处理下标非法的情况*/
  off= i1×A->c[0]+ i2×A->c[1]+ i3×A->c[2];  /*计算数组元素的位移*/
  *(A->base + off)=e;  /*赋值*/
  return(1);
}
```

算法 4.15　数组元素的赋值运算算法

4.4　特　殊　矩　阵

矩阵是许多科学和工程计算问题中研究的数学对象。在高级程序设计语言中，矩阵通常使用二维数组加以表示，用户处理十分方便。但在数值分析过程中经常遇到一些特殊的矩阵，它们的阶数很高，同时矩阵中包含许多相同的值或零，如对称矩阵、三角矩阵、带状矩阵和稀疏矩阵等，如将它们按正常矩阵存储的方法加以处理，必然浪费许多存储空间，因此对这些特殊矩阵必须进行压缩存储。所谓压缩存储即为：多个相同值的结点只分配一个存储空间，值为零的结点不分配存储空间。本节主要研究对称矩阵、三角矩阵和带状矩阵的压缩存储，稀疏矩阵将在下一节集中介绍。

4.4.1　对称矩阵的压缩存储

如果矩阵的行数和列数相等，则称该矩阵为方阵。若 $n \times n$ 阶的方阵 A 满足：

$$a_{ij} = a_{ji} (0 \leqslant i \leqslant n-1, \ 0 \leqslant j \leqslant n-1)$$

则称矩阵 A 为对称矩阵。在对称矩阵中，几乎有一半元素的值是对应相等的。如果将 A 中所有元素进行存储，那将会造成空间的浪费，且 n 值越大，浪费将越严重。其实，这种浪费完全可以避免，因为 A 中值相等的元素之间存在对称性，因此只需存储对角线以上或对角线以下的部分，未存储部分的元素可以利用元素之间的对称性来访问。这样既可以完全地访问到原对称矩阵中的每个元素，又可以节省几乎一半的存储空间。

不失一般性，考虑只存储对称矩阵 A 对角线以下的部分（即下标满足 $i \geqslant j$ 的数组元素 a_{ij}）：

$$A = \begin{pmatrix} a_{00} & & & \\ a_{10} & a_{11} & & \\ a_{20} & a_{21} & a_{22} & \\ \vdots & \vdots & \vdots & \\ a_{(n-1)0} & \cdots & a_{(n-1)(n-1)} \end{pmatrix}$$

若采用按行优先的存储方式，则上述元素在存储空间中的存储次序为：a_{00}，a_{10}，a_{11}，a_{20}，a_{21}，a_{22}，$\cdots$，$a_{(n-1)0}$，$\cdots$，$a_{(n-1)(n-1)}$，不难得出数组 A 对角线以下部分中任何一个数组元素 $a_{ij} (i \geqslant j)$ 按以上顺序存储时的地址计算公式为：

$$\text{address}(a_{ij}) = \text{address}(a_{00}) + [(1 + 2 + \cdots + i) + j] \times L$$
$$= \text{address}(a_{00}) + \left[\frac{i \times (i+1)}{2} + j\right] \times L \qquad (i \geqslant j)$$

其中，$\text{address}(a_{ij})$ 表示元素 a_{ij} 的地址，$\text{address}(a_{00})$ 表示元素 a_{00} 的地址，即数组 A 的首地址，L 为数组每个元素占用存储空间的长度。

现考虑如何访问矩阵 A 中位于对角线以上部分的元素 $a_{ij} (i < j)$。按以上规定，$a_{ij}(i < j)$ 并没有对应的存储空间，但根据对称矩阵中元素的对称性有 $a_{ij} = a_{ji}$；当 $i < j$ 时，a_{ji} 位于对角线以下，它在存储空间的地址为：

$$\text{address}(a_{ji}) = \text{address}(a_{00}) + \left[\frac{j \times (j+1)}{2} + i\right] \times L$$

由于 $a_{ij} = a_{ji}$，我们可以认为 a_{ij} 和 a_{ji} 共用同一存储空间，于是要访问 $a_{ij}(i<j)$ 时，可以到存储 a_{ji} 的单元 $\text{address}(a_{00}) + \left[\frac{j \times (j+1)}{2} + i\right] \times L$ 中取相应元素的值进行处理即可。

综上所述，对称矩阵 A 进行压缩存储后任何一个元素 a_{ij} 的地址计算公式为：

$$\text{address}(a_{ij}) = \begin{cases} \text{address}(a_{00}) + \left[\dfrac{i \times (i+1)}{2} + j\right] \times L & \text{当 } i \geqslant j \\ \text{address}(a_{00}) + \left[\dfrac{j \times (j+1)}{2} + i\right] \times L & \text{当 } i < j \end{cases} \qquad (4\text{-}4)$$

例如，若有以下对称矩阵 $A_{4 \times 4}$：

$$A = \begin{bmatrix} 1 & 2 & 3 & 5 \\ 2 & 10 & 24 & 6 \\ 3 & 24 & 21 & 37 \\ 5 & 6 & 37 & 75 \end{bmatrix}$$

假设 $L = 1$，$\text{address}(a_{00}) = 1$，则矩阵 A 的压缩存储如图 4.3 所示。

地址	1	2	3	4	5	6	7	8	9	10	11	12
元素值	1	2	10	3	24	21	5	6	37	75		

图 4.3　对称矩阵的压缩存储

在此存储方式下，要访问 A 中任何一个元素 a_{ij}，均可根据公式（4-4）计算其地址：

$$\text{address}(a_{21}) = \text{address}(a_{00}) + \left[\frac{2 \times (2+1)}{2} + 1 \right] \times 1 = 1 + 4 = 5$$

$$\text{address}(a_{23}) = \text{address}(a_{00}) + \left[\frac{3 \times (3+1)}{2} + 2 \right] \times 1 = 1 + 8 = 9$$

4.4.2　三角矩阵的压缩存储

在矩阵处理中，还常遇到所谓的三角矩阵。这类矩阵，其对角线以下（或以上）部分的元素值均为 0，故称为上三角矩阵（或下三角矩阵）。如果将三角矩阵中的所有元素均加以存储，会导致存储空间中存在大量 0 值，造成存储空间的浪费；同样，n 值越大，浪费将越严重。因此，对于三角矩阵，也应该进行压缩存储，即对值为 0 的元素不分配存储空间。

1. 下三角矩阵

设有以下三角矩阵 $A_{n \times n}$：

$$A = \begin{bmatrix} a_{00} & 0 & 0 & \cdots & 0 \\ a_{10} & a_{11} & 0 & \cdots & 0 \\ a_{20} & a_{21} & a_{22} & \cdots & 0 \\ \vdots & \vdots & & \vdots & \\ a_{(n-1)0} & \cdots & & \cdots & a_{(n-1)(n-1)} \end{bmatrix}$$

由于 A 为下三角矩阵，根据压缩存储的原则，对 A 只需存储对角线以下的部分。同样考虑采用按行优先方式，则 A 中元素存储的顺序应为：a_{00}，a_{10}，a_{11}，a_{20}，a_{21}，a_{22}，$\cdots$，$a_{(n-1)0}$，$a_{(n-1)1}$，$\cdots$，$a_{(n-1)(n-1)}$。显然 A 中下三角部分的任何一个元素 a_{ij}（$i \geq j$）压缩存储后的地址计算公式为：

$$\text{address}(a_{ij}) = \text{address}(a_{00}) + \left[\frac{i \times (i+1)}{2} + j \right] \times L \qquad （当 i \geq j 时） \qquad （4-5）$$

与对称矩阵不同的是，当 $i < j$ 时，a_{ij} 的值为 0，其没有对应的存储空间。

2. 上三角矩阵

考虑有以下上三角矩阵 $A_{n \times n}$：

$$A = \begin{bmatrix} a_{00} & a_{01} & a_{02} & \cdots & a_{0(n-1)} \\ 0 & a_{11} & a_{12} & \cdots & a_{1(n-1)} \\ 0 & 0 & a_{22} & \cdots & a_{2(n-1)} \\ \vdots & \vdots & \vdots & & \vdots \\ 0 & 0 & 0 & \cdots & a_{(n-1)(n-1)} \end{bmatrix}$$

对于上三角矩阵，只需考虑存储对角线以上的部分，对角线以下为 0 的部分无需存储。仍采用按行优先存储方式，矩阵 A 压缩存储时元素的存储顺序为：a_{00}，a_{01}，a_{02}，$\cdots$，$a_{0(n-1)}$，a_{11}，a_{12}，$\cdots$，$a_{1(n-1)}$，a_{22}，$\cdots$，$a_{2(n-1)}$，$\cdots$，$a_{(n-1)(n-1)}$。矩阵 A 中被存储元素 a_{ij}（$i \leqslant j$）在压缩存储方式下的地址计算公式为：

$$\text{address}(a_{ij}) = \text{address}(a_{00}) + [(n + (n-1) + (n-2) + \cdots + (n-(i-1))) + j - i] \times L$$

$$= \text{address}(a_{00}) + \left(i \times n - \frac{(i-1) \times i}{2} + j - i\right) \times L \qquad （当\ i \leqslant j\ 时）\quad (4\text{-}6)$$

而当 $i > j$ 时，a_{ij} 的值为 0，其没有对应的存储空间。

例如，已知上三角矩阵 $A_{4 \times 4}$ 如下。

$$A = \begin{pmatrix} 20 & 35 & 42 & 0 \\ 0 & 76 & 40 & 15 \\ 0 & 0 & 30 & 12 \\ 0 & 0 & 0 & 10 \end{pmatrix}$$

假设 $L = 1$，$\text{address}(a_{00}) = 1$，则矩阵 A 的压缩存储如图 4.4 所示。

地址	1	2	3	4	5	6	7	8	9	10	11	12
元素值	20	35	42	0	76	40	15	30	12	10		

图 4.4　上三角矩阵的压缩存储

在此存储方式下，要访问 A 中任何一个元素 a_{ij} 的值，可分以下两种情况处理：

（1）若 $i > j$，则 a_{ij} 的值为 0。

（2）若 $i \leqslant j$，则按公式（4-6）计算 a_{ij} 的地址，再根据所求出的地址到相应存储单元取出 a_{ij} 元素的值。

对于上述已知的上三角阵 A，要访问 a_{23} 的值或要改变 a_{23} 的值，均需先计算其地址：

$$\text{address}(a_{23}) = \text{address}(a_{00}) + \left(2 \times 4 - \frac{(2-1) \times 2}{2} + 3 - 2\right) \times 1 = 1 + 8 = 9$$

计算结果表明 a_{23} 的地址为 9，于是可以到第 9 号单元取出其值为 12，或到第 9 号单元修改 a_{23} 元素的值。

4.4.3　带状矩阵的压缩存储

对于 $n \times n$ 阶方阵，若它的全部非零元素落在一个以主对角线为中心的带状区域中，这个带状区域包含主对角线下面及上面各 b 条对角线上的元素以及主对角线上的元素，那么称该方阵为半带宽为 b 的带状矩阵。

带状矩阵的特点是：对于矩阵元素 a_{ij}，若 $i - j > b$ 或 $j - i > b$，即 $|i - j| > b$，则 $a_{ij} = 0$。在实际问题中，遇到的矩阵也可能是当 $|i - j| > b$ 时，所有 a_{ij} 具有相同的值；或者由于某种原因，可以忽略离开主对角线距离大于 b 的所有元素。此时矩阵都可以当作带状矩阵来加以处理。

带状矩阵的一般形式如图 4.5 所示。

在图 4.5 中，主对角线两侧各有 b 条对角线相对称，称 b 为带状矩阵的半带宽，称 $2b+1$ 为带状矩阵的带宽。

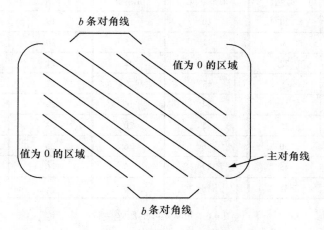

图 4.5　带状矩阵的一般形式

　　带状矩阵进行压缩存储时，只存储带状区域内部的元素，对于带状区域以外的元素，即$|i-j|>b$ 的 a_{ij}，均不分配存储空间。然而在带状区域内部，并非每行都包含 $2b+1$ 个元素，前 b 行和最后 b 行所含的元素均不足 $2b+1$ 个，只有中间若干行每行包含 $2b+1$ 个元素，这样如按每行实际包含元素个数分配存储空间，会导致元素地址计算比较繁锁。为了方便起见，我们规定按如下方法进行存储：除第 1 行和最后一行外，每行都分配 $2b+1$ 个元素的空间，将带状区域中的元素存储于（$(2b+1) \times n - 2b$）$\times L$ 个存储单元之中，其中 L 为每个元素占用空间的大小。仍考虑采用按行优先的存储方式，于是可以得到带状区域中任何一个元素 a_{ij} 的地址计算公式为：

$$\text{address}(a_{ij}) = \text{address}(a_{00}) + ((i \times (2b+1) - b) + (j - i + b)) \times L$$
$$= \text{address}(a_{00}) + (i \times (2b+1) + j - i) \times L \quad (\text{当} |i-j| \leqslant b \text{ 时}) \qquad (4\text{-}7)$$

其中，（$i \times (2b+1) - b$）$\times L$ 表示 a_{ij} 前面的 i 行所有元素占用的空间总和，（$j - i + b$）$\times L$ 表示在第 $i+1$ 行（即 a_{ij} 所在行）a_{ij} 前面的元素所占用的空间。

　　例如，已知带状矩阵 $A_{6 \times 6}$ 如下。

$$A = \begin{pmatrix} 20 & 3 & 72 & 0 & 0 & 0 \\ 14 & 25 & 30 & 45 & 0 & 0 \\ 11 & 14 & 35 & 42 & 5 & 0 \\ 0 & 16 & 20 & 26 & 10 & 28 \\ 0 & 0 & 7 & 15 & 8 & 3 \\ 0 & 0 & 0 & 29 & 16 & 55 \end{pmatrix}$$

显然该带状矩阵 A 的半带宽 $b = 2$。现假设每个元素占用 1 个单元，即 $L = 1$，address（a_{00}）$= 1$，则 A 的压缩存储如图 4.6 所示，总共需要 26 个存储单元。

　　在以上规定的压缩存储方式下，如要存取矩阵 A 中带状区域的任何一个元素 a_{ij}（$|i-j| \leqslant b$），只需根据地址计算公式（4-7），首先求出 a_{ij} 的地址，便可找到 a_{ij} 所在的存储单元，从而实现对 a_{ij} 元素的处理。

　　例如，要将 A 中 a_{34} 元素的值改为 -10，可首先计算 address（a_{34}）：

$$\text{address}(a_{34}) = 1 + (3 \times (2 \times 2 + 1) + 4 - 3) \times 1 = 17$$

计算结果表明元素 a_{34} 的地址为 17，因此只需找到第 17 号单元将其值改为 -10 即可。

存储单元	元素值	存储单元	元素值	存储单元	元素值
1	20	10	14	19	7
2	3	11	35	20	15
3	72	12	42	21	8
4		13	5	22	3
5	14	14	16	23	
6	25	15	20	24	29
7	30	16	26	25	16
8	45	17	10	26	55
9	11	18	28		

图 4.6　带状矩阵的压缩存储

4.5　稀　疏　矩　阵

如果一个矩阵中很多元素的值为零，即零元素的个数远远大于非零元素的个数时，称该矩阵为稀疏矩阵。稀疏矩阵在许多工程计算、数值分析等实际问题中经常用到，本节集中研究它在计算机中的存储和实现。

4.5.1　稀疏矩阵类的定义

根据稀疏矩阵的特性及其在实际问题中应用的需要，我们可以抽象出一些关于稀疏矩阵的基本运算，它们与稀疏矩阵的定义一起构成了稀疏矩阵的类。

```
ADT spmatrix {
```
　　　　数据对象 D:具有相同类型的数据元素构成的有限集合；

　　　　数据关系 R:D 中的每个元素均位于 2 个向量中,每个元素最多具有 2 个前驱结点和 2 个后继结点,且 D 中零元素的个数远远大于非零元素的个数。

　　　　稀疏矩阵的基本运算如下。

　　　　（1）createspmatrix （A）　　　　　创建一个稀疏矩阵 A。

　　　　（2）compressmatrix （A,B）　　　创建稀疏矩阵 A 的压缩存储表示 B。

　　　　（3）destroyspmatrix （A）　　　销毁稀疏矩阵 A。

　　　　（4）printspmatrix （A）　　　　将稀疏矩阵 A 打印输出。

　　　　（5）copyspmatrix （A,B）　　　已知稀疏矩阵 A,将 A 复制到 B 中。

　　　　（6）addspmatrix （A,B,C）　　　已知稀疏矩阵 A 和 B,且两者的行数和列数对应相等,求 A 和 B 相加的结果放入 C 中。

　　　　（7）subspmatrix （A,B,C）　　　已知稀疏矩阵 A 和 B,且两者的行数和列数对应相等,求 A 和 B 相减的结果放入 C 中。

　　　　（8）multspmatrix （A,B,C）　　　已知稀疏矩阵 A 和 B,且 A 的列数等于 B 的行数,求 A 和 B 相乘的结果放入 C 中。

　　　　（9）transpmatrix （B,C）　　　已知稀疏矩阵 B,求 B 的转置矩阵放入 C 中。

　　　　（10）locatespmatrix （$A,x,$rowx,colx） 在稀疏矩阵 A 中查找值为 x 的结点位置。

```
} ADT spmatrix
```

4.5.2　稀疏矩阵的顺序存储及其实现

由于稀疏矩阵中零元素的个数很多，如按一般的矩阵存储方法加以存储，必然浪费大量的空间。为了节省存储单元，通常只存储矩阵中的非零元素，但也往往因此失去矩阵随机存取的优势；另外，由于稀疏矩阵中非零元素的分布不像对称矩阵、三角矩阵和带状矩阵那样呈现一定的规律性，因此存储其非零元素时必须增加一些附加信息加以辅助。

根据存储时所附加信息的不同，稀疏矩阵的顺序存储方法包括：三元组表示法、带辅助行向量的二元组表示法和伪地址表示法，其中以三元组表示法最常用，故在此主要介绍稀疏矩阵的三元组表示。

众所周知，矩阵中的每个元素的位置均可以由它的行号和列号唯一地确定。因此，矩阵中的每个非零元素可以采用如下三元组的形式表示：

$$(i, j, value)$$

其中，i 表示非零元素所在的行号，j 表示非零元素所在的列号，$value$ 表示非零元素的值。采用三元组表示法表示一个稀疏矩阵时，首先将它的每一个非零元素表示成上述的三元组形式，然后按行号递增的次序、同一行的非零元素按列号递增的次序将所有非零元素的三元组表示存放到连续的存储单元中即可。

例如，已知稀疏矩阵 $A_{7\times 6}$ 如图 4.7 所示，其对应的三元组表示如图 4.8 所示。

$$A = \begin{pmatrix} 0 & 0 & -5 & 0 & 1 & 0 \\ 0 & 0 & 0 & 2 & 0 & 0 \\ 3 & 0 & 0 & 0 & 0 & 0 \\ 0 & 0 & 0 & 0 & 0 & 0 \\ 12 & 0 & 0 & 0 & 0 & 0 \\ 0 & 0 & 0 & 0 & 0 & 4 \\ 0 & 0 & 21 & 0 & 0 & 0 \end{pmatrix}$$

图 4.7　稀疏矩阵 A

B	0	1	2
0	7	6	7
1	0	2	−5
2	0	4	1
3	1	3	2
4	2	0	3
5	4	0	12
6	5	5	4
7	6	2	21

图 4.8　稀疏矩阵 A 的三元组表示

在图 4.8 中，矩阵 B 的第 1 行体现了稀疏矩阵 A 的行数、列数及所含非零元素的总个数，接下来的每一行均代表 A 中一个非零元素的三元组表示。显然，非零元素的三元组是按行号递增的顺序、相同行号的三元组按列号递增的顺序排列的。

稀疏矩阵 A 及其对应的三元组表示矩阵 B 的数据类型定义如下。

```
/***********************************/
/* 稀疏矩阵的头文件,文件名:spmatrix.h */
/***********************************/
    typedef struct {
        int data[100][100];     /*存放稀疏矩阵的二维数组*/
        int m,n;                /*分别存放稀疏矩阵的行数和列数*/
    } matrix;
    typedef int spmatrix[100][3];
```

其中，**matrix** 表示稀疏矩阵的类型，**spmatrix** 表示稀疏矩阵对应的三元组表示的类型。下面，考虑在上述类型定义下如何实现将一个给定的稀疏矩阵转换成其对应的三元组表示。

　　由于稀疏矩阵的三元组表示要求所有非零元素的三元组表示必须按行号递增的顺序、行号相同的按列号递增的顺序排列，因此在转换过程中必须按顺序逐行扫描稀疏矩阵，遇到非零元素就将它们按顺序写入稀疏矩阵三元组表示的数组中，直到整个稀疏矩阵扫描完毕为止。具体实现过程见算法 4.16。

```
/**********************************************************/
/*   函数功能:产生稀疏矩阵的三元组表示                      */
/*   函数参数:A 为 matrix 结构类型,存放压缩前的稀疏矩阵       */
/*           B 为 spmatrix 类型,存放稀疏矩阵压缩后的三元组表示  */
/*   函数返回值:空                                         */
/*   文件名:matpress.c, 函数名:compressmatrix()           */
/**********************************************************/
   void  compressmatrix(matrix A , spmatrix B)    /*将稀疏矩阵转换成其三元组表示*/
    {
      int i, j, k=1;
      for ( i=0; i<A.m; i++)
       for (j=0; j<A.n; j++)
          if (A.data[i][j] !=0)              /*产生非零元素的三元组表示*/
            { B[k][0]=i;
              B[k][1]=j;
              B[k][2]=A.data[i][j];
              k++;
            }
      B[0][0]=A.m;  /*三元组数组中第 1 行存放稀疏矩阵行数、列数和非 0 元素的个数*/
      B[0][1]=A.n;
      B[0][2]=k-1;
    }
```

算法 4.16　产生稀疏矩阵的三元组表示

　　求矩阵的转置是矩阵最常用的运算之一，下面就以矩阵的转置运算为例，说明在三元组表示下如何实现稀疏矩阵的运算。

　　按照矩阵转置的定义，要实现矩阵的转置，只要将矩阵中以主对角线为对称轴的元素 a_{ij} 和 a_{ji} 的值互换。若 a_{ij} 为非零元素，则在原矩阵的三元组表示中存在三元组（i，j，a_{ij}），转置后其应该变为（j，i，a_{ij}）。因此在三元组表示下要实现稀疏矩阵的转置，似乎只需将每个非零元素的三元组表示（i，j，$value$）改成（j，i，$value$）；但这样做存在一个问题：由于三元组的排列要求采用按行优先方式，如果只是简单地将非零元素的行号和列号交换，则新产生的三元组表示将不再满足按行优先的原则。例如，对图 4.8 中三元组表示的矩阵 B，将其每个非零元素的行号和列号交换后得到如图 4.9 所示的矩阵 C。

C	0	1	2
0	6	7	7
1	2	0	−5
2	4	0	1
3	3	1	2
4	0	2	3
5	0	4	12
6	5	5	4
7	6	2	21

图 4.9　矩阵 B 中非零元素交换行号、
列号后得到的矩阵 C

　　显然矩阵 C 中非零元素的三元组排列不满足按行优先的原则。要做到转置后非零元素的排列仍然满足按行优先，必须保证每个非零元素行号和列号交换后能立即确定其在转置后的矩阵 C 中的最终位置。解决的办法是：首先确定 B 中每一列非零元素的个数，也即将来 C 中每一行非零元素的个数，从而可计算出 C 中每一行非零元素三元组的起始位置，这样便可实现将

B 中的非零元素交换行号和列号后逐一放到它们在 *C* 中的最终位置上了。为了求 *B* 中每一列非零元素的个数和 *C* 中每一行非零元素三元组的起始位置，可以设置两个数组 *x* 和 *y* 来实现相应的功能。具体实现过程见算法 4.17。

```
/*************************************************************/
/* 函数功能:在三元组表示下实现稀疏矩阵的转置               */
/* 函数参数:B 为 spmatrix 类型,存放转置前的稀疏矩阵三元组表示 */
/*          C 为 spmatrix 类型,存放转置后的稀疏矩阵三元组表示 */
/* 函数返回值:空                                          */
/* 文件名:transmat.c, 函数名:transpmatrix()               */
/*************************************************************/
 void transpmatrix (spmatrix B, spmatrix C)  /*实现稀疏矩阵的转置*/
  {
      int i, j, t, m, n;
      int x[100];    /*该数组用来存放 B 中每一列非零元素的个数*/
      int y[100];    /*该数组用来存放 C 中每一行非零元素三元组的起始位置*/
      m=B[0][0]; n=B[0][1]; t=B[0][2];
      C[0][0]=n; C[0][1]=m; C[0][2]=t;
      if (t>0)
      {
          for (i=0; i<n; i++) x[i]=0;    /*初始化数组x*/
          for (i=1; i<=t; i++) x[B[i][1]]=x[B[i][1]]+1;
          /*统计 B 中每一列非零元素的个数*/
          /*求矩阵 C 中每一行非零元素三元组的起始位置*/
          y[0]=1;
          for (i=1; i<n; i++) y[i]=y[i-1]+x[i-1];
          for (i=1; i<=t; i++)
      {   /*将 B 中非零元素交换行号、列号后写入 C 中其最终的位置上*/
          j=y[B[i][1]];
          C[j][0]= B[i][1];
          C[j][1]= B[i][0];
          C[j][2]= B[i][2];
          y[B[i][1]]=j+1;
          }
      }
  }
```

算法 4.17 稀疏矩阵三元组表示下转置运算的实现

4.5.3 稀疏矩阵的链式存储及实现

稀疏矩阵的链式存储方法主要包含：带行指针向量的单链表表示法、行_列表示法和十字链表表示法，在此主要介绍十字链表的表示法。

在稀疏矩阵的十字链表表示中，同一行的所有非零元素串成一个带表头的环形链表，同一列的所有非零元素也串成一个带表头的环形链表，且第 *i* 行非零元素链表的表头和第 *i* 列非零元素链表的表头共用一个表头结点，同时所有表头结点也构成一个带表头的环形链表。因此，在十字链表的表示中有非零元素结点和表头结点两类结点。非零元素结点的结构中包含 5 个域：行域（row）、列域（col）、数据的值域（val）、指向同一列下一个非零元素的指针域（down）和指向同一行下一个非零元素的指针域（right），如图 4.10 所示。

　　为了程序实现方便，我们将表头结点的结构定义成与非零元素结点的结构相同，只是将其行域和列域的值置为 0；另外，由于所有的表头结点也要串成一个带表头的环形链表，且表头结点本身没有数据值，因此可将非零元素结点中的 val 域改为指向本表头结点的下一个表头结点的指针域 next，即 val 域和 next 域共用同一存储空间，于是得到表头结点的结构如图 4.11 所示。

row	col	val
right		down

图 4.10　十字链表中非零元素结点的结构

row	col	next
right		down

图 4.11　十字链表中表头结点的结构

　　其中，指针 down 指向本列第 1 个非零元素的结点，指针 right 指向本行第 1 个非零元素的结点，指针 next 指向下一个表头结点，row 和 col 的值均为 0。由于第 i 行的非零元素构成的环形链表与第 i 列的非零元素构成的环形链表共用一个表头结点，因此表头结点的个数取决于稀疏矩阵的行数和列数的最大值。

　　例如，已知稀疏矩阵 $A_{5 \times 4}$ 如下：

$$A = \begin{pmatrix} 5 & 0 & 0 & 0 \\ 0 & 0 & 2 & 0 \\ 0 & 0 & 0 & 0 \\ 1 & 0 & 8 & 0 \\ 0 & 6 & 0 & 0 \end{pmatrix}$$

则 A 的十字链表表示如图 4.12 所示。

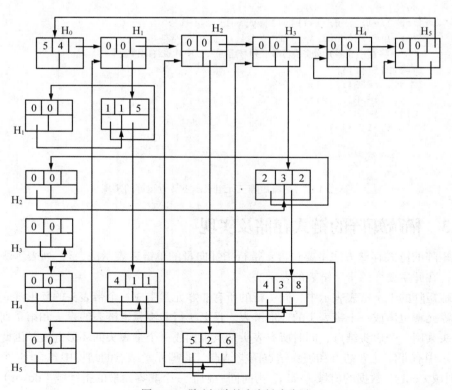

图 4.12　稀疏矩阵的十字链表表示

　　在图 4.12 所示的十字链表表示中，为了清晰起见，第 i 行非零元素链表的表头结点和第 i 列非零元素链表的表头结点画成了两个结点，但使用了同一标识符标识，应该把它们理解成同一个表头结点；另外矩阵 A 的行数为 5，列数为 4，因此表头结点的个数为 5，取决于 A 中行数和列数的最大值；所有的表头结点本身也构成了一个带表头的环形链表，该环形链表的表头结点为 H_0，H_0 中 row 域存放矩阵 A 的行数，col 域存放 A 的列数，next 域指向第 1 个表头结点，其 down 域和 right 域均为空。此例中矩阵 A 的行下标和列下标均假设从 1 开始算起。

　　根据以上分析，稀疏矩阵十字链表表示中结点的类型定义如下。

```
/****************************************************/
/*  稀疏矩阵十字链表表示的头文件,文件名:matrixlk.h*/
/****************************************************/
typedef struct matrixnode  /*十字链表中结点的结构*/
    {
     int  row,  col;
     struct matrixnode *right, * down;
     union{ int  val;
           struct matrixnode *next;
        } tag;
        } matrixnode;
    typedef matrixnode *spmatrix;
    typedef spmatrix headspmatrix[100];  /*指针数组,每个元素指向一个表头结点*/
```

　　下面，考虑在上述类型定义下如何建立一个给定稀疏矩阵的十字链表表示。为了建立稀疏矩阵的十字链表，首先必须读入稀疏矩阵的行数和列数，以便确定表头结点的个数，在此基础上创建所有的表头结点，并将这些表头结点形成一个带表头的环形链表，同时将各行、各列非零元素的环形链表初始化为空；然后依次读入每个非零元素的行号、列号和值，形成相应的非零元素的结点插入到该元素所在的行和列的环形链表中。具体实现过程见算法 4.18。

```
/****************************************************/
/*  函数功能:创建稀疏矩阵的十字链表表示         */
/*  函数参数:h 为 headspmatrix 类型的指针数组    */
/*  函数返回值:空                               */
/*  文件名:creamalk.c,函数名:Createspmatrix()   */
/****************************************************/
void Createspmatrix (headspmatrix h)  /*创建稀疏矩阵的十字链表表示*/
    { int m,n,t,s,i,r,c,v;
     spmatrix p,q;
     printf("矩阵的行数、列数和非零元素的个数:");
     scanf("%d%d%d",&m,&n,&t);
     p=(spmatrix) malloc (sizeof(matrixnode));
     h[0]=p;     /* h[0]为表头环形链表的表头结点*/
     p->row=m;  p->col=n;
     s=m>n?m:n;
     for (i=1;i<=s;++i)             /*初始化表头环形链表及各行、各列的环形链表*/
     { p=(spmatrix) malloc (sizeof(matrixnode));
       h[i]=p;
       h[i-1]->tag.next=p;
       p->row=p->col=0;
       p->down=p->right=p;
     }
```

```
        h[s]->tag.next=h[0];
        for (i=1;i<=t;++i)                              /*依次读入非零元素加入十字链表中*/
         { printf("输入非零元素的行号、列号和值:");
           scanf("%d%d%d",&r,&c,&v);
           p=(spmatrix) malloc (sizeof(matrixnode)); /*形成非零元素结点*/
           p->row=r; p->col=c; p->tag.val=v;
           q=h[r]; /*将非零元素插入到其所在行的环形链表*/
           while (q->right!=h[r] && q->right->col<c)
               q=q->right;
           p->right=q->right;
           q->right=p;
           q=h[c]; /*将非零元素插入到其所在列的环形链表*/
           while (q->down!=h[c] && q->down->row<r)
               q=q->down;
           p->down=q->down;
           q->down=p;
         }
     }
```

算法 4.18　创建稀疏矩阵的十字链表表示

算法 4.19 给出了在稀疏矩阵的十字链表中查找值为 x 的结点的过程。若结点 x 存在，则返回其所在的行号和列号。具体实现时，应该从表头结点构成的环形链表的表头出发，依次通过每一行的表头结点，进入相应行进行查找，找到则立即返回；否则一直找完所有行再结束，此时以查找失败而告终。

```
/*********************************************************************/
/* 函数功能:稀疏矩阵十字链表的查找                                      */
/* 函数参数:h 为 headspmatrix 类型的指针数组                           */
/*          整型变量 x 存放被查找的值                                  */
/*          整型指针变量 rowx 和 colx 将存放 x 在十字链表中的位置        */
/* 函数返回值:查找成功返回 1,否则返回 0                                 */
/* 文件名:locamalk.c, 函数名:locatespmatrix()                         */
/*********************************************************************/
int locatespmatrix(headspmatrix h,int x,int *rowx,int *colx)
  { /*在十字链表中查找值为 x 的结点*/
    spmatrix p,q;
    p=h[0]->tag.next;              /*p 指向第 1 行（列）的表头结点*/
    while (p!=h[0])                /*按顺序在每行中查找值为 x 的结点*/
      {
        q=p->right;                /*q 指向本行的第 1 个非零元素的结点*/
        while (p!=q)
        {
          if (q->tag.val==x)       /*找到 x 后将其行号和列号返回*/
              { *rowx=q->row;  *colx=q->col;
                 return(1);
              }
           q=q->right;
        }
        p=p->tag.next;             /*准备进入下一行查找*/
      }
```

```
    return(0);
}
```

算法 4.19　稀疏矩阵十字链表的查找算法

习　　题

4.1　稀疏矩阵常用的压缩存储方法有（　　）和（　　）两种。

4.2　设有一个 10×10 的对称矩阵 A 采用压缩方式进行存储，存储时以按行优先的顺序存储其下三角阵，假设其起始元素 a_{00} 的地址为 1，每个数据元素占 2 个字节，则 a_{65} 的地址为（　　）。

4.3　若串 S = "software"，其子串的数目为（　　）。

4.4　常对数组进行的两种基本操作为（　　）和（　　）。

4.5　要计算一个数组所占空间的大小，必须已知（　　）和（　　）。

4.6　对于半带宽为 b 的带状矩阵，它的特点是：对于矩阵元素 a_{ij}，若它满足（　　），则 $a_{ij} = 0$。

4.7　字符串是一种特殊的线性表，其特殊性体现在（　　）。

4.8　试编写一个函数，实现在顺序存储方式下字符串的 strcompare（S_1，S_2）运算。

4.9　试编写一个函数，实现在顺序存储方式下字符串的 replace（S，T_1，T_2）运算。

4.10　试编写一个函数，实现在链式存储方式下字符串的 strcompare（S_1，S_2）运算。

4.11　试编写一个函数，实现在链式存储方式下字符串的 replace（S，T_1，T_2）运算。

4.12　已知如下字符串，求它们的 next 数组值。

（1）"bbdcfbbdac"。

（2）"aaaaaaa"。

（3）"babbabab"。

4.13　已知正文 t = "ababbaabaa"，模式 p = "aab"，试使用 KMP 快速模式匹配算法寻找 p 在 t 中首次出现的起始位置，给出具体的匹配过程分析。

4.14　已知三维数组 $A[3][2][4]$，数组首地址为 100，每个元素占用 1 个存储单元，分别计算数组元素 $A[0][1][2]$ 在按行优先和按列优先存储方式下的地址。

4.15　已知两个稀疏矩阵 A 和 B，其行数和列数均对应相等，编写一个函数，计算 A 和 B 之和，假设稀疏矩阵采用三元组表示。

4.16　写出两个稀疏矩阵相乘的算法，计算：

$$C_{pn} = A_{pm} * B_{mn}$$

其中，A、B 和 C 都采用三元组表示法存储。

第5章
递归

在计算机科学中，许多数据结构，如广义表、树和二叉树等，都是通过递归方式加以定义的。由于这些数据结构固有的递归性质，关于它们的许多问题的算法均可以采用递归技术加以实现。采用递归技术设计出来的算法程序，具有结构清晰、可读性强、便于理解等优点。但由于递归程序在执行过程中，伴随着函数自身的多次调用，因而其执行效率较低。在追求执行效率的场合下，人们又往往希望采用非递归方式实现问题的算法程序。本章主要介绍递归程序设计的特点、递归程序的执行过程及递归程序转换成非递归程序的方法。

5.1 递归的基本概念与递归程序设计

在一个函数的定义中出现了对自己本身的调用，称为直接递归。一个函数 p 的定义中包含了对函数 q 的调用，而 q 的实现过程又调用了 p，即函数调用形成了一个环状调用链，这种方式称之为间接递归。递归技术在算法和程序设计中是一种十分有用的技术，许多高级程序设计语言均提供了支持递归定义的机制和手段。

为了研究递归程序设计的特点和规律，我们先来看两个简单递归程序设计的实例。

【例 5.1】试编写一个递归函数，以正整数 n 为参数，求 n 的阶乘值 $n!$。

使用 Fact(n) 表示 n 的阶乘值，根据阶乘的数学定义可知：

$$Fact(n) = \begin{cases} 1 & n = 0 \\ n * Fact(n-1) & n > 0 \end{cases}$$

显然，当 $n > 0$ 时，Fact(n) 是建立在 Fact($n-1$) 的基础上。由于求解 Fact($n-1$) 的过程与求解 Fact(n) 的过程完全相同，只是具体实参不同，因而在进行程序设计时，不必再仔细考虑 Fact($n-1$) 的具体实现，只需借助递归机制进行自身调用即可。求 n 的阶乘值 Fact(n) 的具体实现过程见算法 5.1。

```
/****************************************************/
/*  函数功能:求正整数 n 的阶乘值              */
/*  函数参数:n 为整型变量                      */
/*  函数返回值:整型,返回 n 的阶乘值           */
/*  文件名:factori1.c,函数名:Fact()           */
/****************************************************/
    int Fact ( int n )
      { int m;
        if (n= =0)  return(1);
```

```
    else
     {
        m=n*Fact(n-1);
        return(m);
     }
   }
```

算法 5.1　求正整数 n 阶乘值的递归算法

【例 5.2】试编写一个递归函数，以一个正整数 n 为参数，求第 n 项 Fibonacci 级数的值。

假设使用 Fibona(n) 表示第 n 项 Fibonacci 级数的值，根据 Fibonacci 级数的计算公式：

$$\text{Fibona}(n) = \begin{cases} 1 & n = 1 \\ 1 & n = 2 \\ \text{Fibona}(n-1) + \text{Fibona}(n-2) & n > 2 \end{cases}$$

可知当 $n > 2$ 时，第 n 项 Fibonacci 级数的值等于第 $n-1$ 项和第 $n-2$ 项 Fibonacci 级数的值相加之和，而第 $n-1$ 项和第 $n-2$ 项 Fibonacci 级数值的求解又分别取决于它们各自的前两项之和。总之，Fibona$(n-1)$ 和 Fibona$(n-2)$ 的求解过程与 Fibona(n) 的求解过程相同，只是具体实参不同。利用以上这种性质，我们在进行程序设计时便可以使用递归技术，Fibona$(n-1)$ 和 Fibona$(n-2)$ 的求解只需调用函数 Fibona 自身加以实现即可。具体实现过程见算法 5.2。

```
/*********************************************************/
/*   函数功能:求第 n 项 Fibonacci 级数值                 */
/*   函数参数:n 为整型变量                               */
/*   函数返回值:整型,返回第 n 项 Fibonacci 级数值         */
/*   文件名:fibonaci.c,函数名:Fibona()                   */
/*********************************************************/
int Fibona ( int n )
  { int m;
    if (n= =1)  return (1);
      else if (n= =2) return(1);
          else
            { m=Fibona(n-1)+ Fibona(n-2);
              return (m);
            }
  }
```

算法 5.2　求第 n 项 Fibonacci 级数值的算法

由以上实例可以看出，要使用递归技术进行程序设计，首先必须将要求解的问题分解成若干子问题，这些子问题的结构与原问题的结构相同，但规模较原问题小。由于子问题与原问题结构相同，因而它们的求解过程相同，在进行程序设计时，不必再仔细考虑子问题的求解，只需借助递归机制进行函数自身调用加以实现，然后利用所得到的子问题的解组合成原问题的解即可；而递归程序在执行过程中，通过不断修改参数进行自身调用，将子问题分解成更小的子问题进行求解，直到最终分解成的子问题可以直接求解为止。因此，递归程序设计时必须要有一个终止条件，当程序的执行使终止条件得到满足时，递归过程便结束并返回；否则递归将会无休止地进行下去，导致程序的执行无法正常终止。

综上所述，递归程序设计具有以下两个特点。

（1）具备递归出口。递归出口定义了递归的终止条件，当程序的执行使它得到满足时，递归执行过程便终止。有些问题的递归程序可能存在几个递归出口。

（2）在不满足递归出口的情况下，根据所求解问题的性质，将原问题分解成若干子问题，子问题的求解通过以一定的方式修改参数进行函数自身调用加以实现，然后将子问题的解组合成原问题的解。递归调用时，参数的修改最终必须保证递归出口得以满足。

5.2 递归程序执行过程的分析

采用递归方式实现的算法程序结构清晰、思路明了，但递归程序的执行过程有时却令人难以理解。由于递归调用是对函数自身的调用，在一次函数调用未终止之前又开始了另一次函数调用。按照语言关于作用域的规定，函数的执行在终止之前其所占用的空间是不能回收的，必须保留。这也意味着函数自身每次不同的调用，需要分配不同的空间。为了对这些空间实施有效的管理，在递归程序的运行过程中，系统内部设立了一个栈，用于存放每次函数调用与返回所需的各种数据，主要包括函数调用执行完成时的返回地址、函数的返回值、每次函数调用的实参和局部变量。

在递归程序的执行过程中，每当执行函数调用时，必须完成以下任务。

（1）计算当前被调用函数每个实参的值。

（2）为当前被调用的函数分配存储空间，用于存放其所需的各种数据，并将该存储空间的首地址压入栈中。

（3）将当前被调用函数的实参、将来当前函数执行完毕后的返回地址等数据存入上述所分配的存储空间中。

（4）控制转到被调用函数的函数体，从其第 1 个可执行的语句开始执行。

当从被调用的函数返回时，必须完成以下任务。

（1）如果被调用的函数有返回值，则记下该返回值，同时通过栈顶元素到该被调用函数对应的存储空间中取出其返回地址。

（2）把分配给被调用函数的存储空间回收，栈顶元素出栈。

（3）按照被调用函数的返回地址返回到调用点，若有返回值，还必须将返回值传递给调用者，并继续程序的执行。

以下将通过两个实例来介绍递归程序的执行过程。

【例 5.3】试编写一个递归函数，以正整数 n 为参数，该函数所实现的功能为：在第 1 行打印输出 1 个 1，在第 2 行打印输出 2 个 2，在第 3 行打印输出 3 个 3……在第 $n-1$ 行打印输出 $n-1$ 个 $n-1$，在第 n 行打印输出 n 个 n。例如，当 $n=5$ 时，调用该函数的输出结果如下。

```
        1
        2  2
        3  3  3
        4  4  4  4
        5  5  5  5  5
```

假设该函数采用 print(n) 表示。显然，print(n) 所实现的功能只需在 print($n-1$) 所实现的功能的基础上，再在第 n 行打印输出 n 个 n 即可；而实现 print($n-1$) 的过程与实现 print(n) 的过程完全相同，只是参数不同而已，因而可以通过递归方式加以实现。在递归执行过程中，当 $n=0$ 时递归应该终止。该函数具体实现过程见算法 5.3。

```
/************************************************/
/*  函数功能:打印输出数字三角形                */
/*  函数参数:n 为整型变量                       */
/*  函数返回值:空                               */
/*  文件名:printtri.c,函数名:print()            */
/************************************************/
print(int n)
    {   int i;
        if(n!=0)
          {
             print(n-1);
             for(i=1;i<=n;i++)
               printf("%d",n);
             printf("\n");
          }
    }
```

算法 5.3　打印输出数字三角形算法

以下给出当 $n = 5$ 时，print(5)的执行过程。

图 5.1 表示 print(5)的执行由（1）、（2）两部分顺序组成，而（1）中 print(4)的执行又由（3）、
（4）两部分顺序组成，（3）中 print(3)的执行又由（5）、（6）两部分顺序组成……直到（9）和（10）。
（9）中的 print(0)执行时，由于 $n = 0$ 满足递归的终止条件，递归将不再继续下去，于是接下来执
行（10），当（10）完成后，意味着（7）中的 print(1)完成了，于是执行（8），（8）的完成意味着
（5）中的 print(2)结束了，于是执行（6）……直到（2）完成后 print(5)的执行才结束，函数调用
最后的输出结果由（10）、（8）、（6）、（4）、（2）部分的输出结果顺序组成。

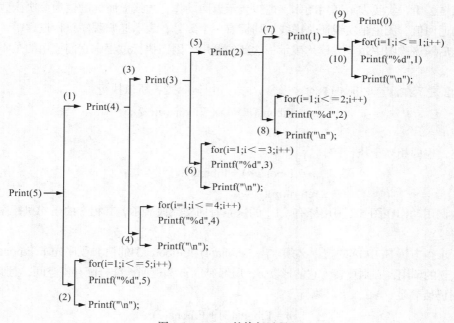

图 5.1　print(5)的执行过程

例题 5.3 中实现的递归函数 print(n)没有函数的返回值，因此其执行过程相对比较简单。接下
来我们将以例题 5.2 中求第 n 项 Fibonacci 级数值的函数 Fibona(n)为例，说明带返回值的递归函数

的执行过程。

【例5.4】给出例题5.2中当 n 的输入值为5时，函数调用Fibona(5)的执行过程分析。

函数调用Fibona(5)的执行过程如图5.2所示。

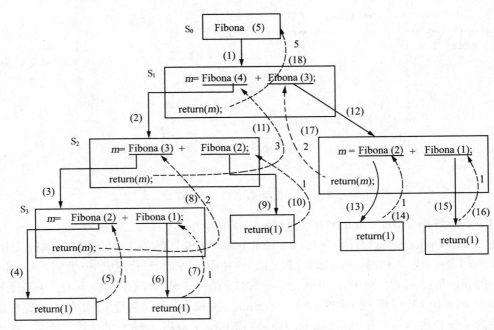

图5.2　Fibona(5)的执行过程

在图5.2中，实线表示调用动作，虚线表示返回动作，虚线上所标的值为该次函数调用完成后带回的返回值。无论是实线还是虚线上均标有一个编号，表示递归程序执行过程中，所有动作发生的先后顺序；图中每一方框均表示一次新的调用，因而执行过程中它们使用的是不同的存储空间。

图5.2表示在计算Fibona(5)时，形参 $n = 5$，由于 $n > 2$，所以执行：

$$m = Fibona(n-1) + Fibona(n-2);$$

$$return(m);$$

这一分支，也即相当于执行：

$$m = Fibona(4) + Fibona(3);$$

$$return(m);$$

本次调用动作在图5.2中用标有（1）的这条有向实线段表示，其相应的语句执行序列存放于方框 S_1 中。

为了求得方框 S_1 中 m 的值，必须求出Fibona(4)和Fibona(3)的值。程序先求Fibona(4)的值，这是一次新的调用，必须重新为它的形参 n、局部变量 m 和返回地址分配存储空间，且此时 $n = 4$，这次调用仍然满足 $n > 2$，所以执行：

$$m = Fibona(3) + Fibona(2);$$

$$return(m);$$

此次调用动作体现为图5.2中的（2）这条有向实线段，其相应的语句执行序列存放于方框 S_2 中。同样为了求得方框 S_2 中 m 的值，必须求出Fibona(3)和Fibona(2)的值。于是又执行

Fibona(3)……一直做到某次调用能有一个确切的返回值，如图 5.2 中有向虚线段（5），其返回值为 1；接下来考虑方框 S_3 中 Fibona(1)的调用（体现为有向实线段（6）），此次调用直接返回值 1（体现为有向虚线段（7））。这时，方框 S_3 中赋值语句 $m = $ Fibona(2) + Fibona(1)右端的两个函数调用均已分别返回了值 1，于是可以求出 m 的值为 2，然后执行方框 S_3 中的 return(m)，将 $m = 2$ 的值返回给方框 S_2 中的 Fibona(3)，之后再求方框 S_2 中的 Fibona(2)的值，如此反复进行下去，直至最后求出 Fibona(5) 的值为 5。读者可以按照图 5.2 中线段上所标编号的顺序来理解 Fibona(5)的执行过程。

5.3　递归程序到非递归程序的转换

在计算机科学中，许多数据结构都是通过递归方式加以定义的。由于这些数据结构本身固有的递归性质，因而关于它们的许多问题的算法均可以采用递归技术加以实现；另外，还有一些问题，虽然其本身并没有明显的递归特征，但也可以利用递归技术设计出简单易懂的算法程序。我们称这些可以利用递归技术求解的问题为递归问题。

递归问题采用递归方式实现所得到的递归程序具有结构清晰、可读性好、易于理解等优点，但递归程序较之非递归程序无论是空间需求还是时间需求都更高，因此在希望节省存储空间和追求执行效率的情况下，人们更希望使用非递归方式实现问题的算法程序；另外，有些高级程序设计语言没有提供递归的机制和手段，对于某些具有递归性质的问题无法使用递归方式加以解决，必须使用非递归方式实现。因此，本小节主要研究递归程序到非递归程序的转换方法。

一般而言，求解递归问题有两种方式。一种是直接求值，无需回溯。这类递归问题我们称之为简单递归问题；另一类递归问题在求解过程中不能直接求值，必须进行试探和回溯，这类递归问题我们称之为复杂递归问题。两类递归问题在转换成非递归方式实现时所采用的方法是不同的。通常简单递归问题可以采用递推方法直接求解；而复杂递归问题由于要进行回溯，在实现过程中必须使用栈来记忆回溯点，因而复杂递归问题由递归实现方式向非递归实现方式转换时必须借助于栈来实现。

5.3.1　简单递归程序到非递归程序的转换

根据前面的讨论可知，要使用递归机制实现问题的算法程序，其前提是必须使用分划技术，把需求解的问题分划成若干和原问题结构相同，但规模较小的子问题，这样可以使原问题的解建立在子问题解的基础上，而子问题的解又建立在更小的子问题解的基础上。由于问题的求解是从原问题开始的，我们把递归的这种求解方式称为自顶向下产生计算序列的方式。采用自顶向下方式产生计算序列，必然导致程序执行过程中出现许多重复的函数调用。如在 5.2 节 Fibona(5)的求解过程中，Fibona(5)的求解是以 Fibona(4)和 Fibona(3)的求解为基础的，而 Fibona(4)的求解过程又包含了 Fibona(3)的求解，也即为了获得 Fibona(5)的值，必须求解 Fibona(3)两次，两次求解的值无法相互共用，这是导致递归程序执行效率降低的主要原因之一。为了提高程序的执行效率，将程序实现所使用的递归方式转换成非递归方式，可以采用算法设计中的递推技术。递推技术同样以分划技术为基础，它也要求将需求解的问题分划成若干与原问题结构相同、但规模较小的子问题；然而与递归方式不同的是，递推方法是采用自底向上的方式产生计算序列，其首先计算规模最小的子问题的解，然后在此基础上依次计算规模较大的子问题的解，直到最后产生原问题的解。由于求解过程中每一步新产生的结果总是直接以前面已有的计算结果为基础，避免了许多重复的计算，因而使用递推方法产生的算法程序比递归算法具有更高的效率。

递归方法与递推方法共同采用的分划技术，为使用递推技术解决递归问题奠定了基础。由于简单递归问题求解过程中无需回溯，因而要转换成非递归方式实现完全可以使用递推技术。为了使用自底向上的递推方式来解决递归问题，利用子问题已有的解构造规模较大子问题的解，进而构造原问题的解，必须建立原问题与子问题解之间的递推关系，然后定义若干变量用于记录求解过程中递推关系的每个子问题的解；程序的执行便是根据递推关系，不断修改这些变量的值，使之成为更大子问题的解的过程；当得到原问题解时，递推过程便可结束了。

【例 5.5】 采用非递归方式实现求正整数 n 的阶乘值。

仍使用 Fact(n) 表示 n 的阶乘值。要求解 Fact(n) 的值，可以考虑 i 从 0 开始，依次取 1，2，…，一直到 n，分别求 Fact(i) 的值，且保证求解 Fact(i) 时总是以前面已有的求解结果为基础；当 $i = n$ 时，Fact(i) 的值即为所求的 Fact(n) 的值。

根据阶乘的递归定义，不失一般性，显然有以下递推关系成立。

$$Fact(i) = \begin{cases} 1 & i = 0 \\ i * Fact(i-1) & i > 0 \end{cases}$$

上述递推关系表明 Fact(i) 是建立在 Fact($i-1$) 的基础上的，在求解 Fact(i) 时子问题只有一个 Fact($i-1$)，且整个 Fact(n) 的求解过程无需回溯，因此该问题属于简单递归问题，可以使用递推技术加以实现，实现过程中只需定义一个变量 fac 始终记录子问题 Fact($i-1$) 的值。初始时，$i = 1$，$fac = Fact(i-1) = Fact(0) = 1$；在此基础上根据以上递推关系不断向前递推，使 i 的值加大，直至 $i = n$ 为止。具体实现过程见算法 5.4。

```
/**********************************************/
/*   函数功能:求正整数 n 的阶乘值              */
/*   函数参数:n 为整型变量                     */
/*   函数返回值:整型,返回 n 的阶乘值           */
/*   文件名:factori2.c,函数名:Fact ()         */
/**********************************************/
  int Fact ( int n )
    {
     int i,fac;
     fac=1;      /*将变量 fac 初始化为 Fact(0)的值*/
     for (i=1;i<=n; ++i)  fac =i*fac;  /*根据递推关系进行递推*/
     return(fac);
    }
```

算法 5.4　求正整数 n 阶乘值的非递归算法

【例 5.6】 已知有顺序表定义如下所示。

```
#define MAXSIZE 100
typedef int datatype;
typedef struct{
   datatype a[MAXSIZE];
   int size;
 }sequence_list;
```

请分别使用递归与非递归方式，实现顺序表中所有元素的逆转。例如，假设顺序表 L 含有 10 个元素，且 L 中元素的值为：

56　21　34　9　12　33　2　98　16　83

逆转后 L 中元素的排列顺序为：

83　16　98　2　33　12　9　34　21　56

假设使用 reverse1(L，left，right)表示将顺序表 L 中从下标为 left 的元素开始到下标为 right 的元素为止构成的子数组段进行逆转。要实现 reverse1(&L，left，right)的功能可以这样考虑：首先将 L 中从下标为 left + 1 的元素开始一直到下标为 right − 1 的元素构成的子数组段进行逆转，然后再将下标为 left 的数组元素与下标为 right 的数组元素值进行交换；而将 L 中从下标为 left + 1 的元素开始一直到下标为 right − 1 的元素所构成的子数组段进行逆转的过程与 reverse1(L，left，right)的实现过程完全相同，只是所处理的对象范围不同，因此可以递归实现；当 left ≥ right 时，递归可以终止。具体实现见算法 5.5。

```
/*****************************************************************/
/*  函数功能：将顺序表中的元素值进行逆转                         */
/*  函数参数：L 为指向 sequence_list 的指针类型,left 和 right 均为整型变量*/
/*  函数返回值：空                                              */
/*  文件名：listreverse.c,函数名:reverse1()                      */
/*****************************************************************/
void reverse1( sequence_list *L, int left, int right )
{ /*将顺序表 L 中从下标为 left 的元素开始到下标为 right 的元素构成的子数组段进行逆转*/
    datatype temp;
    if (left<right)
        {
        reverse1(L, left+1, right-1 );
        temp=L->a[left];/*将下标为 left 的元素和下标为 right 的元素的值进行交换*/
        L->a[left]=L->a[right];
        L->a[right]=temp;
        }
    }
```

算法 5.5　将顺序表中元素进行逆转的递归算法

通过 reverse1(&L,0,L.size−1) 便可实现对顺序表 L 中所有元素的逆转。

现在考虑采用非递归实现顺序表逆转的方法，非递归实现顺序表逆转我们使用 reverse2(L,left,right)表示，它实现将顺序表 2 中从起点为 left 到终点为 right 的数组段中的元素进行逆转。同时，我们使用 exchange(x,y)表示将 x 和 y 的值互换。根据前面的分析，我们不难得到以下递堆关系。

reverse2(L,Left,right)

=reverse2(L,left+1,right-1)^exchange (L→a[left],L→a[right])

=reverse2(L,left+2,right-2)^exchange(L→a[left+1],L→a[righ-1])^exchange(L→a[left],L→a[right])

=reverse2(L,left+3,right-3)^exchange(L → a[left+2],L → a[right-2])^exchange(L → a[left+1],L → a[right-1]^exchange(L→a[left],L→a[right]))

=……

由以上递推式可以看出，随着递推的不断深入，所划分的数组段（即子问题）越来越小，直至数组段只剩下一个元素或为空（即数组段起点下标大于或等于终点下标）为止，此时顺序表逆转完成。

根据以上分析可知，顺序表逆转可以采用一个单重循环来实现。用下标变量 left 与 right 分别

指示当前待交换的元素，初始时 left 指向顺序表最前面，right 指向顺序表最后面。每次交换 left
和 right 所指示的元素值后，将 left 的值加 1，right 的值减 1，当 left<right 时重复这个过程，直到
left≥right 结束。具体实现见算法 5.6。

```
/*********************************************************/
/*  函数功能：将顺序表中的元素值进行逆转                    */
/*  函数参数：L 为指向 sequence_list 的指针类型，left 和 right 为整型变量  */
/*  函数返回值：空                                        */
/*  文件名：listreverse.c,函数名：reverse2()               */
/*********************************************************/
void reverse2( sequence_list *L,int left,int right)
{  /*将顺序表 L 中从下标为 left 到下标为 right 的元素构成的子数组段进行逆转*/
    datatype temp;
    while (left<right)
       {
         temp=L->a[left];/*将下标为 left 的元素和下标为 right 的元素的值进行交换*/
         L->a[left++]=L->a[right];
         L->a[right--]=temp;
       }
}
```
算法 5.6 将顺序表中元素进行逆转的非递归算法

5.3.2 复杂递归程序到非递归程序的转换

由于简单递归问题在求解过程中，无需进行试探和回溯，因而通过递推技术可以得到高效的
非递归算法程序；然而，大多数的递归问题均为复杂递归问题，它们在求解的过程中无法保证求
解动作一直向前，往往需要设置一些回溯点，当求解无法进行下去或当前处理的工作已经完成时，
必须退回到所设置的回溯点，继续问题的求解。因此，在使用非递归方式实现一个复杂递归问题
的算法时，经常使用栈来记录和管理所设置的回溯点。

【例 5.7】按中点优先的顺序遍历线性表问题。已知线性表 list 以顺序存储方式存储，要求按
以下顺序输出 list 中所有结点的值：首先输出线性表 list 中点位置上的元素值，然后输出中点左部所
有元素的值，再输出中点右部所有元素的值；而无论输出中点左部所有元素的值还是输出中点右
部所有元素的值，也均应遵循以上规律。例如，已知数组 list 中元素的值为：

18 32 4 9 26 6 10 30 12 8 45

则 list 中元素按中点优先顺序遍历的输出结果为：

6 4 18 32 9 26 12 10 30 8 45

试采用递归和非递归算法实现以上线性表的遍历问题。

首先考虑采用递归方式实现按中点优先的顺序遍历线性表问题。根据按中点优先顺序遍历线性
表的特性，输出线性表中点值后，必须按同样的规律输出中点左部所有元素的值和中点右部所有元素
的值，显然若这两个部分非空，则其遍历只需通过递归调用加以实现即可。具体实现过程见算法 5.7。

```
/*********************************************************/
/*  函数功能：按中点优先的顺序遍历线性表           */
/*  函数参数：list 为整型数组,left 和 right 均为整型变量    */
/*  函数返回值：空                                */
/*  文件名：listorder1.c,函数名：listorder()         */
/*********************************************************/
```

```
#define MAXSIZE 20
typedef int listarr[MAXSIZE];
void listorder(listarr list, int left, int right)
{   /*将数组段 list[left..right]中的元素按中点优先的顺序输出*/
    int mid;
    if (left<=right)                        /*数组段不为空*/
        {
            mid=(left+right)/2;             /*取中点元素的值并输出*/
            printf("%4d",list[mid]);
            listorder(list,left,mid-1);     /*将中点左部的所有元素按中点优先的顺序输出*/
            listorder(list,mid+1,right);    /*将中点右部的所有元素按中点优先的顺序输出*/
        }
}
```

算法 5.7　按中点优先的顺序遍历线性表的递归算法

假设数组 list 中实际所含元素的个数为 n，要将 list 中所有元素按中点优先的顺序输出，只需按如下方式调用算法 5.7 中的函数：

listorder(list, 0, n −1)

下面再考虑使用非递归方式实现按中点优先顺序遍历线性表的问题。

在线性表的遍历过程中，输出中点的值后，中点将线性表分成前半部分和后半部分。根据按中点优先顺序遍历线性表问题的特性，接下来应该考虑前半部分的遍历，但在进入前半部分的遍历之前，应该将后半部分保存起来，以便访问完前半部分所有元素后，再进入后半部分的访问，即在此设置一个回溯点，该回溯点应该进栈保存，具体实现时，只需将后半部分起点和终点的下标进栈即可，栈中的每个元素均代表一个尚未处理且在等待被访问的数组段。对于每一个当前正在处理的数组（数组段）均应采用以上相同的方式进行处理，直到当前正在处理的数组（数组段）为空，此时应该进行回溯，而回溯点恰巧位于栈顶。于是只要取出栈顶元素，将它所确定的数组段作为下一步即将遍历的对象，继续线性表的遍历。如果当前正在处理的数组段为空且栈亦为空（表示已无回溯点），则意味着线性表所有的元素均已输出，算法可以结束。具体实现过程见算法 5.8。

```
/***********************************************************/
/*  函数功能:按中点优先的顺序遍历线性表                    */
/*  函数参数:list 为整型数组,left 和 right 均为整型变量     */
/*  函数返回值:空                                          */
/*  文件名:listorder2.c,函数名:listorder()                 */
/***********************************************************/
#define MAXSIZE 20
typedef int listarr[MAXSIZE];
void listorder(listarr list,int left, int right)
{   /*将数组段 list[left..right]中的元素按中点优先的顺序输出*/
    typedef struct {
        int l;                  /*存放等待处理的数组段的起点下标*/
        int r;                  /*存放等待处理的数组段的终点下标*/
    } stacknode;                /*栈中每个元素的类型*/
    stacknode stack[MAXSIZE];   /*用于存放等待处理的数组段(即回溯点)的堆栈*/
    int top,i,j,mid;            /*top 为栈顶指针*/
```

```
    if (left<=right) /*数组段不为空*/
      {
        top=0;          /*栈的初始化*/
        i=left; j=right;  /*i、j 分别记录当前正在处理的数组段的起点和终点下标*/
        while (i<=j || top!=0)
          { /*当前正在处理的数组段不为空或栈不为空*/
            if (i<=j)
            { /*当前正在处理的数组段不为空,则遍历它*/
              mid=(i+j)/2;
              printf("%4d",list[mid]);      /*将当前正在处理的数组段中点输出*/
              stack[top].l=mid+1;           /*将当前正在处理的数组段中点的右部进栈*/
              stack[top].r=j;
              ++top;
              j=mid-1;        /*将中点的左部作为当前即将处理的数组段*/
            }
          else
            { /*当前正在处理的数组段为空时通过栈顶元素进行回溯*/
              --top;
              i=stack[top].l;
              j=stack[top].r;
            }
          }
      }
    }
```

算法 5.8 按中点优先的顺序遍历线性表的非递归算法

假设数组 list 中实际所含元素的个数为 n，要将 list 中所有元素按中点优先的顺序输出，只需按如下方式调用算法 5.8 中的函数：

listorder2(list, 0, $n-1$)

【例 5.8】简单背包问题：设有 m 件物品，重量分别为 w_1，w_2，$\cdots$，w_m，对于一个给定的目标值 s，判断能否在 m 件物品中选出若干件物品，使其重量总和为 s，并将这些物品装入背包中。试编写两个函数，分别采用递归和非递归方式实现上述背包问题。

由于各物品重量值之和 s 的值可以是随机的，因此，对于一组具体的输入值，背包问题可能存在解，也可能不存在解。

首先考虑简单背包问题的递归实现算法。为了算法实现方便，我们假设物品的重量按从小到大的顺序存放于数组 w 中，并且选择物品时总是优先考虑重量大的物品。

简单背包问题递归算法的基本思想为：首先考虑选择物品 w_m 的可能性。w_m 能否被选取决于在 w_1，w_2，$\cdots$，w_{m-1} 中能否选出若干件物品，这些物品的重量总和为 $s-w[m]$。若能从 w_1，w_2，$\cdots$，w_{m-1} 中选出重量为 $s-w[m]$ 的若干件物品，则说明 w_m 可被选择，此时可以将 $w[m]$ 的值打印输出；否则说明应该放弃 w_m 的选择，考虑 w_{m-1} 被选择的可能性；而从 w_1，w_2，$\cdots$，w_{m-1} 中选出重量为 $s-w[m]$ 的若干件物品的过程与从 w_1，w_2，$\cdots$，w_m 中选出重量为 s 的若干件物品的过程完全相同，只是所处理的对象不同，于是可以通过递归调用加以实现。在整个算法的实现过程中，一旦确定某个物品被选择的可能性不存在，则放弃它，下一步将考虑其前一个物品被选的可能性。不断重复以上过程，直到以下 3 种情况出现。

（1）如果当前需要选择的物品重量总和为 0，说明搜索已经成功，算法结束。

（2）如果当前需要选择的物品重量总和已经小于 w_1，说明搜索失败，算法结束。

（3）若当前被考虑选择的物品对象为 w_0（w_0 不存在），说明搜索失败，算法结束。

简单背包问题的递归实现过程见算法 5.9。

```
/***************************************************/
/*  函数功能:简单背包问题的递归算法实现              */
/*  函数参数:s 和 m 均为整型变量                    */
/*  函数返回值:整型,若解存在返回 1,否则返回 0        */
/*  文件名:knapsac1.c,函数名:knapsack1()           */
/***************************************************/
#define  MAXSIZE  50
int w[MAXSIZE];  /*按照从小到大的顺序存放各物品的重量值*/
int knapsack1 ( int s, int m )
{ /*在 w1,w2,…, wm中选出若干件物品,使其重量和为 s。若解存在返回 1,否则返回 0*/
  int s1,b;
  if (s==0) return(1);  /*寻找问题的解成功*/
  else if ((s<w[1]) ||(m==0))  return(0);  /*寻找问题的解不成功*/
        else {
                do
                 {
                  s1=w[m]; m--;      /*考虑 wm 被选择的可能性*/
                  b=knapsack1(s-s1,m);
                 }
                while ((m!=0) && (!b));
                if (!b) return(0);
                else {  /*选择 wm 成功,并将其打印输出*/
                        printf("\n%d",s1);
                        return(1);
                     }
              }
}
```

算法 5.9　简单背包问题的递归实现算法

下面，考虑简单背包问题非递归算法的实现。仍然假设物品的重量按从小到大的顺序存放于数组 w 中，并且选择物品时总是优先考虑重量大的物品。

由于简单背包问题的求解明显带有试探性，因此该问题属于复杂递归问题，在实现过程中必须借助于栈来记录回溯点。于是我们定义一个栈 stack，每当试着选择一件物品，就设置一个回溯点，将它的重量和编号压入栈中；而一旦发现它被选择的可能性不存在，则将它出栈，同时通过其编号取它前面的一个物品作为当前考虑的对象；如果求解过程中遇到无法再求解下去需要回溯的情形，但此时栈已为空，则说明该背包问题无解，算法的执行以失败而告终；若被选择物品的重量总和恰巧与 s 的值相等，则求解成功，算法结束。简单背包问题的非递归实现过程见算法 5.10。

```
/***************************************************/
/*  函数功能:简单背包问题的非递归算法实现            */
/*  函数参数:s 和 m 均为整型变量                    */
/*  函数返回值:空                                   */
/*  文件名:knapsac2.c,函数名:knapsack2()           */
/***************************************************/
```

```
#define MAXSIZE 50
#define MAXS 25
int w[MAXSIZE];    /*所有物品的重量按从小到大的顺序存储于 w 中*/
void knapsack2 ( int s, int m )
{ /*在 w₁,w₂,…,wₘ中选出若干件物品,使其重量和为 s*/
  typedef struct {
          int ss;        /*存储被选物品的重量*/
          int mm;        /*存储被选物品的编号*/
    } stackelem;
  stackelem stack[MAXS];          /*用于记录回溯点的栈*/
  int i,t,top,nofail;             /*top 为栈顶指针,nofail 为求解成功的标志*/
  t=0; top=0; nofail=1;           /*变量 t 用于记录已被选的物品重量总和*/
  while ((s!=t) && nofail)        /*如尚未找到解且当前无法判断求解失败*/
    {
      if ((s>=t+w[1])&&(m>0))
        { /*表示存在至少还有一个物品被选的可能*/
          stack[top].ss=w[m];    /*选择 wₘ 并将它进栈*/
          stack[top].mm=m; top++;
          t=t+w[m]; --m;
        }
      else /*表示刚才一个选择不合适,需进行回溯*/
        {
          if (m==0) {--top;
                      t=t-stack[top].ss;
                    }
          if (top<1)  nofail=0;  /*栈已为空,求解失败*/
          else {   /*表示栈顶元素被选不合适,从其前一个元素开始重新试探*/
                --top;
                m=stack[top].mm-1;
                t=t-stack[top].ss;
              }
        }
    }
  if (s==t)  /*求解成功,将解输出*/
      for(i=0;i<top;++i)
        printf("\n%d\n", stack[i].ss);
  else printf("there is no any selection!");  /*求解失败*/
}
```

算法 5.10 简单背包问题的非递归实现算法

  以上介绍了将简单递归问题和复杂递归问题的递归算法转换成非递归算法的方法。在实际应用过程中，对于一个具体的递归问题，到底属于简单递归问题还是复杂递归问题，这需要根据问题自身的定义和特点进行确定。本章后续章节中介绍的许多数据结构，如树型结构、二叉树和二叉排序树等，均是采用递归方式进行定义的，因此它们的许多算法既可以采用递归方式实现，也可以采用非递归方式实现。读者在学习这些算法时，可以进一步体会本节中介绍的转换方法和思想。

5.4　递归程序设计的应用实例

在 5.1 节已经介绍了递归程序设计的特点：每个递归程序均应该至少具备一个递归的终止条件，以保证递归程序执行的终止；而在不满足递归终止条件的情况下，应该根据问题的定义和特性，按一定的方式修改参数进行函数的自身调用，且参数的修改必须保证递归的终止条件最终能得以满足。下面以一些实例进一步说明递归程序的设计方法。

【例 5.9】设计一个递归函数，将一个正整数 n 转换成字符串。例如，若 $n = 456$，则函数输出的结果为"456"。n 的位数不确定，可以为任意位数的整数。

实现该函数的一个基本思想为：从高位到低位分别取出 n 中每一位上的数字，将它们转换成对应的字符后，按其原有的顺序输出；而在此转换过程中，将 n 中前面的若干位（除个位外）对应的整数转换成字符串的过程与将整个整数转换成字符串的过程完全相同，只是处理的对象不同，因此可以通过递归调用实现，然后在此基础上再将 n 的个位数字转换成字符输出即可。显然，若 n 中前面的若干位（除个位外）对应的整数为 0 时，递归调用应该终止。本问题具体实现过程见算法 5.11。

```
/**************************************************/
/*  函数功能:将正整数 n 转换成字符串              */
/*  函数参数:n 为整型变量                          */
/*  函数返回值:空                                 */
/*  文件名:inttostr.c,函数名:convert()            */
/**************************************************/
 void convert(int n)
  {   int i;
      char ch;
      if((i=n/10)!=0)
          convert(i);
          ch=( n % 10 )+ '0';
          putchar(ch);
      }
```
算法 5.11　将正整数转换成字符串的算法

【例 5.10】试编写一个递归函数，求两个正整数 m 和 n 的最大公约数，其中最大公约数 $gcd(m,n)$ 的求解公式为：

$$gcd(m,n) = \begin{cases} gcd(n,m) & m < n \\ m & n = 0 \\ gcd(n,m\%n) & 其他情形 \end{cases}$$

由于以上最大公约数的定义本身即为递归定义，因此采用递归方式实现求 m 和 n 的最大公约数问题十分方便，将 $n = 0$ 作为递归的终止条件，其他情况只需按公式进行递归调用即可。具体实现过程见算法 5.12。

```
/**************************************************/
/*  函数功能:求两个正整数的最大公约数            */
/*  函数参数:m 和 n 均为整型变量                  */
/*  函数返回值:整型                              */
/*  文件名:intgcd.c,函数名:gcd()                  */
/**************************************************/
```

```
int gcd(int m,int n)
{
    int k;
    if (n==0) return(m);
    else if (n>m) return(gcd(n,m));
            else
                {
                    k=m%n;
                    return(gcd(n,k));
                }
}
```

算法 5.12　求两个正整数的最大公约数算法

【例 5.11】已知带头结点的单链表存储结构定义如下。

```
typedef int datatype;              /*预定义的数据类型*/
typedef struct node
{
    datatype data;                 /*结点数据域*/
    struct node *next;
}linknode;
typedef linknode *linklist;
```

请编写递归函数分别顺序（从前向后）、倒序（从后向前）输出单链表内容，具体实现过程见算法 5.13 和算法 5.14。

```
/************************************************************/
/*  函数功能:从左到右输出带头结点的单链表中所指元素的值     */
/*  函数参数:带头结点的单链表的表头地址                     */
/*  函数返回值:无                                          */
/*  文件名:printlinklist.c,函数名:plefttoright()           */
/************************************************************/
void plefttoright(linklist head)
{
    if (head->next)
        {
            printf("%5d",head->next->data); /*输出链表的第一个结点*/
            plefttoright(head->next);        /*递归输出后序结点*/
        }
}
```

算法 5.13　从前向后输出单链表内容递归算法

```
/************************************************************/
/*  函数功能:从右到左输出带头结点的单链表中所指元素的值     */
/*  函数参数:带头结点的单链表的表头地址                     */
/*  函数返回值:无                                          */
/*  文件名:printlinklist.c,函数名:prighttoleft()           */
/************************************************************/
void prighttoleft(linklist head)
{
    if (head->next)
        {
            prighttoleft(head->next);        /*递归输出后序结点*/
```

```
    printf("%5d",head->next->data);  /*输出链表的第一个结点*/
    }
}
```

算法 5.14　从后向前输出单链表内容递归算法

习　　题

5.1　试述递归程序设计的特点。

5.2　试简述简单递归程序向非递归程序转换的方法。

5.3　试简述复杂递归程序向非递归程序转换的方法，并说明栈在复杂递归程序转换成非递归程序的过程中所起的作用。

5.4　试给出例题 5.1 中 Fact(5)的执行过程分析。

5.5　已知多项式 $p_n(x) = a_0 + a_1x + a_2x^2 + \cdots + a_nx^n$ 的系数按顺序存储在数组 a 中，试完成以下两步。

（1）编写一个递归函数，求 n 阶多项式的值。

（2）编写一个非递归函数，求 n 阶多项式的值。

5.6　已知两个一维整型数组 a 和 b，分别采用递归和非递归方式编写函数，求两个数组的内积（数组的内积等于两个数组对应元素相乘后再相加所得到的结果）。

5.7　写出求 Ackerman 函数 Ack(m, n)值的递归函数，Ackerman 函数在 $m \geq 0$ 和 $n \geq 0$ 时的定义为：

Ack(0,n)=n+1;

Ack(m,0)=Ack(m-1,1);

Ack(m,n)=Ack(m-1,Ack(m,n-1))　　　$n>0$ 且 $m>0$

5.8　已知多项式 $F_n(x)$的定义如下。

$$F_n(x) = \begin{cases} 1 & n = 0 \\ 2x & n = 1 \\ 2xF_{n-1}(x) - 2(n-1)F_{n-2}(x) & n > 1 \end{cases}$$

试写出计算 $F_n(x)$值的递归函数。

5.9　n 阶 Hanoi 塔问题：设有 3 个分别命名为 X，Y 和 Z 的塔座，在塔座 X 上从上到下放有 n 个直径各不相同、编号依次为 1，2，3，…，n 的圆盘（直径大的圆盘在下，直径小的圆盘在上），现要求将 X 塔座上的 n 个圆盘移至塔座 Z 上，并仍然按同样的顺序叠放，且圆盘移动时必须遵循以下规则：

（1）每次只能移动一个圆盘。

（2）圆盘可以插在塔座 X，Y 和 Z 中任何一个塔座上。

（3）任何时候都不能将一个大的圆盘压在一个小的圆盘之上。

试编写一个递归程序实现该问题。

5.10　八皇后问题：在一个 8×8 格的国际象棋棋盘上放上 8 个皇后，使其不能相互攻击，即任何两个皇后不能处于棋盘的同一行、同一列和同一斜线上。试编写一个函数实现八皇后问题。

第6章
树型结构

树型结构是区别于线性结构的另一大类数据结构，它具有分支性和层次性，在计算机科学的许多领域和日常生活中均具有十分广泛的应用，是数据表示、信息组织和程序设计的基础和有力工具。本章主要介绍树的基本概念、树类的定义、树的存储结构及树遍历算法的实现。

6.1 树的基本概念

树是由 n（$n \geq 0$）个结点构成的有限集合。$n = 0$ 的树称为空树；当 $n \neq 0$ 时，树中的结点应该满足以下两个条件。

（1）有且仅有一个特定的结点称之为根。

（2）其余结点分成 m（$m \geq 0$）个互不相交的有限集合 T_1，T_2，…，T_m，其中每一个集合又都是一棵树，称 T_1，T_2，…，T_m 为根结点的子树。

以上定义是一个递归定义，它反映了树的固有特性，因为一棵树是由根和它的子树构成，而子树又由子树的根和更小的子树构成。图 6.1 所示的树中，A 是根结点，其余结点分成 3 个互不相交的子集：$S_1 = \{B, E, F\}$，$S_2 = \{C\}$，$S_3 = \{D, G, H, I, J, K\}$，这 3 个集合分别构成了 A 的 3 棵子树；在 S_3 构成的子树中，D 是根结点，D 又具有 3 棵子树，这 3 棵子树的根结点分别是 G，H 和 I；对于结点 G 和 I，它们的子树均为空。

图 6.1 所示树的表示类似于自然界中一棵倒长的树，"树型结构"由此得名，这种表示方法比较形象、直观，因而容易为人们所接受，是树的一种最常用的表示方法。树型结构除以上表示方法外，还有括号表示法、凹入表示法和嵌套集合表示形式。图 6.2 给出了图 6.1 中树的这 3 种表示形式。

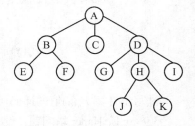

图 6.1 一棵树

在图 6.1 所示的树中，我们采用线段连接两个相关联的结点，如 A 和 B，D 和 H 等，其中，A 和 D 是上端结点，B 和 H 是下端结点。称 A、D 分别是 B、H 的双亲（或父母或前件），B 和 H 分别称为 A 和 D 的子女（或孩子或后件）。显然，双亲和子女的关系是相对而言的。在图 6.1 中，B 是 A 的子女，但又是 E 和 F 的双亲。由于 E 和 F 的双亲为同一结点，称 E 和 F 互为兄弟。在任何一棵树中，除根结点外，其他任何一个结点有且仅有一个双亲，有 0 个或多个子女，且它的子女恰巧为其子树的根结点。我们将一结点拥有的子女数称为该结点的度，树中所有结点度的最大值称为树的度。图 6.1 中，A 的度为 3，B 的度为 2，而 C 的度为 0，整棵树的度为 3。称度为 0 的结点为终端结点或叶子结点，称度不为 0 的结点为非终端结点或分支结点。显然，A、B、D、H 均为分支结点，而 E、F、C、G、J、K、I 均为叶子结点。

A(B(E,F),C,D(G,H(J,K),I))
(a) 括号表示法

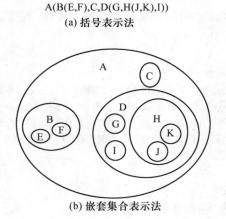

(b) 嵌套集合表示法

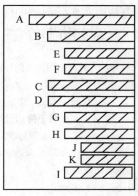

(c) 凹入表示法

图 6.2　树的 3 种表示方法

称树中连接两个结点的线段为树枝。在树中，若从结点 K_i 开始沿着树枝自上而下能到达结点 K_j，则称从 K_i 到 K_j 存在一条路径，路径的长度等于所经过的树枝的条数。在图 6.1 中，从结点 A 到结点 J 存在一条路径，路径的长度为 3；从 D 到 K 也存在一条路径，路径的长度为 2。仔细观察不难发现，从树的根结点到树中任何一个结点均存在一条路径。

将从树根到某一结点 K_i 的路径中 K_i 前所经过的所有结点称为 K_i 的祖先；反之，以某结点 K_i 为根的子树中的任何一个结点都称为 K_i 的子孙。图 6.1 中，A、D、H 均为 J 和 K 的祖先，而 G、H、I、J 和 K 均为 D 的子孙。

树中结点的层次：从树根开始定义，根结点为第 1 层，根的子女结点构成第 2 层，依次类推，若某结点 K_i 位于第 i 层，则其子女就位于第 $i+1$ 层。称树中结点的最大层次数为树的深度或高度。图 6.1 中，A 结点位于第 1 层，B、C、D 位于第 2 层，E、F、G、H 和 I 位于第 3 层，J、K 位于第 4 层，整棵树的高度为 4。

若树中任意结点的子树均看成是从左到右有次序的，不能随意交换，则称该树是有序树；否则称之为无序树。图 6.3 中的两棵树，若看成是有序树，它们是不等价的；若看成是无序树，则两者相等。

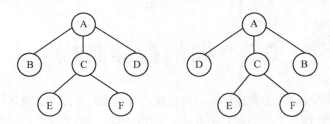

图 6.3　有序树和无序树的比较

由 m（$m \geq 0$）棵互不相交的树构成的集合称为森林。森林和树的概念十分相近，一棵树中每个结点的子树所构成的集合即为一个森林；而在森林中的每棵树之上加一个共同的根，森林就成为了一棵树。

6.2　树类的定义

根据树型结构在实际问题中应用的需要，可以抽象出一些关于树的基本操作，它们和树的定义一起构成了关于树型结构的抽象数据类型。

ADT tree {

　　数据对象 D:具有相同性质的数据元素构成的有限集合；

　　数据关系 R:　　如果 D 为空或 D 仅含一个元素，则 R 为空；否则，D 中存在一个特殊的结点 root，称为根结点，其无前驱；其他结点被分成互不相交的 $m(m \geq 0)$ 个集合，分别构成 root 的 m 棵子树；若这些子树非空，则它们的根结点 $root_i(1 \leq i \leq m)$ 均称为整棵树根结点 root 的后继结点；而每棵子树也是一棵树，因而它们中数据元素间的关系也同样满足数据关系 R。

　　树的基本操作如下。

（1）inittree(T)　　　　　初始化一棵树 T。

（2）cleartree(T)　　　　若树 T 已存在，则将它置空，使之成为一棵空树。

（3）emptytree(T)　　　　判断一棵已存在的树 T 是否是空树，若是返回 1；否则返回 0。

（4）root(T)　　　　　　返回树 T 的根结点。

（5）child(T,a,i)　　　　返回树 T 中结点 a 的第 i 个子女。

（6）parent(T,a)　　　　返回树 T 中结点 a 的双亲。

（7）degree(T,a)　　　　返回树 T 中结点 a 的度数。

（8）depth(T)　　　　　返回树 T 的高度（深度）。

（9）choose(T,C)　　　返回树 T 中满足条件 C 的某一个结点。

（10）addchild(T,a,i,t1)　表示在树 T 中将树 t1 作为结点 a 的第 i 棵子树插入。

（11）delchild(T,a,i)　　若树 T 中结点 a 的第 i 棵子树存在,则删除它。

（12）createtree(a,F)　　构造一棵新树，该树以 a 为根结点、以森林 F 中的树为子树。

（13）equaltree(T1,T2)　判断两棵树 T1 和 T2 是否相等，若相等，返回 1；否则返回 0。

（14）numofnode(T)　　返回树 T 中所含结点的个数。

（15）preorder(T)　　　输出树 T 前序遍历的结果。

（16）postorder(T)　　输出树 T 后序遍历的结果。

（17）levelorder(T)　　输出树 T 层次遍历的结果。

（18）destroytree(T)　　销毁一棵已存在的树 T，将它的空间回收。

} ADT Tree

6.3　树的存储结构

存储结构的选择不仅要考虑数据元素如何存储，更重要的是要考虑数据元素之间的关系如何体现。根据数据元素之间关系的不同表示方式，常用的树存储结构主要有 3 种：双亲表示法、孩子表示法和孩子兄弟表示法。本节主要讨论树的这 3 种常用的存储结构。

6.3.1　双亲表示法

在树中，除根结点没有双亲外，其他每个结点的双亲是唯一确定的。因此，根据树的这种性质，存储树中的结点时，应该包含两个信息：结点的值 data 和体现结点之间相互关系的属性——该结点的双亲 parent。借助于每个结点的这两个信息便可唯一地表示任何一棵树。这种表示方法称为双亲表示法，为了查找方便，可以将树中所有结点存放在一个一维数组中，具体类型定义如下。

```
/**********************************************/
/* 树的双亲表示法的头文件,文件名:ptree.h */
/**********************************************/
    # define MAXSIZE 100            /*树中结点个数的最大值*/
    typedef char datatype;          /*结点值的类型*/
    typedef struct node             /*结点的类型*/
      {
          datatype data;
          int  parent;              /*结点双亲的下标*/
      } node;
    typedef struct tree
      {
          node  treelist[MAXSIZE];  /*存放结点的数组*/
          int  length, root ;       /*树中实际所含结点的个数及根结点的位置*/
      } tree;                       /*树的类型*/
```

其中，datatype 应根据结点值的具体类型给出定义，在此假设为字符型。这里值得一提的是，根结点在树中有着与其他结点不同的地位，树根的位置是非常关键的，正如单链表中抓住了表头指针，就掌握了整个链表一样，树中只要知道树根在哪里，便可以访问到树中所有的结点，因此在树的存储结构中要特别考虑根结点的存储。

图 6.4 所示为一棵树及其双亲表示法。

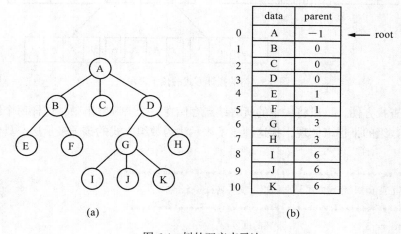

图 6.4　树的双亲表示法

其中，parent 的值为-1，表示该结点没有双亲。本树中 root 域的值为 0，表示树的根结点存放在数组的第一个元素中。

6.3.2　孩子表示法

与双亲表示法不同的是，采用孩子表示法表示一棵树时，树中每个结点除了存储其自身的值之外，还必须指出其所有子女的位置。为此，每个结点通常包含两个域：一个是元素的值域 data，另一个为指针数组，数组中的每个元素均为一个指向该结点子女的指针；一棵 m 度的树，其指针数组的大小即为 m。具体数据结构的定义如下。

```
/**********************************************************/
/*  树的孩子表示法(指针方式)的头文件,文件名:chtree1.h      */
/**********************************************************/
  # define m 3                    /*树的度数*/
  typedef char datatype;          /*结点值的类型*/
  typedef struct node {           /*结点的类型*/
      datatype data;
      struct node *child[m];      /*指向子女的指针数组*/
  } node, *tree;
  tree  root;
```

其中，root 表示指向树根结点的指针，整棵树中的结点是通过指向子女结点的指针数组相联系的，称这种孩子表示法为指针方式的孩子表示法。图 6.5 所示为图 6.4 中（a）的指针方式孩子表示法的表示。

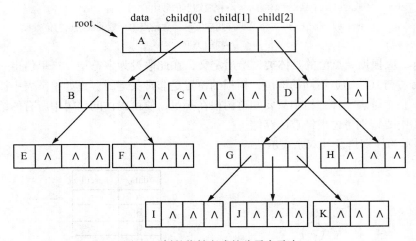

图 6.5　树的指针方式的孩子表示法

有时为了查找方便，可以将树中的所有结点存储在一个一维数组中，这样每个结点子女的位置便可以通过数组的下标来体现，称这种孩子表示法为数组方式的孩子表示法。具体数据结构的定义如下。

```
/**********************************************************/
/* 树的孩子表示法（数组方式）的头文件,文件名:chtree2.h    */
/**********************************************************/
  # define m 3                    /*树的度数*/
  # define MAXSIZE 20             /*存放树结点的数组大小*/
  typedef char datatype;          /*树中结点值的类型*/
  typedef struct node {           /*树中结点的类型*/
    datatype  data;
    int  child[m];
  } treenode;
treenode tree[MAXSIZE];           /*存储树结点的数组*/
    int  root ;                   /*根结点的下标*/
    int  length;                  /*树中实际所含结点的个数*/
```

图 6.6 所示为图 6.4 中（a）的数组方式孩子表示法的表示，其中 -1 表示结点相应的子女不存在；该树中 root 的值为 0，表示根结点存放在数组的第 1 个元素中。

	data	child[0]	child[1]	child[2]
root → 0	A	1	2	3
1	B	4	5	−1
2	C	−1	−1	−1
3	D	6	7	−1
4	E	−1	−1	−1
5	F	−1	−1	−1
6	G	8	9	10
7	H	−1	−1	−1
8	I	−1	−1	−1
9	J	−1	−1	−1
10	K	−1	−1	−1

图 6.6 树的数组方式的孩子表示法

以上两种孩子表示法有个共同的缺点：由于每个结点所含子女数不相同，因此 child 数组的大小均由树的度数 m 来决定。这样如果一个结点子女个数少于 m，就有空间闲置与浪费。一种改进的办法是：把每个结点的子女排列起来形成一个单链表，这样 n 个结点就形成 n 个单链表；而 n 个单链表的头指针又组成一个线性表，为了查找方便，可以使用数组方式加以存储，称这种孩子表示法为链表方式的孩子表示法。其具体数据结构定义如下。

```
/*************************************************************/
/*  树的孩子表示法（链表方式）的头文件,文件名:chtree3.h  */
/*************************************************************/
   #define MAXSIZE 50
   typedef  char  datatype;
   typedef  struct  chnode {     /*孩子结点的类型*/
      int child;
      struct chnode *next;
   } chnode, * chpoint;
   typedef struct {              /*树中每个结点的类型 */
      datatype data;
      chpoint firstchild;        /*指向第 1 个子女结点的指针*/
   } node;
typedef struct {                 /*树的类型*/
    node treelist [MAXSIZE];
    int  length, root;           /*树中实际所含结点的个数和根结点的位置*/
   } tree;
```

图 6.7 所示为图 6.4 中（a）的链表方式孩子表示法的表示。

从图中可以看出，链表方式的孩子表示法可以根据每个结点子女数目的不同建立长度不同的链表，但为了将每个结点的子女串成一个链表，需要额外空间存放指向下一个子女的指针 next，这显然增加了空间的开销；另外，如要获得某结点的某个子女，必须顺序查找其对应的单链表，无法实现随机存取。因此，针对树的 3 种孩子表示法，在具体使用时应该采用哪种方式，需根据实际需要和具体情况进行取舍。

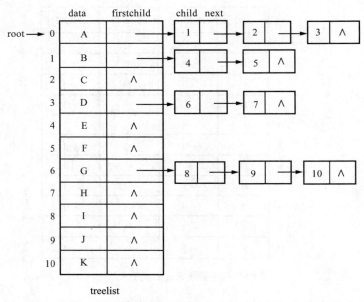

图 6.7　树的链表方式的孩子表示法

6.3.3　孩子兄弟表示法

所谓孩子兄弟表示法，即在存储树中每个结点时，除了包含该结点值域外，还设置两个指针域 firstchild 和 rightsibling，分别指向该结点的第 1 个子女和其右兄弟，即以二叉链表方式加以存储，因此该方法也常被称为二叉树表示法。图 6.8 所示为图 6.4 中（a）的孩子兄弟表示法的表示。

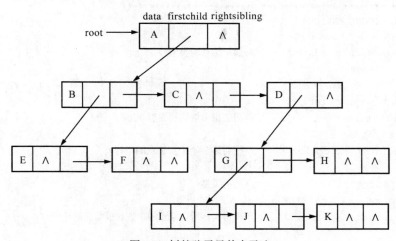

图 6.8　树的孩子兄弟表示法

其中，root 为指向根结点的指针。树的孩子兄弟表示法的数据结构定义如下。

```
/*********************************************************/
/* 树的孩子兄弟表示法的头文件,文件名:chbrotre.h       */
```

```
/*********************************************************/
    typedef char datatype;          /*树中结点值的类型*/
    typedef struct node {           /*树中每个结点的类型*/
        datatype data;
        struct node * firstchild, *rightsibling;
    } node,  * pnode;
    pnode  root;                     /*指向树根结点的指针*/
```

6.4 树 的 遍 历

对于树型结构，在 6.2 节已列举了它的很多基本操作。在这些操作中，树的遍历是最常用的操作之一，本节主要讨论树的遍历问题。

所谓树的遍历，指按某种规定的顺序访问树中的每个结点一次，且每个结点仅被访问一次。遍历一棵树的过程实际上是把树的结点排成一个线性序列的过程。按照树的定义，树是由根结点及其子树集构成；而子树又是由子树的根和更小的子树集构成。前面已经强调过，在树中根结点有着与其他结点不同的地位。根据根结点的访问位置不同，树的遍历可以分为前序遍历和后序遍历；又由于树具有层次性，遍历树中结点时可以按层次自上而下访问每个结点，因此树的常用遍历方式分为以下 3 种。

（1）树的前序遍历。首先访问根结点，再从左到右依次按前序遍历的方式访问根结点的每一棵子树。

（2）树的后序遍历。首先从左到右依次按后序遍历的方式访问根结点的每一棵子树，然后再访问根结点。

（3）树的层次遍历。首先访问第 1 层上的根结点，然后从左到右依次访问第 2 层上的所有结点，再以同样的方式访问第 3 层上的所有结点……最后访问树中最低一层的所有结点。

图 6.9 所示为一棵 3 度树及其进行 3 种遍历的结果。

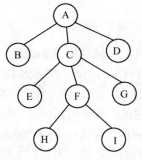

前序遍历的结果：ABCEFHIGD

后序遍历的结果：BEHIFGCDA

层次遍历的结果：ABCDEFGHI

图 6.9 树的 3 种遍历

显然，树的前序遍历和后序遍历的定义具有递归性，因此采用递归方式实现树的前、后序遍历算法十分方便，只要按照其各自规定的顺序，访问根结点时就输出根结点的值，访问子树时便进行递归调用即可。下面以 6.3 节中介绍的指针方式孩子表示法作为树的存储结构，分别给出算法 6.1 树的前序遍历和算法 6.2 树的后序遍历算法的实现。

```
/******************************************************/
/*  函数功能:实现树的前序遍历                        */
```

```
/* 函数参数:p 为指向树根结点的指针变量                    */
/* 函数返回值:空                                           */
/*  文件名:pretree.c, 函数名:preorder()                  */
/******************************************************/
 void preorder ( tree p )        /*p 为指向树根结点的指针*/
  {
    int i;
    if (p!=NULL)                  /*树不为空*/
      {
        printf("%c",p->data);     /*输出根结点的值*/
        for (i=0;i<m;++i)         /*依次递归实现各子树的前序遍历*/
            preorder(p->child[i]);
      }
  }
```

算法 6.1　树的前序遍历的递归算法

```
/******************************************************/
/* 函数功能:实现树的后序遍历                             */
/* 函数参数:p 为指向树根结点的指针变量                    */
/* 函数返回值:空                                           */
/*  文件名:posttree.c, 函数名:postorder()               */
/******************************************************/
 void  postorder ( tree p )         /*p 为指向树根结点的指针*/
  {
    int i;
    if  (p!=NULL)                   /*树不为空*/
      {
        for (i=0;i<m;++i)           /*依次递归实现各子树的后序遍历*/
            postorder(p->child[i]);
        printf("%c",p->data);       /*输出根结点的值*/
      }
  }
```

算法 6.2　树的后序遍历的递归算法

对一棵树实施任何操作的前提是，必须在所选择的存储结构的基础上，建立一棵给定的树。其实，建立一棵任意给定树的算法完全可以通过模仿树遍历的递归算法加以实现。下面的算法 6.3 给出了根据树的前序遍历结果建立一棵给定 3 度树的过程。由于在一棵非空树的前序遍历序列中，第 1 个结点一定是该树的根结点，接下来依次是该树的每棵子树前序遍历的结果（如果相应的子树存在）。因此，在根据树的前序遍历结果建立一棵树时，应该将第一个输入的结点作为树的根结点，后继输入的结点序列是该树中第 1 棵子树前序遍历的结果，由它们生成树的第一棵子树；再接下来输入的结点序列为该树中第 2 棵子树前序遍历的结果，应该由它们生成树的第 2 棵子树……直至生成树的最后一棵子树；而由每棵子树前序遍历的结果生成子树的过程与由整棵树前序遍历的结果生成该树的过程完全相同，只是所处理的对象范围不同，于是完全可以使用递归方式加以实现。

```
/**********************************************************/
/* 函数功能:根据树的前序遍历结果建立一棵 3 度树            */
/* 函数返回值:树根地址                                     */
```

```
/*  文件名:creatree.c,函数名:createtree ()          */
/***********************************************************/
tree  createtree()
{/*按前序遍历顺序建立一棵 3 度树的递归算法*/
   int i;
char ch;
   tree t;
   if ((ch=getchar())=='#')  t=NULL;
   else
      {
          t=(tree) malloc (sizeof(node));
          t->data=ch;
          for (i=0;i<m;++i)
                  t->child[i]= createtree();
      }
      return t;
}
```

算法 6.3　按前序遍历顺序建立一棵 3 度树

在使用 createtree 建立一棵给定的 3 度树时,必须按其前序遍历的顺序输入结点的值,遍历过程中遇到空子树时,必须使用"#"代替。例如,若要建立如图 6.9 所示的 3 度树,输入的结点序列如下。

　　　　　　AB###CE###FH###I####G###D###

其中,"#"代表子树为空。

下面讨论树层次遍历算法的实现。

按照树层次遍历的定义,首先访问第 1 层的根结点,其次按自左向右的顺序访问第 2 层中的所有结点,而第 2 层的所有结点恰巧为第 1 层根结点的子女;接下来访问第 3 层中的所有结点,而第 3 层的所有结点又恰好为第 2 层中所有结点的子女……直至所有结点被访问完成为止。根据以上性质,在树的层次遍历过程中,对于某一层上的每个结点被访问后,应立即将其所有子女结点按从左到右的顺序依次保存起来,该层上所有结点的子女结点正好构成下一层的所有结点,接下来应该被访问的就是它们。显然,这里用于保存子女结点的数据结构应该选择队列,队列中的每个元素均为在排队等待访问的结点。

由于树的层次遍历首先访问的是根结点,因此初始时队列中仅包含根结点。只要队列不为空,就意味着还有结点未被访问,遍历就必须继续进行;每次需访问一个结点时只需取队头元素,访问完成后,若其子女非空,则将其所有子女按顺序依次进队;不断重复以上过程,直到队列为空。根据上述分析,不难得到下面树层次遍历的实现算法 6.4。在算法 6.4 中仍然使用了 6.3 节介绍的指针方式的孩子表示法作为树的存储结构。

```
/*********************************************** /
/*  函数功能:实现树的层次遍历                    */
/*  函数参数:t 为指向树根结点的指针变量           */
/*  函数返回值:空                               */
/*  文件名:leveltree.c,函数名:levelorder ()     */
/*********************************************** /
 void levelorder(tree t)  /* t 为指向树根结点的指针*/
   {
       tree queue[100];    /*存放等待访问的结点队列*/
```

```
    int f,r,i;              /*f、r 分别为队头、队尾指针*/
    tree p;
    f=0; r=1; queue[0]=t;
    while (f<r)             /*队列不为空*/
    {
     p=queue[f]; f++; printf("%c",p->data);      /*访问队头元素*/
     for (i=0;i<m;++i)      /*将刚被访问的元素的所有子女结点依次进队*/
         if (p->child[i])
        {
           queue[r]=p->child[i];  ++r;
        }
    }
}
```

算法 6.4　树的层次遍历算法

6.5　树的线性表示

树型结构和线性结构的主要区别在于树型结构具有分支性和层次性。使用 6.4 节介绍的树的遍历操作，可以将树中的结点按照规定的顺序排成一个线性序列；然而仅凭借树的某种遍历序列有时无法唯一地确定一棵树，但只要在遍历序列的基础上增加一些附加信息便可以唯一地确定一棵树，从而得到树的线性表示；另外，6.1 节中介绍的树的括号表示其实也是树的一种线性表示方法。树的线性表示便于树的输入、输出，同时在存储时也比较节省存储空间。本节主要介绍树的两种线性表示方法：括号表示法和层号表示法。

6.5.1　树的括号表示

树的括号表示规则如下。

（1）若树 T 为空树，则其括号表示为空。

（2）若树 T 只包含一个结点，则其括号表示即为该结点本身。

（3）如果树 T 由根结点 A 和它的 m 棵子树 T_1，T_2，…，T_m 构成，则其括号表示为：

$$A（T_1 的括号表示，T_2 的括号表示，…，T_m 的括号表示）$$

其中，子树的括号表示同样应该遵循以上规则。

显然树的括号表示具有递归性。图 6.10 所示为一棵树及其括号表示。

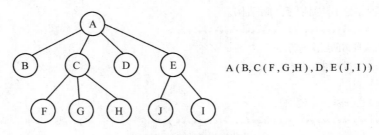

图 6.10　树及树的括号表示

根据树括号表示的定义可知，树的括号表示具有以下特点：

（1）"（"前面的元素一定为某棵树或子树的根结点，而其所有子树中的结点一定位于该"（"和与之对应的"）"之间。

（2）任何"（"和与之配对的"）"之间的括号表示序列同样满足（1）中的性质。

现在我们考虑如何将树的括号表示转换成树的孩子表示（数组方式）。由于转换过程希望通过对树括号表示的一次扫描便完成，而每当一个根结点出现时，其所有的子树尚未出现，因此必须设法将该根结点保存起来，等其子树出现后，依次将其子树挂到该结点上，直至该根结点的所有子树扫描完成为止。根据上述树的括号表示的特点，显然应该使用栈来存储那些等待子树出现的根结点。具体实现方法如下。

① 从左到右扫描树的括号表示。

② 每当遇到左括号时，其前一个结点进栈，并读下一个符号。

③ 每当遇到右括号时，栈顶元素出栈。说明以栈顶元素为根的树（子树）构造完毕，此时若栈为空，算法结束，否则读下一个符号。

④ 每当遇到结点，则它一定为栈顶元素的子女，将其挂到栈顶元素的某子女位置上，并读下一个符号。

⑤ 每当遇到"，"，则略过该符号，并读下一个符号。

上述转换过程的具体实现见算法 6.5。

```
/******************************************************************/
/* 函数功能:将树的括号表示转换成树的孩子表示（数组方式）          */
/* 函数参数:字符数组 p 存放了树的括号表示                         */
/*          指针变量 root 存放树的孩子表示法中根结点的位置         */
/*          指针变量 length 存放树的孩子表示法中结点的个数         */
/*          数组 tree 用于存放树的孩子表示（数组方式）            */
/* 函数返回值:空                                                  */
/* 文件名:bracktotree.c,函数名:bracktotree ()                    */
/******************************************************************/
# define m 3                /*树的度数*/
# define MAXSIZE 20         /*树的孩子表示法对应的数组大小*/
# define BMAXSIZE 50        /*树的括号表示对应的数组大小*/
typedef char datatype;      /*树中结点值的类型*/
typedef struct node {       /*树的孩子表示法中结点的类型*/
    datatype  data;
    int  child[m];
 } treenode;
treenode tree[MAXSIZE];     /*树孩子表示法的存储数组*/
    int  root ;             /*根结点的下标*/
    int  length;            /*树中实际所含结点的个数*/
    char p[BMAXSIZE];       /*存放树括号表示的数组*/
void bracktotree(char p[],int *root, int *length,treenode tree[])
{ /*将树的括号表示法转换成树的孩子表示法*/
    int stack[MAXSIZE];     /*存储树或子树根结点的栈*/
    int top;                /*栈顶指针*/
    int i,j,k,l,done;       /*done 为程序结束的标志*/
    k=0; j=0; *root=0;
```

```
         top=0; done=1;              /*栈和标志的初始化*/
         tree[j].data=p[k];          /*产生孩子表示法中的根结点*/
         ++k;
         for (i=0;i<m;++i)
            tree[j].child[i]=-1;
         while (done)
          {
            if (p[k]=='(')           /*遇到左括号,则其前面的元素对应的结点进栈*/
              {  stack[top]=j;
                 ++top;
                 ++k;
              }
            else if (p[k]==')')  /*遇到右括号,栈顶元素出栈*/
              {  --top;
                 if (top==0)      /*栈为空则算法结束*/
                     done=0;
                 else ++k;
              }
            else if (p[k]==',')
                     ++k;
                else  { /*将当前被扫描的元素作为栈顶元素的子女*/
                       ++j;
                       tree[j].data=p[k];
                       for (i=0;i<m;++i)
                          tree[j].child[i]=-1;
                       l=stack[top-1];
                       i=0;
                       /*寻找栈顶元素当前的第 1 个空子女*/
                       while (tree[l].child[i]!=-1)
                                ++i;
                       tree[l].child[i]=j;
                       ++k;
                     }
          }
         *length=j+1;
     }
```

算法 6.5　树的括号表示到树的孩子表示的转换算法

6.5.2　树的层号表示

设 j 为树中的一个结点，若为 j 赋予的一个整数值 $\text{lev}(j)$ 满足以下两个条件。

（1）如果结点 i 为 j 的后件，则 $\text{lev}(i) > \text{lev}(j)$。

（2）如果结点 i 与 j 为同一结点的后件，则 $\text{lev}(i) = \text{lev}(j)$。

称满足以上条件的整数值 $\text{lev}(j)$ 为结点 j 的层号。

树的层号表示为：首先根据层号的定义为树中的每个结点规定一个层号，然后按前序遍历的顺序写出树中所有的结点，并在每个结点之前加上其层号即可。

对于树中的结点，只要满足以上条件的整数值均可以成为其层号，因而一棵树的层号表示并非是唯一的。下面给出了图 6.10 中树的两种层号表示：

① 10A，20B，20C，30F，30G，30H，20D，20E，40J，40I

② 1A，2B，2C，5F，5G，5H，2D，2E，3J，3I

下面考虑如何从树的层号表示获得一棵树的孩子表示。

根据树前序遍历的特点，第 1 个结点一定为根结点，接下来应该为第 1 棵子树的根结点，而其恰好为整棵树根结点的第 1 个子女。因此，在树的层号表示中，若结点 i 的层号比其前一个结点 j 的层号大，说明结点 i 位于结点 j 的下一层，且正好为 j 的第 1 个子女；若结点 i 的层号与其前一个结点 j 的层号相等，说明两结点位于同一层，它们拥有共同的双亲；若结点 i 的层号比结点 j 的层号小，说明结点 i 与结点 j 的某个祖先结点互为兄弟，于是应该沿着 j 的双亲向树根方向寻找 i 的兄弟，从而找到它们共同的双亲。在转换过程中，为了便于寻找某个结点的双亲，我们对树的孩子表示法进行扩充，即树中每个结点除了存储其各子女的下标外，再增加一个域，存放该结点双亲的下标。树的层号表示到树的扩充孩子表示的具体转换过程见算法 6.6。

```
/********************************************************************/
/* 函数功能:将树的层号表示转换成树的扩充孩子表示                    */
/* 函数参数:整型变量 length 存放树中实际所含结点的个数              */
/*          数组 ltree 存放了树的层号表示                          */
/*          指针变量 root 存放树的扩充孩子表示法中根结点的位置       */
/*          数组 tree 用于存放树的扩充孩子表示                     */
/* 函数返回值:空                                                  */
/* 文件名:leveltotree.c,函数名:leveltotree()                      */
/********************************************************************/
# define m 3              /*树的度数*/
# define MAXSIZE 20       /*数组元素个数的最大值*/
typedef char datatype;    /*树中结点值的类型*/
typedef struct node {     /*树的扩充孩子表示法中结点的类型*/
    datatype  data;
    int  child[m];
    int  parent;
 } treenode;
typedef struct {          /*层号表示法中结点的类型*/
    datatype data;
    int lev; /*存储结点的层号*/
  } levelnode;
treenode tree[MAXSIZE];   /*树的扩充孩子表示法的存储数组*/
int  root ;               /*根结点的下标*/
int  length;              /*树中实际所含结点的个数*/
levelnode ltree[MAXSIZE]; /*树层号表示法的数组*/
void leveltotree(int length,levelnode ltree[],int *root,treenode tree[])
{ /*将树的层号表示法转换成树的扩充孩子表示法*/
  int i,j,k;
  for (i=0;i<length;++i)
      for (j=0;j<m;++j)
          tree[i].child[j]=-1;
  *root=0;      /*第 1 个元素为根结点*/
  tree[0].data=ltree[0].data;
  tree[0].parent=-1;  /*根结点的双亲为空*/
  for (i=1;i<length;++i)
  {
```

```
        tree[i].data=ltree[i].data;
        j=i-1;
        if (ltree[i].lev>ltree[j].lev) /*结点 i 为其前一个元素 j 的第 1 个子女*/
               {
                 tree[i].parent=j;
                 tree[j].child[0]=i;
               }
        else {
               while (ltree[i].lev<ltree[j].lev)    /*寻找结点 i 的兄弟*/
                  j=tree[j].parent;
               tree[i].parent=tree[j].parent;        /*结点 i 和结点 j 的双亲相同*/
               j=tree[j].parent;
               k=0;  /*将结点 i 挂到双亲结点上*/
               while (tree[j].child[k]!=-1)
                    ++k;
               tree[j].child[k]=i;
               }
           }
        }
```

算法 6.6　树的层号表示到树的扩充孩子表示的转换算法

习　题

6.1　树最适合用来表示具有（　　　）性和（　　　）性的数据。

6.2　在选择存储结构时，既要考虑数据值本身的存储，还需要考虑（　　　）的存储。

6.3　对于一棵具有 n 个结点的树，该树中所有结点的度数之和为（　　　）。

6.4　已知一棵树如图 6.11 所示，试回答以下问题。

（1）树中哪个结点为根结点？哪些结点为叶子结点？

（2）结点 B 的双亲为哪个结点？其子女为哪些结点？

（3）哪些结点为结点 I 的祖先？哪些结点为结点 B 的子孙？

（4）哪些结点为结点 D 的兄弟？哪些结点为结点 K 的兄弟？

（5）结点 J 的层次为多少？树的高度为多少？

（6）结点 A、C 的度分别为多少？树的度为多少？

（7）以结点 B 为根的子树的高度为多少？

（8）试给出该树的括号表示及层号表示形式。

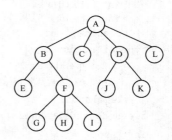

图 6.11　一棵树

6.5　试写出图 6.11 所示树的前序遍历、后序遍历和层次遍历的结果。

6.6　试给出图 6.11 所示树的双亲表示法和数组方式孩子表示法的表示。

6.7　已知一棵度为 m 的树中有 n_1 个度为 1 的结点，n_2 个度为 2 的结点，…，n_m 个度为 m 的结点，问该树中有多少个叶子结点？

第7章
二叉树

二叉树是不同于一般树型结构的另一种重要的非线性数据结构，它与第6章介绍的树型结构有着许多相同之处，树型结构中介绍的大多数术语在二叉树中仍然可以使用，同时一般树型结构与二叉树之间可以进行相互转换；但二叉树并非一般树型结构的特殊形式，它们是两种不同的数据结构，许多涉及树的算法采用二叉树表示和处理时更加简捷和方便。本章在介绍二叉树的定义和存储结构的基础上，讨论二叉树遍历问题算法的实现、二叉树与一般树型结构的转换以及穿线二叉树的定义和实现。

7.1　二叉树的基本概念

二叉树的定义为：二叉树是一个由结点构成的有限集合，这个集合或者为空，或者由一个根结点及两棵互不相交的分别称作这个根结点的左子树和右子树的二叉树组成。

这个定义是一个递归定义，当二叉树的结点集合为空时，称为空二叉树；否则，二叉树中至少包含一个根结点；如果根结点的左、右子树非空，则其左、右子树又分别是一棵二叉树。

根据二叉树的定义，可归纳出如图7.1所示的二叉树的5种基本形态。

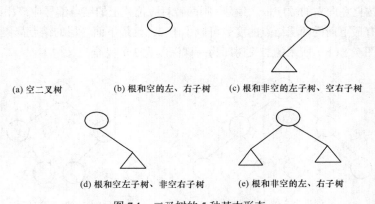

图 7.1　二叉树的 5 种基本形态

一般树型结构中使用的术语如双亲（父母或前件）、子女（孩子或后件）、祖先、子孙、兄弟和路径等在二叉树中仍然可以沿用，但值得注意的是，二叉树并非一般树型结构的特殊形式，它们为两种不同的数据结构。二叉树与一般树型结构的主要区别在于：第一，二叉树中每个非空结点最多只有两个子女，而一般的树型结构中每个非空结点可以有 0 到多个子女；第二，二叉树中结点的子树要区分左子树和右子树，即使在结点只有一棵子树的情况下也要明确指出是左子树还是右子树。如图 7.1（c）和（d）所示的是两棵不同的二叉树；但一般树型结构分为有序树和无序树，如是无序树，7.1（c）和（d）所示的便是两棵相同的树了。

二叉树具有以下重要性质。

性质 1　一棵非空二叉树的第 i 层上至多有 2^{i-1} 个结点（ $i \geqslant 1$ ）。

当 $i = 1$ 时，只有根结点，此时 $2^{1-1} = 2^0 = 1$ ，显然上述性质成立；又由于在二叉树中每个结点最多只能具有两个子女，而第 $i-1$ 层上所有结点的子女结点恰巧构成第 i 层上的所有结点，因而第 i 层上结点的最大个数是第 $i-1$ 层上结点的最大个数的两倍。

于是第 2 层上结点的最大个数为 2，第 3 层上结点的最大个数为 4……则第 i 层上结点的最大个数即为 2^{i-1} 。

性质 2　深度为 h 的二叉树至多有 $2^h - 1$ 个结点（其中 $h \geqslant 1$ ）。

根据性质 1，深度为 h 的二叉树最多具有的结点的个数为 $2^0 + 2^1 + 2^2 + \cdots + 2^{h-1} = 2^h - 1$ 。

性质 3　对于任何一棵二叉树 T，如果其终端结点数为 n_0 ，度为 2 的结点数为 n_2 ，则 $n_0 = n_2 + 1$ 。

假设二叉树中总的结点个数为 n ，度为 1 的结点个数为 n_1 ，则有 $n = n_0 + n_1 + n_2$ 成立；又由于在二叉树中除根结点外，其他结点均通过一条树枝且仅通过一条树枝与其父母结点相连，即除根结点外，其他结点与树中的树枝存在一一对应的关系；而二叉树中树枝的总条数为 $n_1 + 2*n_2$ ，因而二叉树总的结点个数 $n = n_1 + 2*n_2 + 1$ 。于是有：

$$n_0 + n_1 + n_2 = n_1 + 2*n_2 + 1$$

显然 $n_0 = n_2 + 1$ 成立。

在关于二叉树的许多实际应用中，经常用到两种特殊的二叉树：满二叉树和完全二叉树。

如果一棵二叉树中所有终端结点均位于同一层次，且其他非终端结点的度数均为 2，则称此二叉树为满二叉树。在满二叉树中，若其深度为 h ，则其所包含的结点个数必为 $2^h - 1$ 。图 7.2（a）所示的二叉树即为一棵深度为 3 的满二叉树，其结点的个数为 $2^3 - 1 = 7$ 。

如果一棵二叉树扣除其最大层次那层后即成为一棵满二叉树，且层次最大那层的所有结点均向左靠齐，则称该二叉树为完全二叉树。若对深度相同的满二叉树和完全二叉树中的所有结点按自上而下、同一层次按自左向右的顺序依次编号，则两者对应位置上的结点编号应该相同。更通俗地说，完全二叉树中只有最下面的两层结点的度数可以小于 2，且最下面一层的结点都集中在该层最左边的若干位置上。图 7.2（b）所示的二叉树即为一棵深度为 3 的完全二叉树。

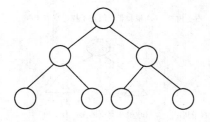 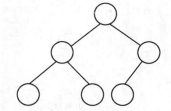

(a) 深度为 3 的满二叉树　　　　　(b) 深度为 3 的完全二叉树

图 7.2　满二叉树和完全二叉树

满二叉树一定为完全二叉树，但完全二叉树不一定为满二叉树。

对于完全二叉树，具有以下性质。

性质 4　对于具有 n 个结点的完全二叉树，如果按照从上到下、同一层次上的结点按从左到右的顺序对二叉树中的所有结点从 1 开始顺序编号，则对于序号为 i 的结点，有：

（1）如果 $i>1$，则序号为 i 的结点其双亲结点的序号为 $\lfloor i/2 \rfloor$（$\lfloor i/2 \rfloor$ 表示不大于 $i/2$ 的最大整数）；如果 $i=1$，则结点 i 为根结点，没有双亲。

（2）如果 $2i>n$，则结点 i 无左子女（此时结点 i 为终端结点）；否则其左子女为结点 $2i$。

（3）如果 $2i+1>n$，则结点 i 无右子女；否则其右子女为结点 $2i+1$。

7.2　二叉树的基本运算

二叉树是一种十分重要的非线性数据结构，在日常生活和计算机领域中具有广泛的应用。根据实际应用需要，可以抽象出一组关于二叉树的基本操作，这些基本操作和二叉树的定义一起构成了二叉树的抽象数据类型。

```
ADT bintree {
```
　　　数据对象 D：D 是具有相同性质的数据元素构成的有限集合。

　　　数据关系 R：如果 D 为空或 D 仅含一个元素，则 R 为空；否则 D 中存在一个特殊的结点 root，称为根结点，其无前驱；其他结点被分成互不相交的两个集合，分别构成 root 的左子树 l 和右子树 r；若 l 和 r 非空，则它们的根结点 lroot 和 rroot 分别称为整棵二叉树根结点 root 的后继结点；左子树 l 和右子树 r 也是二叉树，因而它们中数据元素之间的关系也同样满足 R。

　　　二叉树的基本操作如下。

　　　（1）createbitree(t)　　　　　　创建一棵新的二叉树 t。

　　　（2）destroybitree(t)　　　　　销毁一棵已存在的二叉树 t。

　　　（3）root(t)　　　　　　　　　　返回二叉树 t 的根结点。

　　　（4）leftchild(t)　　　　　　　返回二叉树 t 的左子树。

　　　（5）rightchild(t)　　　　　　 返回二叉树 t 的右子树。

　　　（6）locate(t, x)　　　　　　 返回二叉树 t 中值为 x 的结点的位置。

　　　（7）parent(t, x)　　　　　　 返回二叉树 t 中结点 x 的双亲结点的位置。

　　　（8）isempty(t)　　　　　　　 判断二叉树 t 是否为空二叉树。

　　　（9）depth(t)　　　　　　　　 返回二叉树 t 的深度。

　　　（10）numofnode(t)　　　　　　返回二叉树 t 中所含结点的个数。

　　　（11）addchild(t, x, t1, b)　若 b=0，则将以 t1 为根的二叉树作为二叉树 t 中结点 x 的左子树插入；若 b=1，则将以 t1 为根的二叉树作为二叉树 t 中结点 x 的右子树插入。

　　　（12）deletechild(t, x, b)　若 b=0，则删除二叉树 t 中结点 x 的左子树；若 b=1，则删除二叉树 t 中结点 x 的右子树。

　　　（13）setnull(t)　　　　　　　 置 t 为空的二叉树。

　　　（14）isequal(t1,t2)　　　　 判断两棵二叉树 t1 和 t2 是否等价。

　　　（15）preorder(t)　　　　　　 输出二叉树前序遍历的结果。

　　　（16）inorder(t)　　　　　　　输出二叉树中序遍历的结果。

　　　（17）postorder(t)　　　　　 输出二叉树后序遍历的结果。

　　　（18）transform1(F, t)　　　 将森林 F 转换成其对应的二叉树 t。

　　　（19）transform2(t,F)　　　 将一棵二叉树 t 转换成其对应的森林 F。

```
} ADT bintree
```

7.3 二叉树的存储结构

存储结构是实现二叉树各种操作的基础，和前面所介绍的各种数据结构一样，在考虑二叉树的具体存储方式时，不仅要包含其每个结点的信息，还应考虑结点之间关系的存储方法。不同的存储结构在实现不同的操作时执行效率是不同的，在实际使用时，应该根据具体需要进行选择。

二叉树常用的存储结构有两种：顺序存储结构和链式存储结构。

7.3.1 顺序存储结构

顺序存储结构是使用一组连续的空间存储二叉树的数据元素和数据元素之间的关系。因此必须将二叉树中所有的结点排成一个适当的线性序列，在这个线性序列中应采用有效的方式体现结点之间的逻辑关系。

1. 完全二叉树的顺序存储

对于一棵具有 n 个结点的完全二叉树，可以按从上到下、同一层次的结点按从左到右的顺序编号，编号后的完全二叉树满足 7.1 节中的性质 4。对于完全二叉树中的任何一个结点 i，根据性质 4，可以很方便地得到其子女结点的编号及其双亲结点的编号。利用这一特性，可以将完全二叉树中的所有结点按其编号的顺序依次存入一个一维数组中，这样无需附加任何其他信息就能根据每个结点的下标找到它的子女结点和双亲结点。在图 7.3 中，（b）是（a）中所示的完全二叉树的顺序存储表示。

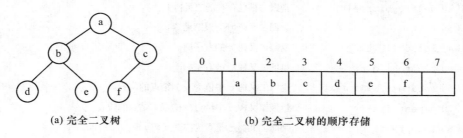

(a) 完全二叉树　　　　　　　　　　(b) 完全二叉树的顺序存储

图 7.3　完全二叉树及其顺序存储

为了操作的方便性，结点存储时从数组下标为 1 的单元开始存储，且完全二叉树的根结点一定位于下标为 1 的单元中。完全二叉树顺序存储的类型说明如下。

```
/************************************************/
/* 完全二叉树顺序存储的头文件,文件名:compbitr.h      */
/************************************************/
#define MAXSIZE 20
typedef char datatype;        /*二叉树结点值类型 */
datatype tree[MAXSIZE];
int n;                        /*树中实际所含结点的个数  */
```

在图 7.3 中，结点 c 的下标为 3，根据性质 4，其双亲结点的下标为 $\lfloor 3/2 \rfloor = 1$，即为结点 a；其左子女的下标为 2*3 = 6，即为结点 f；由于 2*3 + 1 = 7 > n（n 的值为 6），因而结点 c 没有右子女。

2. 一般二叉树的顺序存储

显然，完全二叉树采用以上顺序存储结构既节省存储空间又操作方便。然而，对于一般二叉树，由于不具备完全二叉树的性质 4，仅凭借结点的数组下标无法体现每个结点之间的关系，因此在存储时必须通过增加一些附加信息表达结点之间相互的逻辑关系。根据二叉树的定义，二叉树中每个结点最多只有两个子女，于是存储一个结点时，除了包含结点本身的属性值外，另外增加两个域，分别用来指向该结点的两个子女在数组中的下标。图 7.4 给出了一棵一般二叉树及其对应的顺序存储结构。

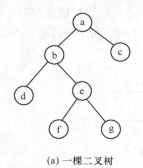

	0	1	2	3	4	5	6
lchild	1	3	−1	−1	5	−1	−1
data	a	b	c	d	e	f	g
rchild	2	4	−1	−1	6	−1	−1

root=0　　　n=7

(a) 一棵二叉树　　　　　　　　(b) 二叉树的顺序存储

图 7.4　一般二叉树及其顺序存储

在图 7.4 中，当结点的左子树或右子树为空时，规定其 lchild 或 rchild 域用 −1 表示。一般二叉树顺序存储数据结构的定义如下。

```
/**********************************************************/
/*  二叉树顺序存储的头文件,文件名:seqbitr1.h              */
/**********************************************************/
  #define MAXSIZE 20
  typedef char datatype;          /*结点值的类型*/
  typedef struct {
        datatype data;
        int  lchild,rchild; /*存放左、右子女的下标*/
  } node;                   /*二叉树结点的类型*/
  node  tree[MAXSIZE];
  int n;    /*树中实际所含结点的个数*/
  int root; /*存放根结点的下标 */
```

在二叉树的某些特殊问题中，除了需要能很方便地获得每个结点的子女外，有时还需方便地找到结点的双亲结点，此时只需在以上结点结构体类型的定义中增加一个存放结点双亲下标的域即可，具体类型定义如下。

```
/**********************************************************/
/*  带双亲指示的二叉树顺序存储的头文件,文件名:seqbitr2.h */
/**********************************************************/
  #define MAXSIZE 20
  typedef char datatype;              /*结点值的类型*/
  typedef struct {
        datatype data;
        int   lchild,rchild;    /*存放左、右子女的下标*/
        int   parent;           /*存放双亲结点的下标*/
  } node;                       /*二叉树结点的类型*/
  node  tree[MAXSIZE];
  int n;    /*树中实际所含结点的个数*/
  int  root; /*存放根结点的下标*/
```

二叉树顺序存储结构的不足之处在于，必须预先给出数组 tree 的存储空间大小 MAXSIZE 的定义，在某些情况下 MAXSIZE 的值难以确定，而链式存储结构可以避免以上问题。

7.3.2 链式存储结构

二叉树的链式存储方式下每个结点也包含 3 个域，分别记录该结点的属性值及左右子树的位置。与顺序存储结构不同的是，其左右子树的位置不是通过数组的下标，而是通过指针方式体现，如图 7.5 所示。

图 7.5　链式存储方式下二叉树结点的结构

其中，lchild 是指向该结点左子树的指针，rchild 为指向该结点右子树的指针。图 7.6 给出了图 7.4（a）所示二叉树的链式存储表示。

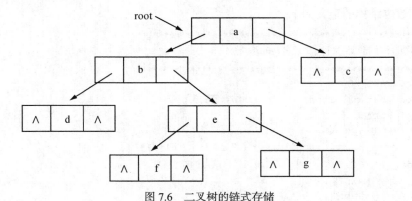

图 7.6　二叉树的链式存储

链式存储方式下二叉树结点数据结构的定义如下。

```
/***************************************************/
/*  二叉树链式存储的头文件,文件名:bilink1.h       */
/***************************************************/
    typedef char datatype;      /*结点属性值的类型 */
    typedef struct node{        /*二叉树结点的类型  */
        datatype  data;
        struct node  *lchild, *rchild;
    }  bintnode;
    typedef bintnode *bintree;
    bintree root;    /*指向二叉树根结点的指针*/
```

在需要时，可以在以上结点结构体类型的定义中增加一个指针域，用于指向结点的双亲。

```
/***************************************************/
/*  带双亲指针的二叉树链式存储的头文件,文件名:bilink2.h  */
/***************************************************/
    typedef char datatype;        /*结点属性值的类型*/
```

```
typedef struct node{              /*二叉树结点的类型*/
    datatype  data;
    struct node *lchild, *rchild;
    struct node *parent;          /*指向结点双亲的指针*/
} bintnode;
typedef bintnode *bintree;
bintree  root;                    /*指向二叉树根结点的指针*/
```

7.4　二叉树的遍历

7.4.1　二叉树遍历的定义

所谓二叉树的遍历，是指按一定的顺序对二叉树中的每个结点均访问一次，且仅访问一次。在第 6 章，我们已介绍了一般树型结构前序遍历、后序遍历和层次遍历算法的实现，本小节主要介绍二叉树的遍历方法以及它们的递归和非递归实现。

按照根结点访问位置的不同，通常把二叉树的遍历分为 3 种：前序遍历、中序遍历和后序遍历。

（1）二叉树的前序遍历

首先访问根结点；

然后按照前序遍历的方式访问根结点的左子树；

再按照前序遍历的方式访问根结点的右子树。

（2）二叉树的中序遍历

首先按照中序遍历的方式访问根结点的左子树；

然后访问根结点；

最后按照中序遍历的方式访问根结点的右子树。

（3）二叉树的后序遍历

首先按照后序遍历的方式访问根结点的左子树；

然后按照后序遍历的方式访问根结点的右子树；

最后访问根结点。

根据以上二叉树遍历的定义，可得到如图 7.7 所示二叉树的前序、中序和后序遍历的结果。

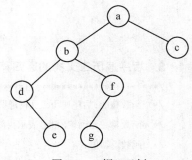

前序遍历：abdefgc

中序遍历：debgfac

后序遍历：edgfbca

图 7.7　一棵二叉树

7.4.2　二叉树遍历的递归实现

由于二叉树的遍历是递归定义的，因此采用递归方式实现二叉树遍历的算法十分方便，只要按照各种遍历规定的次序，访问根结点时就输出根结点的值，访问左子树和右子树时进行递归调用即可。

下面给出二叉树前序、中序和后序遍历的递归实现算法，如算法 7.1～算法 7.3 所示。在算法实现时，二叉树采用了 7.3.2 小节中定义的头文件 bilink1.h 所体现的链式存储结构。

1. 前序遍历二叉树的递归算法

```
/**********************************************************/
/*  函数功能:前序遍历二叉树递归算法的实现                  */
/*  函数参数:指针变量 t 表示指向二叉树根结点的指针          */
/*  函数返回值:空                                         */
/*  文件名:prebitr1.c,函数名:preorder()                   */
/**********************************************************/
    void preorder(bintree t)
        {
            if (t) {  printf("%c",t->data);
                      preorder(t->lchild);
                      preorder(t->rchild);
                      }
        }
```

算法 7.1 前序遍历二叉树的递归算法

2. 中序遍历二叉树的递归算法

```
/**********************************************************/
/*  函数功能:中序遍历二叉树递归算法的实现                  */
/*  函数参数:指针变量 t 表示指向二叉树根结点的指针          */
/*  函数返回值:空                                         */
/*  文件名:inbitr1.c,函数名:inorder()                     */
/**********************************************************/
    void inorder(bintree t)
        {
            if (t) {
                      inorder(t->lchild);
                      printf("%c",t->data);
                      inorder(t->rchild);
                      }
        }
```

算法 7.2 中序遍历二叉树的递归算法

3. 后序遍历二叉树的递归算法

```
/**********************************************************/
/*  函数功能:后序遍历二叉树递归算法的实现                  */
/*  函数参数:指针变量 t 表示指向二叉树根结点的指针          */
/*  函数返回值:空                                         */
/*  文件名:pstbitr1.c,函数名:postorder ()                 */
/**********************************************************/
    void postorder(bintree t)
        {
            if (t) {
                    postorder(t->lchild);
                    postorder(t->rchild);
                    printf("%c",t->data);
                    }
        }
```

算法 7.3 后序遍历二叉树的递归算法

4．二叉树的创建算法

对一棵二叉树实施任何操作的前提是，在所选择的存储结构基础上，创建一棵给定的二叉树。其实，创建任意一棵给定二叉树的算法完全可以模仿二叉树遍历的递归算法加以实现。下面的算法 7.4 给出了根据二叉树前序遍历结果建立一棵给定二叉树的过程。由于一棵非空二叉树的前序遍历序列中，第一个结点一定是该二叉树的根结点，接下来应该是该二叉树左子树中所有结点前序遍历的结果（如果左子树存在），然后是该二叉树右子树中所有结点前序遍历的结果（如果右子树存在）。因此，根据前序遍历结果建立二叉树时，应该将第一个输入的结点作为二叉树的根结点，后继输入的结点序列是二叉树左子树前序遍历的结果，由它们生成二叉树的左子树；再接下来输入的结点序列为二叉树右子树前序遍历的结果，应该由它们生成二叉树的右子树；而由二叉树左子树前序遍历的结果生成二叉树的左子树和由二叉树右子树前序遍历的结果生成二叉树的右子树的过程均与由整棵二叉树的前序遍历结果生成该二叉树的过程完全相同，只是所处理的对象范围不同，于是完全可以使用递归方式加以实现。具体实现过程见算法 7.4。

```
/************************************************************/
/*  函数功能:根据前序遍历结果创建一棵给定二叉树          */
/*  函数返回值:二叉树树根地址                            */
/*  文件名:creabitr.c, 函数名:createbintree()           */
/************************************************************/
bintree createbintree()
{ /*按照前序遍历的顺序建立一棵给定的二叉树*/
 char ch;
 bintree t;
 if ((ch=getchar())=='#')
     t=NULL;
 else {
         t=(bintnode *)malloc(sizeof(bintnode));
         t->data=ch;
         t->lchild=createbintree();
         t->rchild=createbintree();
     }
 return t;
}
```

算法 7.4　二叉树的创建算法

在使用 createbintree 建立一棵给定的二叉树时，必须按其前序遍历的顺序输入结点的值，遍历过程中遇到空子树时，必须使用"#"代替。若要建立如图 7.7 所示的二叉树，输入的结点序列如下。

abd#e##fg###c##

其中，"#"代表子树为空。

7.4.3　二叉树遍历的非递归实现

二叉树遍历的递归程序思路清晰，易于理解，但执行效率较低。为了提高程序的执行效率，可以采用非递归方式实现二叉树的遍历算法。

在第 5 章，已经介绍了由递归程序转换成非递归程序的两种方法：简单递归程序的转换和复杂递归程序的转换，二叉树的遍历问题应该属于后者，即在采用非递归方式实现二叉树遍历时，必须使用一个栈记录回溯点，以便将来进行回溯。

因此，我们首先给出一个顺序栈的定义及其部分操作的实现，在此基础上讨论二叉树遍历的非递归实现。

```
/************************************/
/* 顺序栈的头文件,文件名:seqstack.h */
/************************************/
    typedef struct stack    /*栈结构定义*/
        { bintree data[100];
          int tag[100];    /*为栈中每个元素设置的标记,用于后序遍历*/
          int top;         /*栈顶指针*/
        } seqstack;
/****************************************************/
void push(seqstack *s,bintree t)    /*进栈*/
 { s->data[s->top]=t; s->top++;
 }
/****************************************************/
bintree pop(seqstack *s)            /*出栈*/
{ if(s->top!=0)
     {s->top--;
      return(s->data[s->top]);}
  else
     return NULL;
 }
```

1. 二叉树前序遍历的非递归实现

按照二叉树前序遍历的定义，无论是访问整棵树还是其子树，均应该遵循先访问根结点，然后访问根结点的左子树，最后访问根结点的右子树的规律。因此对于一棵树（子树）t，如果 t 非空，访问完 t 的根结点值后，就应该进入 t 的左子树，但此时必须将 t 保存起来，以便访问完其左子树后，进入其右子树的访问，即应该在 t 处设置一个回溯点，并将该回溯点进栈保存。在整个二叉树前序遍历的过程中，程序要做的工作始终分成两个部分：当前正在处理的树（子树）和保存在栈中等待处理的部分（注：当栈中元素位于栈顶即将出栈时，意味着其根结点和左子树已访问完成，出栈后应该进入其右子树进行访问），只有这两部分的工作均完成后，程序方能结束。根据以上分析，得到二叉树前序遍历的非递归算法（见算法 7.5）。在算法实现时，二叉树采用了 7.3.2 小节中定义的头文件 bilink1.h 所体现的链式存储结构。

```
/********************************************************/
/* 函数功能:二叉树前序遍历非递归算法的实现              */
/* 函数参数:指针变量 t 表示指向二叉树根结点的指针        */
/* 函数返回值:空                                        */
/* 文件名:prebitr2.c,函数名:preorder1()               */
/********************************************************/
 void preorder1(bintree t)    /*非递归实现二叉树的前序遍历*/
    { seqstack s;
      s.top=0;
      while ((t) || (s.top!=0))    /*当前处理的子树不为空或栈不为空则循环*/
        { if (t)
            { printf("%c ",t->data);
              push(&s,t);
```

```
        t=t->lchild;
       }
     else
     { t=pop(&s);
       t=t->rchild;
       }
     }
   }
```

算法 7.5　二叉树前序遍历的非递归实现

2. 二叉树中序遍历的非递归实现

按照二叉树中序遍历的定义，无论是访问整棵树还是其子树，均应该遵循先访问根结点的左子树，然后访问根结点，最后访问根结点的右子树的规律。因此对于一棵树（子树）t，如果 t 非空，首先应该进入 t 的左子树访问，此时由于 t 的根结点及右子树尚未访问，因此必须将 t 保存起来，放入栈中，以便访问完其左子树后，从栈中取出 t，进行其根结点及右子树的访问。在整个二叉树中序遍历的过程中，程序要做的工作始终分成两个部分：当前正在处理的树（子树）和保存在栈中等待处理的部分（注：当栈中元素位于栈顶即将出栈时，意味着其左子树已访问完成，出栈后应该立即访问其根结点，再进入其右子树进行访问），只有这两部分的工作均完成后，程序方能结束。根据以上分析，得到二叉树中序遍历的非递归算法（见算法 7.6），在算法实现时，二叉树采用了 7.3.2 小节中定义的头文件 bilink1.h 所体现的链式存储结构。

```
/**********************************************************/
/*  函数功能:二叉树中序遍历非递归算法的实现              */
/*  函数参数:指针变量 t 表示指向二叉树根结点的指针       */
/*  函数返回值:空                                        */
/*  文件名:inbitr2.c,函数名:inorder1()                   */
/**********************************************************/
void inorder1(bintree t)     /*非递归实现二叉树的中序遍历*/
{ seqstack s;
  s.top=0;
  while((t!=NULL) || (s.top!=0))
    { if (t)
        { push(&s,t);
          t=t->lchild;
        }
      else
        { t=pop(&s);
          printf("%c ",t->data);
          t=t->rchild;
        }
    }
}
```

算法 7.6　二叉树中序遍历的非递归实现

3. 二叉树后序遍历的非递归实现

按照二叉树后序遍历的定义，无论是访问整棵树还是其子树，均应该遵循先访问根结点的左子树，然后访问根结点的右子树，最后访问根结点的规律。因此对于一棵树（子树）t，如果 t 非空，首先应该进入 t 的左子树访问，此时由于 t 的右子树及根结点尚未访问，因此必须将 t 保存起来，放入栈中，以便访问完其左子树后，从栈中取出 t，进行其右子树及根结点的访问。这里值得注意的是，当一个元素位于栈顶即将处理时，其左子树的访问一定已经完成，如果其右子树不为空，接下来应该进入其右子树进行访问，而此时该栈顶元素是不能出栈的，因为它作为根结点其本身的值还尚未被访问；只有等到其右子树也访问完成后，该栈顶元素才能出栈，并输出它的值。因此，在二叉树后序遍历的过程中，必须使用本小节前定义的 seqstack 类型中的数组 tag，其每个元素取值为 0 或 1，用于标识栈中每个元素的状态。当一个元素刚进栈时，其对应的 tag 值置 0；当它第一次位于栈顶即将被处理时，其 tag 值为 0，意味着应该访问其右子树，于是将其右子树作为当前处理的对象，此时该栈顶元素仍应该保留在栈中，并将其对应的 tag 值改为 1；当其右子树访问完成后，该元素将又一次位于栈顶，而此时其 tag 值为 1，意味着其右子树已访问完成，接下来应该访问的就是它本身，并将其出栈。在整个二叉树后序遍历的过程中，程序要做的工作始终分成两个部分：当前正在处理的树（子树）和保存在栈中等待处理的部分。只有这两部分的工作均完成后，程序方能结束。根据以上分析，得到二叉树后序遍历的非递归算法（见算法 7.7），在算法实现时，二叉树采用了 7.3.2 小节中定义的头文件 bilink1.h 所体现的链式存储结构。

```c
/*********************************************************/
/*  函数功能:二叉树后序遍历非递归算法的实现              */
/*  函数参数:指针变量 t 表示指向二叉树根结点的指针        */
/*  函数返回值:空                                        */
/*  文件名:pstbitr2.c,函数名:postorder1()               */
/*********************************************************/
void postorder1(bintree t)   /*非递归实现二叉树的后序遍历*/
  { seqstack s;
    s.top=0;
    while ((t)||(s.top!=0))
     { if (t)
         { s.data[s.top]=t;
           s.tag[s.top]=0;
           s.top++;
           t=t->lchild;
         }
       else
         if  (s.tag[s.top-1]==1)
         {  s.top--;
            t=s.data[s.top];
             printf("%c ",t->data);
            t=NULL;
         }
         else
         { t=s.data[s.top-1];
           s.tag[s.top-1]=1;
           t=t->rchild;
         }
     }
  }
```

算法 7.7　二叉树后序遍历的非递归实现

7.5　二叉树其他运算的实现

上一节讨论了二叉树的遍历问题，本节主要讨论二叉树其他运算的实现。由于二叉树本身的定义是递归的，因此关于二叉树的许多问题或运算采用递归方式实现非常地简单和自然。

1. 二叉树的查找 locate (t, x)

该运算返回二叉树 t 中值为 x 的结点的位置。根据二叉树的定义，首先应该将 x 与 t 的根结点的值进行比较，若相等，则返回指向根结点的指针；否则，进入 t 的左子树查找，若查找仍未成功，则进入 t 的右子树查找；查找过程中如找到值为 x 的结点，则返回指向该结点的指针；否则意味着 t 中无 x 结点。在左子树和右子树中的查找过程与在整棵二叉树中查找的过程完全相同，只是处理的对象范围不同，因此可以通过递归方式加以实现。具体实现过程见算法 7.8。

```
/***********************************************************/
/*    函数功能:实现二叉树的查找                              */
/*    函数参数:指针变量 t 表示指向二叉树根结点的指针           */
/*             x 为被查找的元素值                           */
/*    函数返回值:指向二叉树结点的指针类型 bintree            */
/*    文件名:locabitr.c,函数名:locate()                    */
/***********************************************************/
bintree locate(bintree t, datatype x)
{       /*在二叉树 t 中查找值为 x 的结点*/
 bintree p;
    if (t==NULL)  return  NULL;
    else
       if (t->data==x) return  t;
       else
         { p=locate(t->lchild,x);
           if (p) return p;
           else  return  locate(t->rchild,x);
         }
    }
```

算法 7.8　二叉树的查找算法

2. 统计二叉树中结点的个数 numofnode(t)

该运算返回二叉树 t 中所含结点的个数。显然，若 t 为空，则 t 中所含结点的个数为 0；否则，t 中所含结点的个数等于左子树中所含结点的个数加上右子树中所含结点的个数再加 1；而求左子树中所含结点的个数和右子树中所含结点的个数的过程与求整棵二叉树中所含结点个数的过程完全相同，只是处理的对象范围不同，因此可以通过递归调用加以实现。具体实现过程见算法 7.9。

```
/***********************************************************/
/*    函数功能:统计二叉树中结点的个数                        */
/*    函数参数:指针变量 t 表示指向二叉树根结点的指针           */
/*    函数返回值:整型,返回二叉树中结点的个数                  */
/*    文件名:counbitr.c,函数名:numofnode()                 */
/***********************************************************/
```

```
int numofnode(bintree t)    /*统计二叉树 t 中的结点数*/
{ if (t==NULL)  return 0;
  else return(numofnode(t->lchild)+numofnode(t->rchild)+1);
}
```

算法 7.9   统计二叉树中结点的个数

3. 判断二叉树是否等价 isequal(t1,t2)

该运算判断两棵给定的二叉树 t1 和 t2 是否等价。两棵二叉树等价当且仅当其根结点的值相等且其左、右子树对应等价。若 t1 与 t2 等价，则该运算返回值 1，否则返回值 0。判断两棵二叉树的左子树是否等价及判断两棵二叉树的右子树是否等价的过程与判断两棵二叉树是否等价的过程完全相同，只是处理的对象范围不同，因此可以使用递归方式加以实现。具体实现过程见算法 7.10。

```
/********************************************************/
/*  函数功能:判断两棵给定的二叉树是否等价               */
/*  函数参数:指针变量 t1 和 t2 分别是指向两棵二叉树根结点的指针  */
/*  函数返回值:整型,等价返回 1,否则返回 0              */
/*  文件名:iseqbitr.c,函数名:isequal()                */
/********************************************************/
int isequal(bintree t1,bintree t2)
{  /*判断二叉树 t1 和 t2 是否等价*/
   int t;
   t=0;
   if (t1==NULL && t2==NULL) t=1;    /*t1 和 t2 均为空,则二者等价*/
   else
    if (t1!=NULL && t2!=NULL)       /*处理 t1 和 t2 均不为空的情形*/
       if (t1->data==t2->data)      /*如果根结点的值相等*/
          if (isequal(t1->lchild,t2->lchild))    /*如果 t1 和 t2 的左子树等价*/
             t=isequal(t1->rchild,t2->rchild);    /*返回值取决于 t1 和 t2 的*/
                                                  /*右子树是否等价的结果*/

   return(t);
}
```

算法 7.10   判断两棵二叉树是否等价

4. 求二叉树的高（深）度 depth(t)

该运算返回一棵给定二叉树 t 的高（深）度。根据二叉树的性质及其高度的定义可知，如果 t 为空二叉树，则其高度为 0；否则，其高度应为其左子树的高度和右子树的高度的最大值再加 1；而求其左子树和右子树高度的过程与求整棵二叉树高度的过程完全相同，因此可以通过递归调用加以实现。具体实现过程见算法 7.11。

```
/********************************************************/
/*  函数功能:求给定二叉树的高度                        */
/*  函数参数:指针变量 t 表示指向二叉树根结点的指针      */
/*  函数返回值:整型,返回二叉树的高度                   */
/*  文件名:bitrdept.c,函数名:depth()                  */
/********************************************************/
int depth(bintree t)    /*返回二叉树的高度*/
{ int h,lh,rh;
```

```
    if (t==NULL) h=0;    /*处理空二叉树的情况*/
    else  {  lh=depth(t->lchild); /*求左子树的高度*/
             rh=depth(t->rchild); /*求右子树的高度*/
             if (lh>=rh) h=lh+1;  /*求二叉树 t 的高度*/
             else  h=rh+1;
         }
    return h;
}
```

算法 7.11　求二叉树的高度

7.6　穿线二叉树

7.6.1　穿线二叉树的定义

在二叉树的链式存储结构中，为了体现结点之间的关系，每个结点除了存储结点的值之外，还需两个指针，分别指向其左、右子女。若二叉树有 n 个结点，则共有 $2n$ 个指针；对于任何一棵具有 n 个结点的二叉树，其 $2n$ 个指针中其实只有 $n-1$ 个指针被使用，其他 $n+1$ 个指针均是空着的（证明略），这显然是一种浪费。在二叉树的实际应用中，我们可以根据需要，利用这些空指针存放一些有用的信息。将这些空指针利用起来的办法之一就是利用它们对二叉树进行穿线，形成一棵穿线二叉树（线索二叉树）。

所谓穿线二叉树，即在一般二叉树的基础上，对每个结点进行考察。若其左子树非空，则其左指针不变，仍指向左子女；若其左子树为空，则让其左指针指向某种遍历顺序下该结点的前驱结点；若其右子树非空，则其右指针不变，仍指向右子女；若其右子树为空，则让其右指针指向某种遍历顺序下该结点的后继结点。如果规定遍历顺序为前序，则产生的穿线二叉树称为前序穿线二叉树；如果规定遍历顺序为中序，则产生的穿线二叉树称为中序穿线二叉树；如果规定遍历顺序为后序，则产生的穿线二叉树称为后序穿线二叉树。本小节将以中序穿线二叉树为例，讨论穿线二叉树的存储及其实现。

在中序穿线二叉树中，如果结点的左、右指针是指向其左、右子女，则称它们为指针；如果结点的左、右指针是指向其中序遍历的前驱、后继结点，则称它们为线索。为了区分结点的左、右指针是指针还是线索，在每个结点中，必须增加 ltag 和 rtag 两个标志位，其含义为：

ltag = 0 表示结点的左指针指向其左子女；

ltag = 1 表示结点的左指针指向其中序遍历的前驱结点；

rtag = 0 表示结点的右指针指向其右子女；

rtag = 1 表示结点的右指针指向其中序遍历的后继结点。

因此，在中序穿线二叉树中，每个结点的结构如图 7.8（a）所示，图 7.8（c）所示是图 7.8（b）所示二叉树对应的中序穿线二叉树，其中，实线表示指针，虚线表示线索。从图中可以看出，在中序穿线二叉树中仍然有两个指针为空，它们是二叉树中序遍历序列中第一个结点的左指针和最后一个结点的右指针。

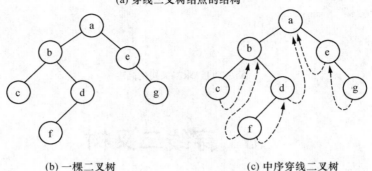

ltag	lchild	data	rchild	rtag

(a) 穿线二叉树结点的结构

(b) 一棵二叉树   (c) 中序穿线二叉树

图 7.8   中序穿线二叉树及其结点的存储结构

7.6.2   中序穿线二叉树的基本运算

根据中序穿线二叉树在实际问题中应用的需要，我们可以抽象出一些关于中序穿线二叉树的基本操作，它们与中序穿线二叉树的定义一起构成了中序穿线二叉树的抽象数据类型。

```
ADT binthrtree {
    数据对象 D:具有相同性质的数据元素构成的有限集合；
    数据关系 R:如果D为空或D仅含一个元素,则R为空；否则D中存在一个特殊的结点root,称为根结点,其无前驱；
              其他结点被分成互不相交的两个集合,分别构成 root 的左子树 l 和右子树 r；若 l 和 r 非空,则它们
              的根结点 lroot 和 rroot 分别称为整棵二叉树根结点 root 的后继结点；左子树 l 和右子树 r 也是
              二叉树,因而它们中数据元素之间也同样满足上述关系。对于二叉树中的任何结点,如其左子树非空,
              则其 lchild 指向其左子树,否则指向其中序遍历顺序下的前驱结点；如其右子树非空,则其 rchild
              指向其右子树,否则指向其中序遍历顺序下的后继结点。
```

基本操作集如下。

（1）createthrtree(p)　　创建一棵中序穿线二叉树 p。

（2）inthreading(p)　　将二叉树 p 进行中序线索化。

（3）locate(p,x)　　在中序穿线二叉树 p 中查找值为 x 的结点。

（4）infirstnode(p)　　求中序穿线二叉树 p 中中序遍历的第一个结点。

（5）inlastnode(p)　　求中序穿线二叉树 p 中中序遍历的最后一个结点。

（6）inprednode(p)　　求结点 p 在中序遍历下的前驱结点。

（7）insuccnode(p)　　求结点 p 在中序遍历下的后继结点。

（8）preinsert(p,x,y)　　将结点 y 插入到中序穿线二叉树 p 中,使之成为结点 x 中序遍历下的前驱结点。

（9）succinsert(p,x,y)　　将结点 y 插入到中序穿线二叉树 p 中,使之成为结点 x 中序遍历下的后继结点。

（10）delete(p,x)　　删除中序穿线二叉树 p 中的结点 x。

（11）inthrtree(p)　　对中序穿线二叉树 p 进行中序遍历。

（12）prethrtree(p)　　对中序穿线二叉树 p 进行前序遍历。

（13）postthrtree(p)　　对中序穿线二叉树 p 进行后序遍历。

```
} ADT binthrtree
```

7.6.3   中序穿线二叉树的存储结构及其实现

根据前面介绍的穿线二叉树的定义，不难给出中序穿线二叉树在链式存储方式下数据类型的定义。

```
/************************************************************/
/*   中序穿线二叉树链式存储的头文件,文件名:threadtr.h      */
/************************************************************/
typedef char datatype;  /*树中结点值的类型*/
typedef struct node     /*穿线二叉树结点的类型定义*/
 {
   datatype data;
   int ltag,rtag;  /*左、右标志位*/
   struct node  *lchild, *rchild;
   }binthrnode;
typedef binthrnode   *binthrtree;
```

下面考虑中序穿线二叉树部分操作的实现。

1. 创建中序穿线二叉树 createthrtree(p)

创建一棵中序穿线二叉树的办法之一为：首先建立一棵一般的二叉树，然后对其进行中序线索化。实现二叉树中序线索化可以借助于二叉树中序遍历的算法，只需将二叉树中序遍历算法中对当前结点的输出操作改为对该结点进行穿线；而为了实现对当前结点的穿线，必须设置一个指针 pre，用于记录当前结点中序遍历的前驱结点。具体实现过程见算法 7.12。

```
/************************************************************/
/*  函数功能:创建中序穿线二叉树                            */
/*  函数返回值:树根地址                                    */
/*  文件名:crethrtr.c,函数名:createthrtree()              */
/************************************************************/
binthrtree pre=NULL;           /*初始化前驱结点*/
binthrtree createbintree()   /*按前序遍历顺序建立二叉树*/
{ char ch;
  binthrtree t;
  if ((ch=getchar())=='#')   /*所建立的二叉树为空二叉树*/
     t=NULL;
  else {
       t=(binthrnode *)malloc(sizeof(binthrnode));/*生成根结点*/
       t->data=ch;
       t->lchild=createbintree();   /*创建左子树*/
       t->rchild=createbintree();   /*创建右子树*/
       }
  return t;
 }
void inthreading(binthrtree *p)  /*对二叉树进行中序线索化*/
{   if(*p)
    { inthreading(&((*p)->lchild));     /*中序线索化左子树*/
      (*p)->ltag=((*p)->lchild)?0:1;    /*对当前结点及其前驱结点进行穿线*/
      (*p)->rtag=((*p)->rchild)?0:1;
      if (pre)
        {  if(pre->rtag==1)  pre->rchild=*p;
          if((*p)->ltag==1) (*p)->lchild=pre;
          }
       pre=*p;
       inthreading(&((*p)->rchild));     /*中序线索化右子树*/
```

```
        }
    }
    void createthrtree(binthrtree *p)          /*创建中序穿线二叉树*/
    {   *p=createbintree();
        inthreading(p);
    }
    int main()
    {   binthrtree root;
        createthrtree(&root);
    }
```

算法 7.12　创建一棵中序穿线二叉树

2. 中序遍历中序穿线二叉树 inthrtree(p)

建立中序穿线二叉树的最大收获是：简化了二叉树中序遍历的非递归算法，同时也使得寻找树中指定结点在中序遍历下的前驱和后继结点变得非常简单。我们前面已介绍过二叉树中序遍历的非递归算法，其实现时必须使用栈记录回溯点，以便将来的回溯；而在中序穿线二叉树中，由于有了线索的帮助，遍历算法的实现不再使用栈，只需首先找到中序遍历下的第一个结点（从根结点出发，沿着左指针不断往左下走，直到左指针为空，到达"最左下"的结点即可），访问它后，不断寻找当前结点在中序遍历下的后继结点并输出，直至所有的结点均被输出为止；而在中序穿线二叉树中寻找一个结点在中序遍历下的后继结点也是非常方便的，只要看其右标志的值，若其右标志为 1，说明其右指针正好指向其中序遍历下的后继结点；若其右标志为 0，说明它有右子树，则其中序遍历下的后继结点应该为其右子树中中序遍历的第一个结点，即右子树中"最左下"的结点。算法 7.13 是根据上述分析而实现的中序遍历中序穿线二叉树的非递归算法。从中可以看出，其所采用的算法思想是非常简单明了的，读者可以自行将它与前面所介绍的二叉树中序遍历的非递归算法进行对照比较。

```
/***********************************************************/
/*  函数功能:中序遍历中序穿线二叉树                        */
/*  函数参数:指针变量 p 为指向穿线二叉树根结点的指针        */
/*  函数返回值:空                                          */
/*  文件名:inthrtr.c,函数名:inthrtree()                    */
/***********************************************************/
binthrtree insuccnode(binthrtree p)          /*寻找结点 p 在中序遍历下的后继结点*/
    {   binthrtree q;
        if (p->rtag==1)                      /*p 的右指针为线索,恰巧指向 p 的后继结点*/
            return  p->rchild;
        else
            {   q=p->rchild;                 /*寻找 p 的右子树中最左下的结点*/
                while (q->ltag==0)  q=q->lchild;
                return  q;
            }
    }
void inthrtree(binthrtree p)                 /*中序遍历中序穿线二叉树*/
{   if (p)
    {   while  (p->ltag==0)  p=p->lchild;    /*求 p 中序遍历下的第一个结点*/
        do
        {   printf("%c ",p->data);
            p=insuccnode(p);                 /*求 p 中序遍历下的后继结点*/
```

```
    }
    while (p);
  }
}
```

算法 7.13　中序遍历中序穿线二叉树

7.7　树、森林和二叉树的转换

树和二叉树虽然为两种不同的数据结构，但它们之间是可以相互转换的。任何一棵树（或森林）都唯一地对应于一棵二叉树；反之，任何一棵二叉树也唯一地对应于一棵树（或森林）。以下讨论它们之间的转换方法。

7.7.1　树、森林到二叉树的转换

将树或森林转换成其对应二叉树的方法如下。

（1）在所有兄弟结点之间添加一条连线，如果是森林，则在其所有树的树根之间同样也添加一条连线。

（2）对于树、森林中的每个结点，除保留其到第一个子女的连线外，撤销其到其他子女的连线。

（3）将以上得到的树按照顺时针方向旋转 45°。

图 7.9（a）所示的是一棵 3 度树，用上述方法中的步骤（1）、（2）得到（b）图，再使用步骤（3）得到（c）中的二叉树。从图中可以看出，由一棵树转换成的二叉树没有右子树。

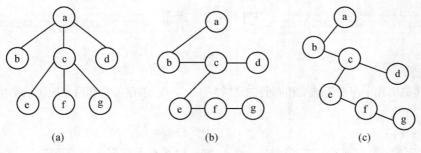

图 7.9　树到二叉树的转换

图 7.10 所示是将森林转换成其对应二叉树的过程。由森林转换成的二叉树，其根结点即为森林中第一棵树的根结点，其左子树由森林中第一棵树的所有子树构成的森林转换而成，其右子树由森林中除第一棵树外剩余的树构成的森林转换而成。

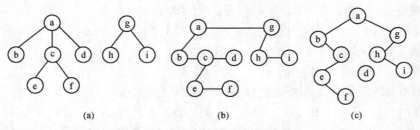

图 7.10　森林到二叉树的转换

7.7.2 二叉树到树、森林的转换

二叉树到树、森林也有一种对应的转换关系，其过程恰巧为上述过程的逆过程，具体方法如下：

（1）首先将二叉树按照逆时针方向旋转 45°。

（2）若某结点是其双亲的左子女，则把该结点的右子女，右子女的右子女……都与该结点的双亲用线连起来。

（3）最后去掉原二叉树中所有双亲到其右子女的连线。

图 7.11（a）所示的是一棵二叉树，经过以上步骤（1）、（2）得到如图 7.11（b）所示的二叉树，再使用步骤（3）得到如图 7.11（c）中所示的森林。从图中可以看出，图 7.11（c）中森林的第一棵树是由原二叉树的根结点和其左子树转换得到的，而第 2、第 3 棵树构成的森林是由原二叉树根结点的右子树转换得到的。如果原二叉树没有右子树，则转换后的结果为一棵树。

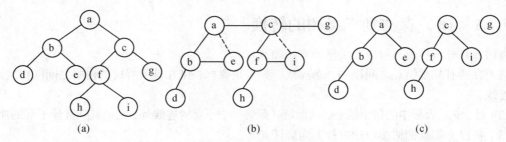

图 7.11　二叉树到树、森林的转换

习　　题

7.1　选择题。

（1）前序遍历和中序遍历结果相同的二叉树为（　　　　）；前序遍历和后序遍历结果相同的二叉树为（　　　）。

    A. 一般二叉树　　　　　　　　　　　　B. 只有根结点的二叉树

    C. 根结点无左孩子的二叉树　　　　　　D. 根结点无右孩子的二叉树

    E. 所有结点只有左子树的二叉树　　　　F. 所有结点只有右子树的二叉树

（2）以下有关二叉树的说法正确的是（　　　）。

    A. 二叉树的度为 2　　　　　　　　　　B. 一棵二叉树的度可以小于 2

    C. 二叉树中至少有一个结点的度为 2　　D. 二叉树中任一个结点的度均为 2

（3）一棵完全二叉树上有 1001 个结点，其中叶子结点的个数为（　　　）。

    A. 250　　　　　　　B. 500　　　　　　　C. 254　　　　　　　D. 501

（4）一棵完全二叉树有 999 个结点，它的深度为（　　　）。

    A. 9　　　　　　　　B. 10　　　　　　　C. 11　　　　　　　D. 12

（5）一棵具有 5 层的满二叉树所包含的结点个数为（　　　）。

    A. 15　　　　　　　B. 31　　　　　　　C. 63　　　　　　　D. 32

7.2　用一维数组存放完全二叉树：A B C D E F G H I，则后序遍历该二叉树的结点序列

为（　　　）。

7.3　有 n 个结点的二叉树，已知叶结点个数为 n_0，则该树中度为 1 的结点的个数为（　　　）；若此树是深度为 k 的完全二叉树，则 n 的最小值为（　　　）。

7.4　设 F 是由 T1、T2 和 T3 三棵树组成的森林，与 F 对应的二叉树为 B。已知 T1、T2 和 T3 的结点数分别是 n1、n2 和 n3，则二叉树 B 的左子树中有（　　　）个结点，二叉树 B 的右子树中有（　　　）结点。

7.5　高度为 k 的二叉树的最大结点数为（　　　），最小结点数为（　　　）。

7.6　对于一棵具有 n 个结点的二叉树，该二叉树中所有结点的度数之和为（　　　）。

7.7　已知一棵二叉树如图 7.12 所示，试求：

（1）该二叉树前序、中序和后序遍历的结果。

（2）该二叉树是否是满二叉树？是否是完全二叉树？

（3）将它转换成对应的树或森林。

（4）这棵二叉树的深度为多少？

（5）试对该二叉树进行前序线索化。

（6）试对该二叉树进行中序线索化。

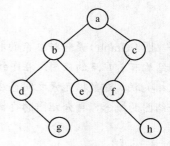

图 7.12　一棵二叉树

7.8　试述树和二叉树的主要区别。

7.9　试分别画出具有 3 个结点的树和具有 3 个结点的二叉树的所有不同形态。

7.10　已知一棵二叉树的中序遍历的结果为 ABCEFGHD，后序遍历的结果为 ABFHGEDC，试画出此二叉树。

7.11　已知一棵二叉树的前序遍历的结果为 ABCDEF，中序遍历的结果为 CBAEDF，试画出此二叉树。

7.12　若一棵二叉树的左、右子树均有 3 个结点，其左子树的前序序列与中序序列相同，右子树的中序序列与后序序列相同，试画出该二叉树。

7.13　分别采用递归和非递归方式编写两个函数，求一棵给定二叉树中叶子结点的个数。

7.14　试编写一个函数，返回一棵给定二叉树在中序遍历下的最后一个结点。

7.15　假设二叉树采用链式方式存储，root 为其根结点，p 和 q 分别指向二叉树中任意两个结点，编写一个函数，返回 p 和 q 最近的共同祖先。

第8章 图

图（Graph）是一种复杂的非线性结构，在人工智能、互联网、工业设计和社会计算等领域中，图结构有着广泛的应用。在图结构中，顶点之间的关联是任意的，图中每个顶点都可以和其他顶点相关联，即数据元素之间存在多对多的关系。相应地，图的存储及其运算也较为复杂。本章先介绍图的概念，再介绍图的存储结构及其应用。

8.1　图的基本概念

现实世界中许多问题可以用图来描述。如高速公路网络、城市轨道交通系统、互联网、移动通信网络等。在数据结构中，图是由一个非空的顶点集合和一个描述顶点之间多对多关系的边（或弧）集合组成的一种数据结构，它可以形式化地表示为：

$$图 = (V, E)$$

其中，$V = \{x | x \in$ 某个数据对象集$\}$，它是顶点的有穷非空集合；$E = \{(x, y) | x, y \in V\}$ 或 $E = \{<x, y> | x, y \in V$ 且 $P(x, y)\}$，它是顶点之间关系的有穷集合，也叫作边集合，$P(x, y)$ 表示从 x 到 y 的一条单向通路。

通常，也将图 G 的顶点集和边集分别记为 $V(G)$ 和 $E(G)$。$E(G)$可以是空集，若 $E(G)$为空，则图 G 只有顶点而没有边。

若图 G 中的每条边都是有方向的，则称 G 为有向图。在有向图中，一条有向边是由两个顶点组成的有序对，有序对通常用尖括号表示。例如，有序对$<v_i, v_j>$表示一条由 v_i 到 v_j 的有向边。有向边又称为弧，弧的始点称为弧尾，弧的终点称为弧头。若图 G 中的每条边都是没有方向的，则称 G 为无向图。无向图中的边均是顶点的无序对，无序对通常用圆括号表示。

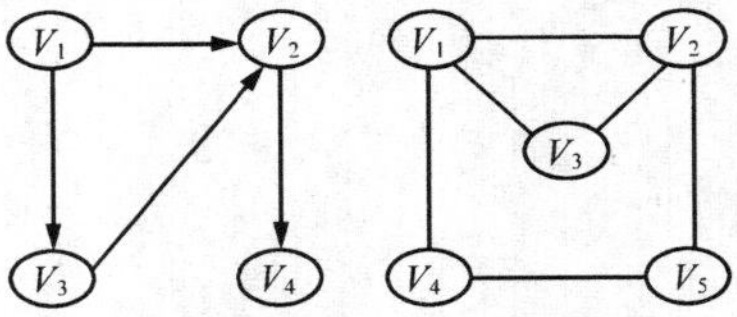

图 8.1（a）所示的是有向图 G_1，该图的顶点集和边集分别为：

(a) 有向图 G_1　　(b) 无向图 G_2

图 8.1　图的示例

$$V(G_1) = \{v_1, v_2, v_3, v_4\}$$
$$E(G_1) = \{<v_1, v_2>, <v_1, v_3>, <v_2, v_4>, <v_3, v_2>\}$$

其中，$<v_1, v_2>$是图中的一条有向边，v_1 是该边的始点（弧尾），v_2 是该边的终点（弧头），图中边的方向是用从始点指向终点的箭头表示的。

图 8.1（b）所示的是无向图 G_2，该图的顶点集和边集分别为：

$$V(G_2) = \{v_1, v_2, v_3, v_4, v_5\}$$

$E(G_2) = \{(v_1, v_2), (v_1, v_3), (v_1, v_4), (v_2, v_3), (v_2, v_5), (v_4, v_5)\}$

其中，(v_1, v_2)是图中的一条无向边，它可以等价地用(v_2, v_1)表示。

在以后的讨论中，我们约定如下。

（1）一条边中涉及的两个顶点必须不相同，即：若(v_i, v_j)或$<v_i, v_j>$是 $E(G)$中的一条边，则要求 $v_i \neq v_j$。

（2）一对顶点间不能有相同方向的两条有向边。

（3）一对顶点间不能有两条无向边，即只讨论简单的图。

若用 n 表示图中顶点的数目，用 e 表示图中边的数目，按照上述规定，容易得到下述结论：对于一个具有 n 个顶点的无向图，其边数 e 小于等于 $n(n-1)/2$，边数恰好等于 $n(n-1)/2$ 的无向图称为无向完全图；对于一个具有 n 个顶点的有向图，其边数 e 小于等于 $n(n-1)$，边数恰好等于 $n(n-1)$ 的有向图称为有向完全图。也就是说完全图具有最多的边数，任意一对顶点间均有边相连。例如，图 8.2 所示的 G_3 与 G_4 分别是具有 4 个顶点的无向完全图和有向完全图。图 G_3 共有 4 个顶点 6 条边；图 G_4 共有 4 个顶点 12 条边。

若(v_i, v_j)是一条无向边，则称顶点 v_i 和 v_j 互为邻接点，或称 v_i 与 v_j 相邻接，并称边(v_i, v_j)关联于顶点 v_i 和 v_j，或称边(v_i, v_j)与顶点 v_i 和 v_j 相关联。在图 G_3 中与顶点 v_1 相邻接的顶点是 v_2、v_3 和 v_4；关联于顶点 v_3 的边是(v_1, v_3)、(v_2, v_3)和(v_3, v_4)。

若$<v_i, v_j>$是一条有向边，则称 v_i 邻接到 v_j，或 v_j 邻接于 v_i，并称有向边$<v_i, v_j>$关联于 v_i 与 v_j，或称有向边$<v_i, v_j>$与顶点 v_i 和 v_j 相关联。在图 G_1 中，关联于顶点 v_1 的弧是$<v_1, v_2>$和$<v_1, v_3>$。

在图中，一个顶点的度就是与该顶点相关联的边的数目，顶点 v 的度记为 $D(v)$。例如，在如图 8.2（a）所示的无向图 G_3 中，各顶点的度均为 3。若 G 为有向图，则把以顶点 v 为终点的边的数目称为顶点 v 的入度，记为 $ID(v)$；把以顶点 v 为始点的边的数目称为 v 的出度，记为 $OD(v)$，有向图中顶点的度数等于顶点的入度与出度之和，即 $D(v) = ID(v) + OD(v)$。例如，在如图 8.2（b）所示的有向图 G_4 中顶点 v_1 的入度为 3，出度为 3，度数为 6。

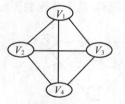

(a) 无向完全图 G_3 (b) 有向完全图 G_4

图 8.2　完全图示例

无论有向图还是无向图，图中的每条边均关联于两个顶点，因此，顶点数 n、边数 e 和度数之间有如下关系。

$$e = \frac{1}{2}\sum_{i=1}^{n} D(v_i) \tag{8-1}$$

给定两个图 G_i 和 G_j，其中，$G_i = (V_i, E_i)$，$G_j = (V_j, E_j)$，若满足 $V_i \subseteq V_j$，$E_i \subseteq E_j$，则称 G_i 是 G_j 的子图。图 8.3（a）列出了无向图 G_3 的部分子图，图 8.3（b）列出了有向图 G_4 的部分子图。

无向图 G 中若存在着一个顶点序列 v、v_1'、v_2'、$\cdots$、v_m'、u，且(v, v_1')、(v_1', v_2')、$\cdots$、(v_m', u)均属于 $E(G)$，则称该顶点序列为顶点 v 到顶点 u 的一条路径，相应地，顶点序列 u、v_m'、v_{m-1}'、$\cdots$、v_1'、v 是顶点 u 到顶点 v 的一条路径。如果 G 是有向图，路径也是有向的，它由 $E(G)$中的有向边$<v, v_1'>$、$<v_1', v_2'>$、$\cdots$、$<v_m', u>$组成。路径长度是该路径上边或弧的数目。

如果一条路径上除了起点 v 和终点 u 外，其余顶点均不相同，则称此路径为一条简单路径。起点和终点相同（$v = u$）的简单路径称为简单回路或简单环。例如，在图 G_3 中顶点序列 v_1、v_2、

v_3、v_4是一条从顶点v_1到顶点v_4的长度为3的简单路径；顶点序列v_1、v_2、v_4、v_1、v_3是一条从顶点v_1到顶点v_3的长度为4的路径，但不是简单路径，它两次经过了顶点v_1；顶点序列v_1、v_2、v_4、v_1是一个长度为3的简单回路。在有向图G_4中，顶点序列v_1、v_2、v_3、v_1是一条长度为3的有向简单环。

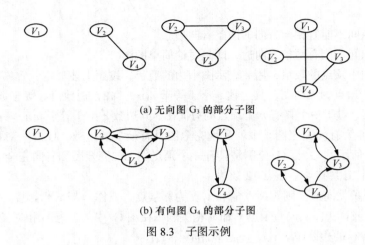

(a) 无向图 G_3 的部分子图

(b) 有向图 G_4 的部分子图

图 8.3　子图示例

在无向图 G 中，若从顶点v_i到顶点v_j有路径，则称v_i与v_j是连通的。若 $V(G)$中任意两个不同的顶点v_i和v_j都连通（即有路径），则称 G 为连通图。例如，图 8.1（b）所示的无向图G_2、图 8.2（a）所示的无向图G_3都是连通图。无向图 G 的极大连通子图称为 G 的连通分量。根据连通分量的定义，可知任何连通图的连通分量是其自身，非连通的无向图有多个连通分量。例如，图 8.4（a）所示的无向图G_5是个非连通图，它的两个连通分量 H_1 和 H_2 如图 8.4（b）所示。

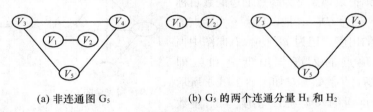

(a) 非连通图 G_5　　　　　　(b) G_5 的两个连通分量 H_1 和 H_2

图 8.4　非连通图及其连通分量示例

在有向图 G 中，若对于 $V(G)$中任意两个不同的顶点v_i和v_j，都存在从v_i到v_j以及从v_j到v_i的路径，则称 G 是强连通图。有向图的极大强连通子图称为 G 的强连通分量。根据强连通图的定义，可知强连通图的唯一强连通分量是其自身，而非强连通的有向图有多个强连分量。例如，图 8.2（b）所示的有向图G_4是一个具有 4 个顶点的强连通图，图 8.5（a）所示的有向图G_6不是强连通图（v_2、v_3、v_4没有到达v_1的路径），它的两个强连通分量 H_3 与 H_4 如图 8.5（b）所示。

有时在图的每条边上附上相关的数值，这种与图的边相关的数值叫权。权可以表示两个顶点之间的距离、耗费等具有某种意义的数。若将图的每条边都赋上一个权，则称这种带权图为网络（Network）。例如，图 8.6（a）给出了一个包含 4 个顶点的无向网络G_7，图 8.6（b）给出了一个包含 3 个顶点的有向网络G_8。

与图有关的具体应用问题需要通过抽象的方法建立其相应的图模型，再基于这个模型来设计求解算法。例如，著名的柯尼斯堡七桥问题提出对如图 8.7 所示的七桥，问能否从某个地方出发，穿过所有的桥仅一次后再回到出发点？在这个问题中，可以将七桥表示为连接各点之间的边，则柯尼斯堡七桥就可以转换为图 8.8 所示的图模型。

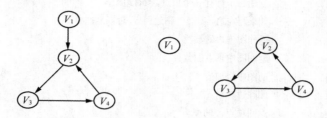

(a) 非强连通图 G_6 (b) G_6 的两个强连通分量 H_3 和 H_4

图 8.5　非强连通图及其强连通分量示例

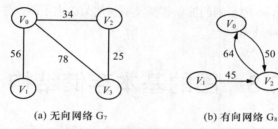

(a) 无向网络 G_7 (b) 有向网络 G_8

图 8.6　网络示例

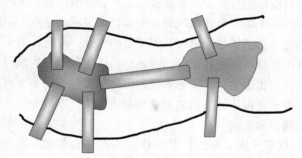

图 8.7　柯尼斯堡七桥图示

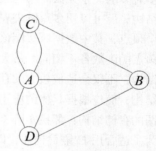

图 8.8　柯尼斯堡七桥模型

再如，互联网中各网站之间的关系可以抽象成一个有向图，具体的网站的 URL 可以抽象为有向图中的顶点，一个网站链接到另一个网站的超链接可以抽象为连接两个不同顶点之间的有向边。这样，顶点入度越大的，表示指向该网站的超链接越多，说明其影响力在同类网站中也是较大的，在网络搜索时，搜索引擎可以用该顶点的入度作为搜索结果排序的重要依据，甚至优先将该网站推荐给用户。

8.2　图的基本运算

图是一种复杂数据结构，由图的定义及图的一组基本操作构成了图的抽象数据类型。

```
ADT Graph{
    数据对象 V:V 是具有相同特性的数据元素的集合,称为顶点集。
    数据关系 R:
```

R={<v,w>|v,w∈V 且 P(v,w)，P(v,w)定义了边(v,w)的信息}

图的基本操作如下。

（1）Creat(n)	创建一个具有 n 个顶点，没有边的图。
（2）Exist(i,j)	如果存在边（i，j）则返回 1，否则返回 0。
（3）Edges()	返回图中边的数目。
（4）Vertices()	返回图中顶点的数目。
（5）Add(i,j)	向图中添加边（i，j）。
（6）Delete(i,j)	删除边（i，j）。
（7）Degree(i)	返回顶点 i 的度。
（8）InDegree(i)	返回顶点 i 的入度。
（9）OutDegree(i)	返回顶点 i 的出度。

} ADT Graph

上述抽象数据类型 **Graph** 中所列的抽象数据类型描述只给出了图操作的一小部分。在后面的讲述中，将不断地增加相应的操作。

8.3　图的基本存储结构

图的存储表示既要存储图的顶点信息，又要存储顶点之间的关系。而图中顶点与顶点之间存在的多对多的关系无法简单地通过顺序存储结构的位置关系直接表示出来，即图没有顺序映像的存储结构，但可以用多重链表表示图，即以一个由一个数据域和多个指针域组成的结点表示图中的一个顶点，其中数据域存储该顶点的信息，指针域存储指向其邻接点的指针。但是，由于图中各个顶点的度数各不相同，最大度数和最小度数可能相差很多，因此，若按度数最大的顶点设计结点结构，不仅会造成较大的存储空间浪费，也会给运算带来不便，因此在实际应用中不宜采用这种结构，而应根据具体的应用和运算的需要，设计恰当的结点结构和表结构，本节介绍 3 种常用的图的存储结构：邻接矩阵、邻接表和邻接多重表。

为了适合用 C 语言描述，以下假定顶点序号从 0 开始，即图 G 的 n 个顶点集的一般形式是 $V(G)=\{v_0,\ \cdots,\ v_i,\ \cdots,\ v_{n-1}\}$。

8.3.1　邻接矩阵及其实现

设 G=(V, E) 是有 n（n≥1）个顶点的图，在图的邻接矩阵表示法中，可用两个表格分别存储数据元素（顶点）的信息和数据元素之间的关联（边）信息。通常用一维数组（顺序表）存储数据元素的信息，用二维数组（邻接矩阵）存储数据元素之间的关系。

给定图 G = (V, E)，其中，$V(G)=\{v_0,\ \cdots,\ v_i,\ \cdots,\ v_{n-1}\}$，G 的邻接矩阵（Adacency Matrix）是具有如下性质的 n 阶方阵：

$$A[i, j]=\begin{cases} 1 & 若(v_i, v_j)或<v_i, v_j>\in E(G) \\ 0 & 若(v_i, v_j)或<v_i, v_j>\notin E(G) \end{cases}$$

例如，图 8.9 所示的无向图 G_9、有向图 G_{10} 的邻接矩阵可分别表示为 A_1 和 A_2。

无向图的邻接矩阵是对称的，因为若 $(v_i, v_j)\in E$，则必有 $(v_j, v_i)\in E$；但有向图的邻接矩阵则不一定对称，因为若 $<v_i, v_j>\in E$，却不一定有 $<v_j, v_i>\in E$。因此无向图的邻接矩阵可采用上三角或下三角矩阵进行压缩存储，其存储空间只需 $n(n+1)/2$，而有向图的邻接矩阵所需存储空间为 n^2。

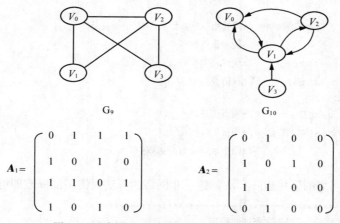

$$A_1 = \begin{pmatrix} 0 & 1 & 1 & 1 \\ 1 & 0 & 1 & 0 \\ 1 & 1 & 0 & 1 \\ 1 & 0 & 1 & 0 \end{pmatrix} \qquad A_2 = \begin{pmatrix} 0 & 1 & 0 & 0 \\ 1 & 0 & 1 & 0 \\ 1 & 1 & 0 & 0 \\ 0 & 1 & 0 & 0 \end{pmatrix}$$

图 8.9　无向图 G_9 及有向图 G_{10} 的邻接矩阵表示

用邻接矩阵表示图，很容易判定任意两个顶点之间是否有边相连，并求得各个顶点的度数。对于无向图，顶点 v_i 的度数是邻接矩阵中第 i 行或第 i 列值为 1 的元素个数，即：

$$D(v_i) = \sum_{j=0}^{n-1} A[i,j] = \sum_{j=0}^{n-1} A[j,i] \qquad (8\text{-}2)$$

对于有向图，邻接矩阵中第 i 行值为 1 的元素个数为顶点 v_i 的出度，第 i 列值为 1 的元素的个数为顶点 v_i 的入度，即：

$$OD(v_i) = \sum_{j=0}^{n-1} A[i,j]; \quad ID(v_i) = \sum_{j=0}^{n-1} A[j,i] \qquad (8\text{-}3)$$

当 $G=(V，E)$ 是一个网络时，G 的邻接矩阵是具有如下性质的 n 阶方阵。

$$A[i,j] = \begin{cases} W_{ij} & \text{当} (v_i, v_j) \text{或} <v_i, v_j> \in E(G) \\ 0 & \text{当} (v_i, v_j) \text{或} <v_i, v_j> \notin E(G) \text{且} i=j \\ \infty & \text{当} (v_i, v_j) \text{或} <v_i, v_j> \notin E(G) \text{且} i \neq j \end{cases}$$

其中，W_{ij} 表示边上的权值；∞ 表示一个计算机允许的、大于所有边上权值的数。例如，图 8.6（a）中的无向网 G_7 的邻接矩阵如图 8.10（a）所示；图 8.6（b）中的有向网 G_8 的邻接矩阵如图 8.10（b）所示。

$$A_3 = \begin{pmatrix} 0 & 56 & 34 & 78 \\ 56 & 0 & \infty & \infty \\ 34 & \infty & 0 & 25 \\ 78 & \infty & 25 & 0 \end{pmatrix} \qquad A_4 = \begin{pmatrix} 0 & \infty & 50 \\ \infty & 0 & 45 \\ 64 & \infty & 0 \end{pmatrix}$$

(a) G_7 的邻接矩阵　　　　　　　(b) G_8 的邻接矩阵

图 8.10　网络邻接矩阵示例

用邻接矩阵表示法存储图，除了用邻接矩阵存储顶点间的相邻关系外，还需要用一个顺序表（数组）存储顶点信息，另外，可将图中顶点数及边的总数一起存储。当邻接矩阵中的元素仅表示相应的边是否存在时，边权值类型可定义为值为 0 和 1 的枚举类型。

邻接矩阵的数据类型定义如下。

```
/********************************************************* /
/* 邻接矩阵类型定义      文件名:ljjz.h */
/********************************************************* /
```

```
#include <stdio.h>
#define FINITY 5000         /*此处用 5000 代表无穷大*/
#define M 20                /*最大顶点数*/
typedef char vertextype;    /*顶点值类型*/
typedef int edgetype;       /*权值类型*/
typedef struct{
    vertextype vexs[M];     /*顶点信息域*/
    edgetype edges[M][M];   /*邻接矩阵*/
    int n,e;                /*图中顶点总数与边数*/
} Mgraph;
```

下面给出建立网络的邻接矩阵算法，建立非网络的算法只需稍加修改即可实现，见算法 8.1。

```
/*************************************************** /
/*  函数功能:建立图的邻接矩阵存储结构               */
/*  函数参数:邻接矩阵的指针变量 g；                 */
/*          章存放图信息的文件名 s；                */
/*          图的类型参数 c                          */
/*  函数返回值:无                                   */
/***************************************************/
void creat(Mgraph *g,char *s ,int c)
{  int i,j,k,w;              /* c=0 表示建立无向图,否则表示建立有向图*/
   FILE *rf ;
   rf = fopen(s, "r") ; /*从文件中读取图的边信息*/
   if (rf)
   {            fscanf(rf,"%d%d",&g->n,&g->e);   /*读入图的顶点数与边数*/
        for(i=0;i<g->n;i++)                     /*读入图中的顶点值*/
                fscanf(rf,"%1s",&g->vexs[i]);
        for(i=0;i<g->n;i++)                     /*初始化邻接矩阵*/
                for(j=0;j<g->n;j++)
                        if (i==j) g->edges[i][j]=0;
                        else g->edges[i][j]=FINITY;
        for (k=0;k<g->e;k++)                    /*读入网络中的边*/
        {       fscanf(rf,"%d%d%d", &i,&j,&w);
                g->edges[i][j]=w;
                if (c==0) g->edges[j][i]=w;     /*建立无向图邻接矩阵*/
        }
        fclose(rf);                             /*关闭文件*/
   }
   else g->n=0;
}
```

算法 8.1　建立网络的邻接矩阵算法

　　需要说明的是，由于图包含的顶点数与边数较大，从键盘输入图的相关信息较为烦琐，不利于图算法的调试。所以算法 8.1 将图的全部信息事先存储在文本文件中，文件内依次存放图的顶点数、边数、顶点信息和所有的边信息。采用 C 语言从文件内读信息，首先需要定义 FILE 类型的文件指针，通过 fopen()函数打开指定的文件，然后采用文件格式输入函数 fscanf()从文件指针指向的文件中读取数据，文件全部读写完成后，需要用 fclose()函数关闭相应的文件（有关文件操作的具体函数请查阅 C 语言相关资料）。若从键盘输入图的相关信息，只需对算法 8.1 稍作修改，删除打开与关闭文件的相关操作，将文件输入语句改为键盘输入语句即可。

当建立网络存储结构时，边信息以三元组（i，j，w）的形式输入，i、j 分别表示两顶点的序号，w 表示边上的权。例如，对图 8.6 所示的无向网络 G_7，设其对应的输入文件名为 G7.txt，其内容是：

```
4      4
0123
0      1      56
0      2      34
0      3      78
2      3      25
```

4　　4 表示该图包括 4 个顶点 4 条边，字符 0123 表示顶点 V_0，V_1，V_2，V_3 的结点信息，其他的 4 个三元组代表 4 条边信息。通过函数调用 creat(&g，"g7.txt"，0)便可建立无向网 G_7 的邻接矩阵。当参数 c=1 时，将建立有向图的存储结构。

当建立非网络的存储结构时，所有的边信息只需按二元组（i，j）的形式输入，边的权值取值为 0 或 1。

8.3.2　邻接表及其实现

用邻接矩阵表示法存储图，占用的存储单元个数只与图中顶点的个数有关，而与边的数目无关。一个含有 n 个顶点的图，如果其边数比 n^2 少得多，那么它的邻接矩阵就会有很多空元素，浪费了存储空间。这时可以采用图的另一种存储结构——邻接表表示法。

图的邻接表表示法类似于树的孩子链表表示法。对于图 G 中的每个顶点 v_i，该方法把所有邻接于 v_i 的顶点 v_j 链成一个带头结点的单链表，这个单链表就称为顶点 v_i 的邻接表。单链表中的每个结点至少包含两个域，一个为邻接点域（adjvex），它指示与顶点 v_i 邻接的顶点在图中的位序，另一个为链域（next），它指示与顶点 v_i 邻接的下一个结点。如果是网络，可以在单链表的结点中增加一个数据域用于存储和边（弧）相关的信息，如权值等。在每个链表上需附设一个表头结点，在表头结点中，除了设有头指针域（firstedge）指向链表中第一个结点之外，还设有存储顶点 v_i 的数据域（vertex）或其他有关信息的数据域。头结点与链表结点的结构可表示为：

头结点　　　　　　　　　　　　　表结点

vertex	firstedge		adjvex	next

为了便于随机访问任意顶点的邻接表，可将所有头结点顺序存储在一个向量中就构成了图的邻接表存储。最后将图的顶点数及边数等信息与邻接表放在一起来描述图的存储结构。

对于无向图，v_i 的邻接表中每个表结点都对应于与 v_i 相关联的一条边；对于有向图来说，如果每一顶点 v_i 的邻接表中每个表结点都存储以 v_i 的为始点射出的一条边，则称这种表为有向图的**出边表**（有向图的邻接表），反之，若每一顶点 v_i 的邻接表中每个表结点都对应于以 v_i 为终点的边（即射入 v_i 的边），则称这种表为有向图的**入边表**（又称逆邻接表）。

例如，图 8.9 所示的无向图 G_9 的邻接表可表示为图 8.11。

图 8.9 所示的有向图 G_{10} 的出边表（邻接表）与入边表（逆邻接表）可表示为图 8.12。

若无向图中有 n 个顶点，e 条边，则它的邻接表存储结构需要 n 个头结点和 2e 个边结点，在边稀疏（e 远小于 $n(n-1)/2$）的情况下，用邻接表存储图比邻接矩阵存储图节省存储空间。

在无向图的邻接表中，顶点 v_i 的度为第 i 个链表中结点的个数；而在有向图的出边表中，第 i 个链表中的结点个数是顶点 v_i 的出度；为了求入度，必须对整个邻接表扫描一遍，所有链表中其邻接点域的值为 i 的结点的个数是顶点 v_i 的入度。

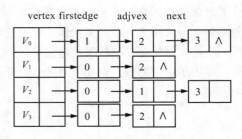

图 8.11　邻接表示例

建立图的邻接表存储结构的方法是：首先读入图中的顶点个数 n 与边数 e，然后将邻接表表头数组初始化，依次读入 n 个顶点信息，再循环 e 次，读入表示边的顶点对（i，j），若为无向图，则先生成一个以 j 为邻接点值的边结点插入第 i 个边链表中（一般插入到表头），再生成一个以 i 为邻接点值的边结点插入第 j 个边链表中；对于有向图的出边表，输入的有序对<i，j>仅表示由 i 到 j 的有向边，因此只需要在第 i 个边链表上插入以 j 为结点值的边结点即可。建立网络的邻接表时，需在边表的每个结点中增加一个存储边上权的数据域，且以三元组（i，j，w）的方式输入，这里 w 表示边（i，j）上的权。

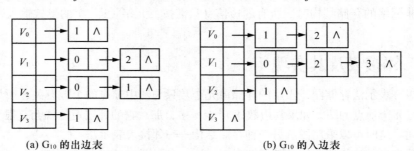

(a) G_{10} 的出边表　　　　　　　　　(b) G_{10} 的入边表

图 8.12　有向图的出边表与入边表示例

在给出创建图的邻接表算法之前，先定义邻接表存储结构如下。

```
/**********************************************************/
/*  邻接表存储结构     文件名:ljb.h                        */
/**********************************************************/
#include <stdio.h>
#include <stdlib.h>
#define M 20                    /*预定义图的最大顶点数*/
typedef char DataType;          /*顶点信息数据类型*/
typedef struct node{            /*边表结点*/
    int adjvex;                 /*邻接点*/
    struct node *next;
}EdgeNode;
typedef struct vnode{           /*头结点类型*/
    DataType vertex;            /*顶点信息*/
    EdgeNode *FirstEdge;        /*邻接链表头指针*/
}VertexNode;
typedef struct{                 /*邻接表类型*/
        VertexNode adjlist[M];  /*存放头结点的顺序表*/
        int n,e;                /*图的顶点数与边数*/
}LinkedGraph;
```

算法 8.2 描述了建立图的邻接表的方法。

```
/***************************************************************************/
/*   函数功能:建立图的邻接表                                              */
/*   函数参数:邻接表指针变量 g;存放图信息的文件名 filename;图的类型参数 c    */
/*   函数返回值:无                                                        */
/***************************************************************************/
void creat(LinkedGraph *g,char *filename,int c)
{   int i,j,k;              /* c=0 表示建立无向图,否则表示建立有向图 */
    EdgeNode *s;
    FILE *fp;
    fp=fopen(filename,"r");
    if (fp)
    { fscanf(fp,"%d%d",&g->n,&g->e);                      /*读入顶点数与边数*/
      for(i=0;i<g->n;i++)
        {   fscanf(fp,"%1s",&g->adjlist[i].vertex);        /*读入顶点信息*/
            g->adjlist[i].FirstEdge=NULL;                  /*边表置为空表*/
        }
      for(k=0;k<g->e;k++)                                  /*循环 e 次建立边表*/
        {   fscanf(fp,"%d%d",&i,&j);                       /*输入无序对 (i,j)*/
            s=(EdgeNode *)malloc(sizeof(EdgeNode));
            s->adjvex=j;                                   /*邻接点序号为 j*/
            s->next=g->adjlist[i].FirstEdge;
            g->adjlist[i].FirstEdge=s;          /*将新结点*s 插入顶点 vi 的边表头部*/
            if (c==0)                            /*无向图*/
            {   s=(EdgeNode *)malloc(sizeof(EdgeNode));
                s->adjvex=i;                               /*邻接点序号为 i*/
                s->next=g->adjlist[j].FirstEdge;
                g->adjlist[j].FirstEdge=s;      /*将新结点*s 插入顶点 vj 的边表头部*/
            }
        }
    fclose(fp);
    }
    else
        g->n=0;                                            /*文件打开失败*/
}
```

算法 8.2　建立无向图的邻接表算法

值得注意的是,一个图的邻接矩阵表示是唯一的,但其邻接表表示不唯一,这是因为在邻接表结构中,各边表结点的链接次序取决于建立邻接表的算法以及边的输入次序。一般而言,邻接矩阵适合存储稠密图,邻接表适合存储稀疏图。

8.3.3　邻接多重表

在无向图的邻接表表示法中,每条边 (v_i, v_j) 由两个结点表示,一个在 v_i 的边链表中,另一个在 v_j 的边链表中。在某些应用中,这种表示法会带来不便,例如,若要从图中删除一条边 (v_i, v_j),需要找到表示这条边的两个结点,分别在这两个结点的边链表中对其进行删除。邻接多重表克服了这一缺陷，在邻接多重表中，每条边（v_i，v_j）只用一个边结点表示，它可以被多个链表共享。

在邻接多重表中，每个边表结点一般由以下5个域组成：

mark	vex_i	$link_i$	vex_j	$link_j$

其中，mark为标志域，在图的遍历等算法中可用于标记该条边是否被搜索过；vex_i和vex_j为该边的两个顶点在图中的位序；$link_i$与$link_j$为两个边结点指针，其中，$link_i$指向关联于顶点vex_i的下一条边，$link_j$指向关联于顶点vex_j的下一条边。

用邻接多重表方法存储图时，每个顶点也用一个表头结点表示。其结构可表示为：

vertex	firstedge

其中，vertex域存储和该顶点相关的信息，firstedge域指向第一条关联于vertex顶点的边。例如，图8.13给出了图8.6（a）所示的无向网络 G_7 的邻接多重表。其中的边表结点增加了一个存储权值的数据域。

在邻接多重表中，链表的条数等于图中顶点的个数，所有与某顶点相关联的边结点都串在同一条链表中，每个边结点靠它的两个指针域同时链在两条链表中。邻接多重表的数据结构定义及其建立算法作为练习由读者完成。

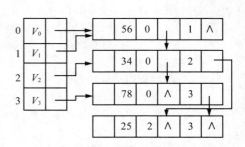

图8.13　无向网络的邻接多重表示例

8.4　图　的　遍　历

给定图 $G=(V, E)$ 和 $V(G)$ 中的某一顶点 v，从 v 出发访问 G 中其余顶点，且使每个顶点位置仅被访问一次，这一过程称为图的遍历。

图的遍历是许多图算法的基础，它比树的遍历要复杂得多，由于图中的任一顶点都可能和其他顶点相邻接，即在图中可能存在回路，因此在访问了某个顶点之后，可能顺着某条边又访问到已被访问过的顶点，因此，在遍历图的过程中，必须记下每个已访问过的顶点。具体做法可以设置一个数组 visited[n]，visited[i] 对应于顶点 v_i，若 v_i 未被访问，则 visited[i]=0；否则 visited[i]=1。

深度优先遍历和广度优先遍历是最为重要的两种遍历图的方法，它们对无向图和有向图均适用。

8.4.1　深度优先遍历

用深度优先搜索策略遍历一个图类似于树的前序遍历，它是树的前序遍历方法的推广。深度优先搜索（Depth-First Search）的基本思想是：对于给定的图 $G=(V, E)$，首先将 V 中每一个顶点都标记为未被访问，然后选取一个源点 $v \in V$，将 v 标记为已被访问，再递归地用深度优先搜索方法，依次搜索 v 的所有邻接点 w。若 w 未曾访问过，则以 w 为新的出发点继续进行深度优先遍历，如果从 v 出发有路的顶点都已被访问过，则从 v 的搜索过程结束。此时，如果图中还有未被访问过的顶点（该图有多个连通分量或强连通分量），则再任选一个未被访问过的顶点，并从这个顶点开始做新的搜索。上述过程一直进行到 V 中所有顶点都已被访问过为止。

用深度优先搜索方法遍历图称为图的深度优先遍历。

以图 8.14（a）所示的无向图 G_{11} 为例，从 C_0 出发深度优先遍历该图的过程如图 8.14（c）所示。在访问了源点 C_0 之后，选择了 C_0 的第 1 个邻接点 C_1，因为 C_1 未曾被访问，所以接着从 C_1 出发进行搜索，从 G_{11} 的邻接表可知，C_1 的第 1 个邻接点 C_0 已被访问，因此下一步将搜索到 C_1 的第 2 个邻接点 C_3，C_3 未曾访问，因此访问完 C_3 后，再从 C_3 出发进行搜索，依此类推，最终访问完 C_2 后，图中的所有顶点都已访问完成。由此得到的顶点序列（简称为 DFS 序列）为：

$$C_0 \rightarrow C_1 \rightarrow C_3 \rightarrow C_4 \rightarrow C_5 \rightarrow C_2$$

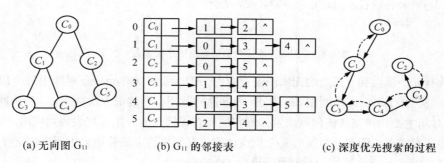

(a) 无向图 G_{11} (b) G_{11} 的邻接表   (c) 深度优先搜索的过程

图 8.14 图的深度优先搜索示例

需要说明的是，深度优先搜索的访问顺序与图的邻接表存储状态有关，由于图的邻接表存储不是唯一的，因此对于同一个图，其深度优先遍历输出的结果也可能是不同的。但采用邻接矩阵或邻接表存储结构内容已确定的图的 DFS 序列将是确定的。

假设无向图采用邻接表存储结构（图的创建可通过算法 8.2 实现），则图的深度优先遍历过程可表示为算法 8.3。

```c
/******************************************************/
/*   图的深度优先遍历算法      文件名:dfs.c           */
/******************************************************/
#include "ljb.h"
int visited[M];


/******************************************************/
/*   函数功能:从顶点 i 开始深度优先遍历图的连通分量   */
/*   函数参数:图的邻接表 g,遍历起点 i                 */
/*   函数返回值:无                                    */
/******************************************************/
void dfs(LinkedGraph g,int i)
{ EdgeNode *p;
  printf("visit vertex: %c \n",g.adjlist[i].vertex);      /*访问顶点 i*/
  visited[i]=1;
  p=g.adjlist[i].FirstEdge;
  while (p)                               /*从 p 的邻接点出发进行深度优先搜索*/
  { if (!visited[p->adjvex])
        dfs(g,p->adjvex);
    p=p->next;
  }
}
```

```
/********************************************************/
/*  函数功能:深度优先遍历图                              */
/*  函数参数:图的邻接表 g                                */
/*  函数返回值:无                                        */
/********************************************************/
void DfsTraverse(LinkedGraph g)
{  int i;
      for (i=0;i<g.n;i++)
        visited[i]=0;              /*初始化标志数组*/
      for (i=0;i<g.n;i++)
        if (!visited[i])           /*vᵢ未访问过*/
          dfs(g,i);
}
```
算法 8.3　图的深度优先遍历算法（邻接表表示法）

对于具有 n 个顶点和 e 条边的无向图或有向图，遍历算法 DfsTraverse 对图中每个顶点至多调用一次 dfs。从 DfsTraverse 中调用 dfs 或 dfs 内部递归调用自己的最大次数为 n。当访问某顶点 v_i 时，dfs 的时间主要耗费在从该顶点出发搜索它的所有邻接点上。用邻接表表示图时，需搜索第 i 个边表上的所有结点，因此，对所有 n 个顶点访问，在邻接表上需将边表中所有 $O(e)$ 个结点检查一遍。所以，DfsTraverse 算法的时间复杂度为 $O(n+e)$。

8.4.2　广度优先遍历

图的广度优先遍历类似于树的层次遍历，采用的搜索方法的特点是尽可能先对横向结点进行搜索，故称其为广度优先搜索（Breadth-First-Search）。其基本思想是：给定图 G=(V, E)，从图中某个源点 v 出发，在访问了顶点 v 之后，接着就尽可能先在横向搜索 v 的所有邻接点。在依次访问 v 的各个未被访问过的邻接点 w_1, w_2, …, w_k 之后，分别从这些邻接点出发依次访问与 w_1, w_2, …, w_k 邻接的所有未曾访问过的顶点。依此类推，直至图中所有和源点 v 有路径相通的顶点都已访问过为止，此时从 v 开始的搜索过程结束。若 G 是连通图，则遍历完成；否则，在图 G 中另选一个尚未访问的顶点作为新源点继续上述的搜索过程，直至图 G 中所有顶点均已被访问为止。

采用广度优先搜索法遍历图的方法称为图的广度优先遍历。

对图 8.14 所示的无向图 G_{11} 进行广度优先遍历的过程为：首先访问起始点，假设从 C_0 出发，接着访问与 C_0 邻接的顶点 C_1 与 C_2，然后依次访问与 C_1 邻接的未曾访问的顶点 C_3 和 C_4，最后访问与 C_2 邻接的顶点 C_5。至此，这些顶点的邻接点均已被访问，并且图中的所有顶点都被访问，图的遍历结束，得到该图的广度优先遍历序列（简称 BFS 序列）为：

$$C_0 \rightarrow C_1 \rightarrow C_2 \rightarrow C_3 \rightarrow C_4 \rightarrow C_5$$

为确保先访问的顶点其邻接点亦先被访问，在搜索过程中可使用队列来保存已访问过的顶点。当访问 v 和 u 时，这两个顶点相继入队，此后，当 v 和 u 相继出队时，分别从 v 和 u 出发搜索其邻接点 v_1, v_2, …, v_s 和 u_1, u_2, …, u_t，对其中未访者进行访问并将其入队。这种方法是将每个已访问的顶点入队，保证了每个顶点至多只有一次入队。

若图采用邻接表存储结构，则算法 8.4 图的广度优先遍历算法可表示如下。

```
/********************************************************/
/*  图的广度优先遍历算法    文件名bfs.c                  */
/********************************************************/
#include "ljb.h"
```

```
int visited[M];                    /*全局标志向量*/
/**********************************************************/
/*  函数功能:从顶点 i 出发广度优先变量图 g 的连通分量      */
/*  函数参数:图的邻接表 g,遍历始点 i                      */
/*  函数返回值:无                                        */
/**********************************************************/
void bfs(LinkedGraph g, int i)
{ int j;
  EdgeNode *p;
  int queue[M], front,rear;          /*FIFO 队列*/
  front=rear=0;                      /*初始化空队列*/
  printf("%c ",g.adjlist[i].vertex); /*访问源点 v*/
  visited[i]=1;
  queue[rear++]=i;                   /*被访问结点进队*/
  while (rear>front)                 /*当队列非空时,执行下列循环体*/
     { j=queue[front++];             /*出队*/
       p=g.adjlist[j].FirstEdge;
       while (p)                     /*广度优先搜索邻接表*/
           { if (visited[p->adjvex]==0)
             {  printf("%c ",g.adjlist[p->adjvex].vertex);
                queue[rear++]=p->adjvex;
                visited[p->adjvex]=1;
             }
             p=p->next;
           }
     }
}
/**********************************************************/
/*  函数功能:广度优先遍历图 g                             */
/*  函数参数:邻接表 g                                    */
/*  函数返回值:返回连通分量的个数                         */
/**********************************************************/
int BfsTraverse(LinkedGraph g)
{ int i,count=0;
  for (i=0;i<g.n;i++)
        visited[i]=0;                /*初始化标志数组*/
  for (i=0;i<g.n;i++)
        if (!visited[i])    /*vi 未访问过*/
        {  printf("\n");
           count++;                  /*连通分量个数加 1*/
           bfs(g,i);
        }
  return count;
}
int main()
{ LinkedGraph g;
  int count;
  creat(&g,"g11.txt",0);             /*假设 G11 的图信息存储在 g11.txt 文件中*/
  printf("\n The graph is:\n");      /*输出图的邻接表*/
  print(g);
```

```
        count=BfsTraverse(g);                    /*从顶点0出发广度优先遍历图g*/
        printf("\n该图共有%d个连通分量。\n",count);
        return 0;
    }
```

算法8.4　图的广度优先遍历算法（邻接表表示法）

对于具有 n 个顶点和 e 条边的无向图或有向图，每个顶点均入队一次。广度优先遍历图的时间复杂度和 DfsTraverse 算法相同。另外，广度优先遍历无向图的过程中调用 bfs 的次数就是该图连通分量的个数，当图 g 是连通图（强连通图）时，只需从一个源点出发就可以遍历完图中所有的顶点，函数 BfsTraverse 借助广度优先遍历图的过程返回无向图的连通分量个数。

8.5　生成树与最小生成树

对于一个无向的连通图 G=(V, E)，设 G' 是它的一个子图，如果 G' 中包含了 G 中所有的顶点（即 V(G')=V(G)），且 G' 是无回路的连通图，则称 G' 为 G 的一棵生成树。

设图 G=(V, E) 是一个具有 n 个顶点的连通图，则从 G 的任一顶点（源点）出发，作一次深度优先搜索或广度优先搜索，搜索到的 n 个顶点和搜索过程中所经过的边集（共 $n-1$ 条）组成的极小连通子图就是一棵生成树（源点是生成树的根）。生成树是连通图的包含图中所有顶点的极小连通子图。

图的生成树不唯一，从不同的顶点出发进行遍历或采用不同的遍历方法，可以得到不同的生成树。通常，由深度优先搜索得到的生成树称为深度优先搜索生成树，简称为 DFS 生成树；由广度优先搜索得到的生成树称为广度优先搜索生成树，简称为 BFS 生成树。例如，从图 8.14（a）所示的无向图 G_{11} 中的顶点 C_0 出发所得的 DFS 生成树如图 8.15（a）所示，BFS 生成树如图 8.15（b）所示。

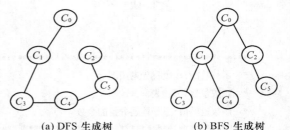

(a) DFS 生成树　　　　　(b) BFS 生成树
图 8.15　无向图 G_{11} 的生成树示例

上述概念是针对连通的无向图而言的，实际上，对于有向图同样适用。如果 G 是强连通的有向图，则从其中任一顶点 v 出发，都可以遍历完 G 中的所有顶点，从而得到以 v 为根的生成树。若图 G 不是强连通的，但存在一个顶点 v_s，从 v_s 出发可以到达图中的所有其他顶点，同样可以按深度优先或广度优先搜索得到以 v_s 为根的生成树。图 8.16 给出了一个有向图及其生成树的例子。

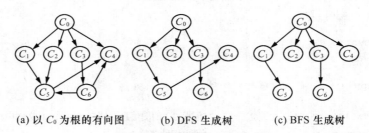

(a) 以 C_0 为根的有向图　　　(b) DFS 生成树　　　(c) BFS 生成树
图 8.16　有向图及其生成树示例

若 G 是非连通的无向图，则要若干次从外部调用 DFS（或 BFS）算法，才能完成对 G 的遍历。每一次外部调用，只能访问到 G 的一个连通分量的顶点集，这些顶点和遍历时所经过的边构成了该连通分量的一棵生成树。G 的各个连通分量的生成树组成了 G 的生成森林。若 G 是非强连通的有向图，且源点又不是有向图的根，则遍历时一般也只能得到该有向图的生成森林。

图 8.17（a）所示的是一个不连通的无向图 G_{12}，图 8.17（b）、（c）所示的分别是 G_{12} 的一个 DFS 和 BFS 生成森林。

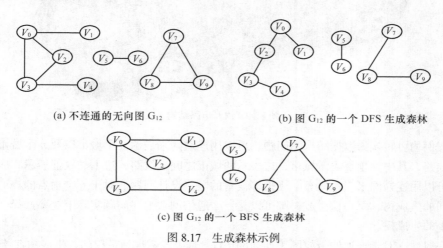

(a) 不连通的无向图 G_{12}　　　　　　　(b) 图 G_{12} 的一个 DFS 生成森林

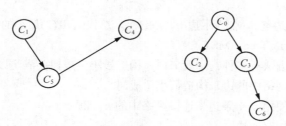

(c) 图 G_{12} 的一个 BFS 生成森林

图 8.17　生成森林示例

图 8.18 是对如图 8.16（a）所示的单向连通有向图按深度优先搜索（首先从 C_1 开始搜索，然后从 C_0 开始搜索）得到的生成森林。

图 8.18　对图 8.16（a）按深度优先搜索的生成森林

8.5.1　最小生成树的定义

了解最小生成树的概念，可以从两个具体的案例出发。

案例一，假设要在 n 个城市之间建立通信联络网，每两个城市之间都可以设置一条线路，n 个城市之间最多可能设置 $n(n-1)/2$ 条线路，但连通 n 个城市只需要 $n-1$ 条线路，问题的关键在于如何选择 $n-1$ 条线路，使它的总代价最小，或者线路的总长度最短？即如何在最节省经费的情况下建立这个通信网？

案例二，在汽车以及飞机等航天器材等设备的电路设计中，需要尽可能地减少设备本身的自重，在增加有效载重的基础上还要兼顾减少燃油消耗的需求。假设所有需要供电的电路部件总数为 n，图 8.19 为某品牌汽车的结构透视图，根据电路设计的基本原理，可以在这 n 个部件中并联 n-1 条线路，使每一个电路部件都供电。为达到节能的目的，要求所设计的 n-1 线路重量之和应该是所有可行设计方案中最轻的。

图 8.19　汽车电路结构

这类案例均可转换为数据结构图问题。可以用连通网来表示 n 个城市以及 n 个城市间可能设置的通信线路，其中，顶点表示城市，边表示两城市之间的线路，边上的权值表示相应的代价。同理，也可以用连通网来表示汽车、飞机等设备的电路设计问题。对于 n 个顶点的连通网可以建立许多不同的生成树，每一棵生成树都可以是一个通信网。上述问题实际上是要选择一棵边的权值之和最小的生成树。

不失一般性，对于连通的带权图（连通网）G，其生成树也是带权的。生成树 T 各边的权值总和称为该树的权，记作：

$$W(\mathrm{T}) = \sum_{(u,v) \in E} w_{uv}$$

这里，E 表示 T 的边集，w_{uv} 表示边 (u, v) 的权。总权值 $W(T)$ 最小的生成树称为 G 的最小生成树（Minimum Spannirng Tree，MST）。

构造最小生成树的方法有多种，一般来说，构造最小生成树要满足以下准则。

（1）必须只使用该网络中的边来构造最小生成树。

（2）必须使用且仅使用 $n-1$ 条边来连接网络中的 n 个顶点。

（3）不能使用产生回路的边。

实际上，构造最小生成树可以利用最小生成树的一种简称为 MST 的性质：假设 $G = (V, E)$ 是一个连通网，U 是顶点集 V 的一个非空真子集，若 (u, v) 是满足 $u \in U$，$v \in V - U$ 的边（称这种边为两栖边）且 (u, v) 在所有的两栖边中具有最小的权值（此时，称 (u, v) 为最小两栖边），则必存在一棵包含边 (u, v) 的最小生成树。

可以用反证法证明 MST 性质，假设 G 中任何一棵最小生成树都不含最小两栖边 (u, v)。设 T 是 G 的一棵最小生成树，根据假设，它不含此最小两栖边。由于 T 是包含了 G 中所有顶点的连通图，所以 T 中必有一条从 u 到 v 的路径 P，且 P 上必有一条两栖边 (u', v') 连接 U 和 $V-U$，否则 u 和 v 不连通。当把最小两栖边 (u, v) 加入树 T 时，该边和 P 必构成一个回路，如图 8.20 所示，删去两栖边 (u', v') 后回路亦消除，由此可得另一生成树 T'。T' 和 T 的差别

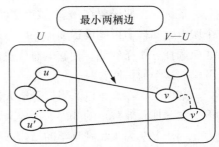

图 8.20　包含最小两栖边 (u, v) 的回路

仅在于 T'用最小两栖边（u, v）取代了 T 中权值更大的两栖边（u', v'）。显然，T'比 T 具有更小的权值，这与 T 是 G 的最小生成树的假设相矛盾。所以，MST 性质得证。

以下介绍的普里姆（Prim）算法和克鲁斯卡尔（Kruskal）算法是两个利用 MST 性质构造最小生成树的算法。

8.5.2 最小生成树的普里姆（Prim）算法

假设 G=(V, E)是一网络，其中，V 为网中所有顶点的集合，E 为网中所有带权边的集合。为构造最小生成树 T，需设置两个新的集合 U 和 TREE，其中，U 为 T 中的顶点集，TREE 为 T 中的边集。初始时 U={u_0}（假设构造最小生成树时，选定 u_0 作为最小生成树的根）；TREE={}。Prim 算法的基本思想是：从所有 $u \in U$，$v \in V-U$ 的边中，选取一条最小两栖边（u, v），将顶点 v 加入到集合 U 中，并将边（u, v）并入边集合 TREE 中，如此不断重复，直到 $U=V$ 时，最小生成树构造完成，这时集合 TREE 中包含了最小生成树的所有边。

Prim 算法的基本步骤如下。

（1）初始化：U={u_0}，TREE={}。

（2）如果 $U=V$(G)，则输出最小生成树 T，并结束算法。

（3）在所有两栖边中找一条权最小的边（u, v）（若候选两栖边中的最小边不止一条，可任选其中的一条），将边（u, v）加入边集 TREE 中，并将顶点 v 并入集合 U 中。

（4）由于新顶点的加入，U 的状态发生变化，需要对 U 与 $V-U$ 之间的两栖边进行调整。

（5）转步骤（2）。

经分析可知，如果图 G 的顶点个数为 n，则 Prim 算法需要循环 $n-1$ 次以求出 $n-1$ 条生成树的边。对于 $V-U$ 中的任意顶点若存在多条两栖边到达 U 时，只需保留其中最短的一条，因此每次供候选的两栖边最多为集合 $V-U$ 中当前顶点的个数。下面以图 8.21 所示的 Prim 算法构造最小生成树的过程来进一步说明算法思想。

给定一无向网络如图 8.21（a）所示，该无向网络共有 6 个顶点，需逐条选出 5 条生成树中的边。初始状态如图 8.21（b）所示，集合 U 包含一个源点 A。此时，U 与集合 $V-U$ 之间共有 3 条两栖边，即（A，B）$_{10}$、（A，C）$_{12}$ 和（A，E）$_{15}$，按照 MST 性质，当前最短两栖边（A，B）必出现在最小生成树中，由此确定本次入选边为（A，B），将其加入 TREE 中（在图 8.21（c）中用实线表示），并将顶点 B 并入集合 U。由于 B 点的加入，集合 U 与集合 $V-U$ 之间的两栖边状态将发生变化（如图 8.21（c）所示），此时 $V-U$ 中共剩 4 个顶点 C、D、E、F。其中，两栖边（A，C）的权值为 12，由于新顶点 B 加入集合 U 后，边（B，C）成为一条新的两栖边，且其权值 7 小于（A，C）的权值 12，因此，对于顶点 C 只需保留较短的两栖边（B，C）供候选；同时，顶点 D、顶点 F 与集合 U 之间将产生两条新的两栖边（B，D）与（B，F），它们的权值分别为 5 和 6；对于顶点 E，新顶点 B 的加入不会对它产生影响（因为（B，E）的权值为 ∞）。经过上述调整，顶点 B 加入 U 后，最终形成 4 条两栖边，即（A，E）$_{15}$、（B，C）$_7$、（B，F）$_6$ 和（B，D）$_5$ 供候选。

当两个集合间的两栖边调整完成后，又在剩余的 4 条两栖边中选取一条权值为 5 的最短两栖边（B，D），按照上述同样的方法，将其加入 TREE，并将顶点 D 加入集合 U 中，同时对当前两栖边进行调整，得到如图 8.21（d）所示的结果。依此类推，上述工作一共要做 5 次，当将所有的 5 条边选出后便生成一棵最小生成树。本例最终构造的最小生成树如图 8.21（g）所示。

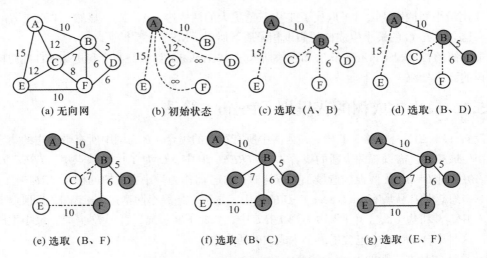

(a) 无向网　　　　(b) 初始状态　　　　(c) 选取（A、B）　　　　(d) 选取（B、D）

(e) 选取（B、F）　　　　(f) 选取（B、C）　　　　(g) 选取（E、F）

图 8.21　Prim 算法构造最小生成树的过程

这个例子说明，Prim 算法的核心步骤在于选取本次最小两栖边并做必要的调整工作，其中两栖边的调整成为理解算法的关键。不失一般性地，假设本次入选边为(u, v)，其中，$u \in U$，$v \in V - U$，两栖边的调整方法可概括如下：当新的顶点 v 加入集合 U 之后，对于任意顶点 $v_j (v_j \in V - U)$，假设当前集合 U 与顶点 v_j 关联的两栖边为$(v_i, v_j)(v_i \in U)$，如果新顶点 v 与 v_j 之间的权值（代价）小于原来的两栖边(v_i, v_j)的权值，则用新的两栖边(v, v_j)代替原来的两栖边(v_i, v_j)。

若无向网采用邻接矩阵存储结构，则 Prim 算法求解最小生成树的 C 语言实现可表示为算法 8.5。

```
/********************************************************/
/*  Prim 求解最小生成树算法    文件名:prim.c           */
/********************************************************/
#include "ljjz.h"
typedef struct edgedata     /*用于保存最小生成树的边类型定义*/
        {  int beg,en;      /*beg,en 是边顶点序号*/
           int length;      /*边长*/
        }edge;
/********************************************************/
/*  函数功能:prim算法构造最小生成树                     */
/*  函数参数:图的邻接矩阵 g;边向量 edge                 */
/*  函数返回值:无                                       */
/********************************************************/
void prim(Mgraph g, edge tree[M-1])
{   edge x;
    int d,min,j,k,s,v;
    for (v=1;v<=g.n-1;v++)              /* 建立初始入选点,并初始化生成树边集 tree*/
        {   tree[v-1].beg=0;           /* 此处从顶点 v0 开始求最小生成树 */
            tree[v-1].en=v;
            tree[v-1].length=g.edges[0][v];
        }
    for (k=0;k<=g.n-3;k++)             /*依次求当前(第 k 条)最小两栖边,并加入 TREE*/
        {min=tree[k].length;
         s=k;
```

```
        for (j=k+1;j<=g.n-2;j++)
            if (tree[j].length<min)
                { min=tree[j].length;
                    s=j;
                }
        v=tree[s].en;                    /*入选顶点为 v*/
                                         /*通过交换,将当前最小边加入 TREE 中*/
        x=tree[s]; tree[s]=tree[k];      tree[k]=x;
        for (j=k+1;j<=g.n-2;j++)         /*由于新顶点 v 的加入,修改两栖边的基本信息*/
            { d=g.edges[v][tree[j].en];
              if (d<tree[j].length)
              { tree[j].length=d;               tree[j].beg=v; }
            }
      }
    printf("\n The minimum cost spanning tree is:\n");   /*输出最小生成树*/
    for (j=0;j<=g.n-2;j++)
        printf("\n%c---%c %d\n",g.vexs[tree[j].beg],g.vexs[tree[j].en],tree [j].
length);
    printf("\nThe root of it is %c\n", g.vexs[0]);
  }
int main()
  {Mgraph g;
   edge  tree[M-1];            /*用于存放最小生成树的M-1 条边*/
   char filename[20];
   printf("Please input filename of Graph:\n");  /*输入图信息的文件名 X/
   gets(filename);
   creat(&g,filename,0);  /*创建无向图的邻接矩阵*/
   prim(g,tree);          /*求解图的最小生成树*/
   return 0;
  }
```

算法 8.5 Prim 算法求最小生成树

图 8.22 给出了算法 8.5 在求解图 8.21（g）所示的最小生成树的过程中，边集 TREE 的变化过程，读者通过对程序执行过程的分析，可以进一步加深对 Prim 算法的理解。

Prim 算法的计算时间为 $O(n^2)$，其中，n 为顶点的个数，因此当 n 比较大时，这个算法是不够理想的。

TREE	0	1	2	3	4
beg	0	0	0	0	0
en	1	2	3	4	5
length	10	12	∞	15	∞

（a）初始态

TREE	0	1	2	3	4
beg	0	0	0	0	0
en	1	2	3	4	5
length	**10**	12	∞	15	∞

（b）最小两栖边为（0，1）$k=0$

TREE	0	1	2	3	4
beg	0	1	1	0	1
en	1	2	3	4	5
length	10	7	**5**	15	6

（c）最小两栖边为（1，3）$k=1$

TREE	0	1	2	3	4
beg	0	1	1	0	1
en	1	3	2	4	5
length	10	5	7	15	**6**

（d）最小两栖边为（1，5）$k=2$

TREE	0	1	2	3	4
beg	0	1	1	5	1
en	1	3	5	4	2
length	10	5	6	10	**7**

（e）最小两栖边为（1，2）k = 3

TREE	0	1	2	3	4
beg	0	1	1	1	5
en	1	3	5	2	4
length	10	5	6	7	10

（f）TREE 中存储了最小生成树的边

图 8.22　用 Prim 算法构造最小生成树过程中 TREE 向量的变化过程

8.5.3　最小生成树的克鲁斯卡尔（Kruskal）算法

Kruskal 算法是一种按照网中边的权值递增的顺序构造最小生成树的方法。其基本思想是：给定无向连通网 G = (V, E)，顶点 V(G) = {v_0, v_1, …, v_n}。令 G 的最小生成树为 T = (TV, TE)，其初始状态为 T = (V, {})，即开始时，最小生成树 T 中仅包含了图中的所有顶点，而没有边。此时，T 中的每个顶点各自构成一个连通分量。为按照权值递增的顺序构造最小生成树，需把 E(G) 中的边按权值非递减的顺序排列，并按这一顺序选取某条边，若它关联的两个顶点分别在两个连通分量中，则将该边添加到最小生成树 T 中，合并两个连通分量为一个连通分量；如果选取的一条边所关联的两个顶点在同一个连通分量中则放弃这条边（若将此边加入将使生成树产生回路），顺序取下一条边。重复这个过程，直到在 T 中添加了 $n-1$ 条边为止，此时 T 便是无向连通网的一棵最小生成树。

用 Kruskal 算法构造如图 8.21（a）所示的无向网的最小代价生成树的过程如图 8.23 所示。该图各边按权值非递减排列的次序为：(B, D)$_5$、(B, F)$_6$、(D, F)$_6$、(B, C)$_7$、(C, F)$_8$、(A, B)$_{10}$、(E, F)$_{10}$、(A, C)$_{12}$、(C, E)$_{12}$、(A, E)$_{15}$。初始时，TV = {A, B, C, D, E, F}，TE = {}。为了使最小生成树的各边权值总和最小，应该优先选取权值最小的边。本例中前两条边 (B, D)$_5$、(B, F)$_6$ 的权值分别为 5 和 6，它们所关联的顶点都分布在不同的连通分量中，故依次将它们加入到 T 中去，如图 8.23（a）、（b）所示；当选取到第三条边 (D, F)$_6$ 时，该边所关联的两个顶点 D、F 同属于同一个连通分量，它的加入将使生成树中出现回路，因此舍弃该边；接着选取的边是 (B, C)$_7$，该边关联的顶点分布在两个不同的连通分量中，故将它加入 T 中，如图 8.23（c）所示；与 (D, F)$_6$ 情况相似，(C, F)$_8$ 的加入也将使生成树产生回路，因此，舍弃该边；接下来连续两条边 (A, B)$_{10}$、(E, F)$_{10}$ 都连接了两个不同的连通分量，故将它们都加入 T 中。到此，T 中已包含了 5 条边，算法终止，得到一棵如图 8.23（e）所示的最小生成树。

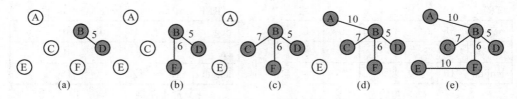

图 8.23　Kruskal 算法构造最小生成树的过程

假设 G = (V, E) 是无向连通网，且其边集 E 已按权值非递减排序，利用 Kruskal 算法求解最小生成树的算法步骤可概括如下。

（1）初始化，TV = {v_0, v_1, …, v_{n-1}}，TE = {}。

（2）如果 TE 具有 $n-1$ 条边，则输出最小生成树 T，并结束算法。

（3）在有序的 $E(G)$ 边表序列中，从当前位置向后寻找满足下面条件的一条边(u, v)：使得 u 在一个连通分量上，v 在另一个连通分量上，即(u, v)是满足此条件权值最小的边，将其加入到 T 中，合并 u 与 v 所在的两个连通分量为一个连通分量。

（4）转步骤（2）。

算法 8.6 给出了 Kruskal 算法的 C 语言描述，辅助函数 GetEdge()用来从图中读取所有的边信息，函数 QuickSort()用来对所有的边进行升序排序。

```
/*************************************************************/
/*  kruskal 求解最小生成树算法     文件名:kruskal.c         */
/*************************************************************/
#include "ljjz.h"
typedef struct edgedata    /*用于保存最小生成树的边类型定义*/
       { int beg,en;        /*beg,en 是边顶点序号*/
         int length;        /*边的权值长*/
       }edge;
/*************************************************************/
/*  函数功能:对边向量进行快速排序,算法思想可参见第 10 章    */
/*  函数参数:边向量 edges;边向量左右下标 left,right          */
/*  函数返回值:无                                           */
/*************************************************************/
void QuickSort(edge edges[],int left,int right)
 { edge x;
   int i,j,flag=1;
   if (left<right)
   {    i=left;         j=right;       x=edges[i];
        while (i<j)
      { while (i<j && x.length<edges[j].length) j--;
             if (i<j)  edges[i++]=edges[j];
          while (i<j && x.length>edges[i].length) i++;
             if (i<j)  edges[j--]=edges[i];
      }
      edges[i]=x;
      QuickSort(edges,left,i-1);
      QuickSort(edges,i+1,right);
   }
 }
/*************************************************************/
/*  函数功能:从图 g 的邻接矩阵读取图的所有边信息             */
/*  函数参数:邻接矩阵 g;边向量 edges                        */
/*  函数返回值:无                                           */
/*************************************************************/
void GetEdge(Mgraph g, edge edges[])
 { int i,j,k=0;
   for (i=0;i<g.n;i++)
   for (j=0;j<i;j++)
   if (g.edges[i][j]!=0 && g.edges[i][j]<FINITY )
      { edges[k].beg=i;
        edges[k].en=j;
        edges[k++].length=g.edges[i][j];
      }
```

```
    }
/**********************************************************/
/*  函数功能:kruskal 求解最小生成树算法                       */
/*  函数参数:图的邻接矩阵 g                                   */
/*  函数返回值:无                                            */
/**********************************************************/
void kruskal(Mgraph g)
{   int i,j,k=0,ltfl;
    int cnvx[M];
    edge edges[M*M];                  /*用于存放图的所有边*/
    edge tree[M];                     /*用于存放最小生成树的边信息*/
    GetEdge(g,edges);                 /*读取所有的边*/
    QuickSort(edges,0,g.e-1);         /*对边进行升序排列*/
    for (i=0;i<g.n;i++)
        cnvx[i]=i;                    /*设置每一个顶点的连通分量为其顶点编号*/
    for (i=0;i<g.n-1;i++)             /*树中共有 g.n-1 条边*/
    {  while (cnvx[edges[k].beg]==cnvx[edges[k].en] )
         k++;                         /*找到属于两个连通分量权最小的边*/
       tree[i]=edges[k];              /*将边 k 加入到生成树中*/
       ltfl=cnvx[edges[k].en];        /*记录选中边的终点的连通分量编号*/
       for (j=0;j<g.n;j++)            /*两个连通分量合并为一个连通分量*/
          if (cnvx[j]==ltfl)
              cnvx[j]=cnvx[edges[k].beg];
       k++;
    }
    printf("最小生成树是:\n");
    for (j=0;j<g.n-1;j++)
      printf("%c---%c%6d\n",g.vexs[tree[j].beg],g.vexs[tree[j].en],tree[j].length);
  }
int  main()
  { Mgraph g;
    char filename[20];
    printf("Please input filename of Graph:\n");
    gets(filename);                   /* 读入图的输入文件名 */
    creat(&g,filename,0);             /* 创建图的邻接矩阵 */
    kruskal(g);                       /* Kruskal算法求解最小生成树 */
    return 0;
  }
```

算法 8.6 Kruskal 求解最小生成树

　　Kruskal()函数中的 cnvx[]向量来保存每一个顶点所在的连通分量的编号，向量 tree[]用于存储最小生成树的所有边。由于该算法要求对图中的边值按非递减序排列，整个算法的时间复杂度取决于边排序的时间性能，当采用快速排序算法对边进行排序时 Kruskal 算法的时间复杂度是 $O(e\log_2 e)$。

　　Pirm 与 Kruskal 两种求解最小生成树的方法都是基于"避圈"思想，即在求解过程中不能在生成树中出现环。"破圈法"也是一种求解最小生成树的有效方法，该方法每次从图中找出一个环（回路），然后删除该环中最大权值的边，如此进行下去，直到图中无环，所得子图即是一棵最小生成树。有兴趣的读者可以进一步查阅相关文献。

8.6　最　短　路　径

在交通网络中经常遇到这样的问题,从 A 城市到 B 城市有若干条通路,问哪条路的距离最短?互联网中多个站点之间有若干条通路,邮件传输时选择哪条路径从源点到达终点的距离最近?类似的问题还有很多。交通网络中的各城市间的最短路径,概念虽然简单,算法也不复杂,但计算量很大,因此可以用计算机解决这类问题。具体实现时,可用图结构描述交通网络,在网中,顶点表示城市,边的权值表示城市之间的距离,这样,上述问题就变成在网中寻找一条从一个源点到达一个终点经过的路径上各边权值累加和最小的路径。在图论中,这类问题称为最短路径问题。

由于在一些最短路径问题中,路径具有方向性,因此,本节仅讨论有向网的最短路径问题。并且规定网络中边的权值均是正的。本节介绍如下求最短路径的两个算法。

(1)求从某个源点到其他各顶点的最短路径(单源最短路径)。

(2)求每一对顶点之间的最短路径。

8.6.1　单源最短路径

单源最短路径问题是指:对于给定的有向网 $G = (V, E)$,求源点 v_0 到其他顶点的最短路径。例如,图 8.24(a)所示的带权网 G_{13} 中从 A 到其余各顶点的最短路径如图 8.24(b)所示。

从图中可见,从 A 到 D 的简单路径有 4 条,如(A,D)的长度为 28;(A,C,F,D)的长度为 25;(A,C,F,E,D)的长度 34;(A,C,B,E,D)的长度 33。其中,长度为 25 的路径(A,C,F,D)为 A 到 D 的最短路径。

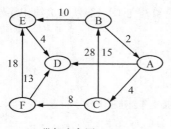

始点	终点	最短路径	路径长度
A	B	(A,C,B)	19
	C	(A,C)	4
	D	(A,C,F,D)	25
	E	(A,C,B,E)	29
	F	(A,C,F)	12

(a) 带权有向图 G_{13}　　　　　　(b) 有向网 G_{13} 中从 A 到其余各点的最短路径

图 8.24　有向网的最短路径示例

现讨论一般情形,对于有向网 $G = (V, E)$,v_0 为源点,如何求得 v_0 到其他顶点的最短路径?Dijkstra 提出了一个按路径长度递增的顺序逐步产生最短路径的方法,称为 Dijkstra 算法。该算法的基本思想是:把图中所有顶点分成两组,第一组包括已确定最短路径的顶点,初始时只含有一个源点,记为集合 S;第二组包括尚未确定最短路径的顶点,记为 $V-S$。按最短路径长度递增的顺序逐个把 $V-S$ 中的顶点加到 S 中去,直至从 v_0 出发可以到达的所有顶点都包括到 S 中。在这个过程中,总保持从 v_0 到第一组 S 各顶点的最短路径都不大于从 v_0 到第二组 $V-S$ 的任何顶点的最短路径长度,第二组的顶点对应的距离值是从 v_0 到此顶点的只包括第一组 S 的顶点为中间顶点的最短路径长度。对于 S 中任意一点 j,v_0 到 j 的路径长度皆小于 v_0 到 $V-S$ 中任意一点的路径长度。

Dijkstra 算法的正确性可以用反证法加以证明。假设下一条最短路径的终点为 t，那么，该路径要么是弧(v_0，t)，要么是中间只经过集合 S 中的顶点而到达顶点 t 的路径。因为假若此路径上除 t 外有一个或一个以上的顶点不在集合 S 中，那么必然存在另外的终点不在 S 中而路径长度比此路径还短的路径，这与已知 t 为 v_0 到集合 $V-S$ 中最近的顶点相矛盾。所以此假设不成立。

为实现该算法需设置一个用于保存源点可途经 S 中的顶点到达 $V-S$ 中顶点的距离向量 d[] 以及用于保存路径的向量 p[]，p[i] 用于保存最短路径上第 i 个顶点的前趋顶点序号。算法的具体步骤可描述如下。

（1）初始化，包括对第一组（集合 S）的初始化与对距离向量 d 的初始化。初始时第一组 S 中只包含顶点 v_0，即 $S = \{v_0\}$，对于第二组中任意一个顶点 v_i 对应的距离值 d[i] 等于邻接矩阵中顶点 v_0 与 v_i 的权值（当不存在有向边<v_0，v_i>时，权值为∞）。

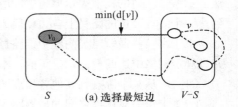

（2）从第二组 $V-S$ 的顶点中选取一个距离值最小的顶点 v 加入 S，如图 8.25（a）所示。接着对 $V-S$ 中所有顶点的距离值进行修改，修改的方法是，对于 $V-S$ 中任意一个顶点 k，若图中有边<v，k>，且 v_0 到 v 的距离值加上<v，k>边上的权值之和小于 v_0 到 k 的距离值，则用 v_0 到 v 的距离值加上<v，k>边上的权值代替顶点 k 原来的距离值，即 v 已经作为 v_0 到 k 路径上的中间点；反之，v_0 到 k 的当前最短距离保持不变。即：d[k] = min{d[k]，edges[v][k] + d[v]}，如图 8.25（b）所示。

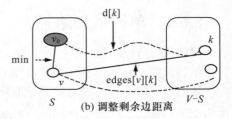

图 8.25　最短路径示例

（3）若集合 $V-S$ 已空，则结束算法，距离向量中的值即为源点 v_0 到达各顶点的最短距离。若 $V-S$ 不空，则转步骤（2）。

设有向网 G 采用邻接矩阵存储结构（其建立方法参见算法 8.1），算法 8.7 给出了 Dijkstra 算法的 C 语言描述。

```
/********************************************************/
/*  单源最短路径算法     文件名:dijkstra.c              */
/********************************************************/
#include "ljjz.h"                  /* 引入邻接矩阵创建程序*/
typedef enum{FALSE,TRUE} boolean;  /* FALSE 为 0,TRUE 为1*/
typedef int dist[M];               /* 距离向量类型 */
typedef int path[M];               /* 路径类型 */
/********************************************************/
/*  函数功能:Dijkstra 算法求解单源最短路径              */
/*  函数参数:图的邻接矩阵 g;源点 v0;                    */
/*           路径向量 p;距离向量 d                      */
/*  函数返回值:无                                       */
/********************************************************/
void dijkstra(Mgraph g,int v0,path p,dist d)
 { boolean final[M];   /*表示当前元素是否已求出最短路径*/
   int i,k,j,v,min,x;
   /*  第 1 步  初始化集合 S 与距离向量 d */
   for (v=0;v<g.n;v++)
        {    final[v]=FALSE;
```

```
                     d[v]=g.edges[v0][v];
                         if (d[v]<FINITY && d[v]!=0)
                             p[v]=v0; else p[v]=-1;        /* v 无前驱 */
            }
      final[v0]=TRUE; d[v0]=0;                  /*初始时 s 中只有 v0 一个结点 */
   /* 第 2 步  依次找出 n-1 个结点加入 S 中 */
   for (i=1;i<g.n;i++)
     { min=FINITY;
       for (k=0;k<g.n;++k)                       /*找最小边入结点*/
       if (!final[k] && d[k]<min)                /* !final[k] 表示 k 还在 V-S 中 */
          {v=k;min=d[k];}
       printf("\n%c---%d\n",g.vexs[v],min);      /*输出本次入选的顶点距离*/
       if (min==FINITY)  return;
             final[v]=TRUE;                      /* v 加入 S*/
   /*第 3 步  修改 S 与 V-S 中各结点的距离*/
     for (k=0;k<g.n;++k)
      if ( !final[k] && (min+g.edges[v][k]< d[k]) )
         {  d[k]=min+g.edges[v][k];
              p[k]=v;
          }
     }
}
/********************************************************* /
/*  函数功能:输出有向图的最短路径                          */
/*  函数参数:邻接矩阵 g;路径向量 p;距离向量 d              */
/********************************************************* /
void print_gpd(Mgraph g,path p,dist d)
 { int st[M],i,pre,top=-1;           /*定义栈 st 并初始化空栈*/
   for (i=0;i<g.n;i++)
   { printf("\nDistancd: %7d , path:" ,d[i]);
     st[++top]=i;
     pre=p[i];
     while (pre!=-1)                        /*从第 i 个顶点开始向前搜索最短路径上的顶点*/
       { st[++top]=pre;
         pre=p[pre];
        }
     while (top>0)
     printf("%2d",st[top--]);
   }
 }
int main()
 { Mgraph g;                 /* 有向图邻接矩阵 */
   path p;                   /* 路径向量 */
   dist d;                   /* 最短路径向量 */
   int v0;
   creat(&g,"g13.txt",1);  /*假设图 8.24 所示的有向网 G13 的输入文件为 g13.txt */
   printf("please input the source point v0:");
   scanf("%d",&v0);          /*输入源点*/
   dijkstra(g,v0,p,d);       /*求 v0 到其他各点的最短距离*/
   print_gpd(g,p,d);         /*输出 v0 到其他各点的路径信息及距离*/
```

```
    return 0;
}
```

算法 8.7　求有向网中一个顶点到其他顶点的最短路径

对于有向网 G_{13} 实施上述算法，若源点为 A，则算法执行过程中各主要变量的状态变化情况如表 8.1 所示（设图中顶点集按 A、B、C、D、E、F 的顺序存储在邻接矩阵顶点向量中）。

表 8.1　　　　　　　　　　　　　　Dijkstra 算法的动态执行情况

循　　环	集合 S	v	距离向量 d						路径向量 p					
			0	1	2	3	4	5	0	1	2	3	4	5
初始化	{A}	−	0	∞	<u>4</u>	28	∞	∞	−1	−1	0	0	−1	−1
1	{AC}	2	0	19	4	28	∞	<u>12</u>	−1	2	0	0	−1	2
2	{ACF}	5	0	<u>19</u>	4	25	30	12	−1	2	0	5	5	2
3	{ACFB}	1	0	19	4	<u>25</u>	29	12	−1	2	0	5	1	2
4	{ACFBD}	3	0	19	4	25	<u>29</u>	12	−1	2	0	5	1	2
5	{ACFBDE}	4	0	19	4	25	29	12	−1	2	0	5	1	2

当程序执行完成时，向量 $d[i]$（$0 \leqslant i \leqslant n-1$）中记录了从源点到顶点 i 的最短距离，向量 $p[i]$ 中记录了从源点到顶点 i 的最短路径上顶点 i 的前一个顶点的编号。例如，顶点 A 到顶点 D 的最短距离为 $d[3] = 25$，根据 $p[3] = 5$，$p[5] = 2$，$p[2] = 0$，可知这条最短路径是 A→C→F→D。函数 print_gpd() 中采用了栈结构输出各顶点最短路径上的顶点编号。

对于一个具有 n 个顶点和 e 条边的带权有向图，采用邻接矩阵存储结构时，Dijkstra 单源最短路径算法的时间复杂度为 $O(n^2)$。

8.6.2　所有顶点对的最短路径

所有顶点对的最短路径问题是指：对于给定的有向网 $G = (V, E)$，求图中任意一对顶点之间的最短路径。

解决这个问题显然可以利用单源最短路径算法，具体做法是依次把有向网 G 中的每个顶点作为源点，重复执行 Dijkstra 算法 n 次，即执行循环体：

```
for(v=0;v<g.n;v++)
{  dijkstra(g,v,p,d);
   print_gpd(g,p,d);
}
```

就可求出每一对顶点之间的最短路径及其长度，该方法的执行时间为 $O(n^3)$。

本节介绍 Floyd 提出的另一种求所有顶点对最短路径的算法，虽然该算法的执行时间仍为 $O(n^3)$，但该算法在解决这个问题的形式上更简单。

Floyd 算法的基本思想是：递推产生一个矩阵序列 A_{-1}，A_0，…，A_k，…，A_{n-1}，其中 $A_k[i][j]$ 表示从顶点 v_i 到顶点 v_j 的路径上所经过的顶点序号不大于 k 的最短路径长度。初始时，有 $A_{-1}[i][j] = $ g.edges$[i][j]$，当已知矩阵 A_k，求矩阵 A_{k+1}，即求从顶点 v_i 到顶点 v_j 的路径上所经过的顶点序号不大于 $k+1$ 的最短路径长度时，要分以下两种情况考虑。

（1）一种情况是 v_i 到 v_j 的最短路径上不经过顶点 v_{k+1}（顶点序号为 $k+1$），此时顶点 v_i 到顶点 v_j 的路径上所经过的顶点序号不大于 $k+1$ 的最短路径就是 $A_k[i][j]$，即 $A_{k+1}[i][j] = A_k[i][j]$。

（2）另一种情况是从顶点 v_i 到顶点 v_j 的最短路径上经过序号为 $k+1$ 的顶点（v_{k+1}），此时若 v_i 到 v_{k+1} 的距离（$A_k[i][k+1]$）加上 v_{k+1} 到 v_j 的距离（$A_k[k+1][j]$）之和小于 v_i 到 v_j 的距离（$A_k[i][j]$），

则顶点 v_i 与顶点 v_j 途经顶点序号不大于 $k+1$ 的最短距离用前两者之和代替，否则保持原来的距离不变，即 $A_{k+1}[i][j] = \min\{A_k[i][j], A_k[i][k+1] + A_k[k+1][j]\}$。

综上所述，可以得到求解 $A_{k+1}[i][j]$ 的递推公式：

$$\begin{cases} A_{-1}[i][j]=g.edges[i][j] \\ A_{k+1}[i][j]=\min\{A_k[i][j], A_k[i][k+1]+A_k[k+1][j]\} \end{cases} \quad (8\text{-}4)$$

通过递推关系可计算出最终矩阵 A_{n-1}，$A_{n-1}[i][j]$ 表示了顶点 i 可途径所有顶点序号不大于 $n-1$ 的顶点到达顶点 j 的最短距离，也就是顶点 i 与顶点 j 最终的最短距离。

下面给出 Floyd 的算法实现，见算法 8.8。

```
/*****************************************************/
/*  所有顶点对最短路径算法      文件名:floyd.c          */
/*****************************************************/
#include "ljjz.h"              /* 引入邻接矩阵创建程序  */
typedef int dist[M][M];        /* 距离向量类型 */
typedef int path[M][M];        /* 路径类型 */
/*****************************************************/
/*  函数功能:Floyd 方法求所有顶点间的最短路径              */
/*  函数参数:邻接矩阵 g;路径向量 p;距离向向量 d            */
/*  函数返回值:无                                      */
/*****************************************************/
void floyd(Mgraph g,path p,dist d)
 { int i,j,k;
   for (i=0;i<g.n;i++)          /*初始化*/
     for (j=0;j<g.n;j++)
            { d[i][j]=g.edges[i][j];
              if (i!=j && d[i][j]<FINITY ) p[i][j]=i; else p[i][j]=-1;
              }
   for (k=0;k<g.n;k++)          /*递推求解每一对顶点间的最短距离*/
     { for (i=0;i<g.n;i++)
            for (j=0;j<g.n;j++)
            if (d[i][j]>(d[i][k]+d[k][j]))
              {     d[i][j]=d[i][k]+d[k][j];
                    p[i][j]=k;
              }
     }
 }
```

算法 8.8 求网络中每一对顶点之间的最短路径

图 8.26 所示的是一有向网及其邻接矩阵。利用 Floyd 算法求解该网的任意顶点对间的最短路径及长度，程序运行时距离向量与路径向量的变化过程如表 8.2 所示，各矩阵值通过递推的方法从上一个矩阵求得。以顶点 2 和顶点 1 的最短路径求解为例，初始时，$D_{-1}[2][1] = 5$，当根据矩阵 D_{-1} 求矩阵 D_0 时（此时图中任意两顶点可将顶点 0 作为中间点），因为 $D_{-1}[2][0] = 3$、$D_{-1}[0][1] = 1$，它们的和为 4 小于 $D_{-1}[2][1]$，因此修改 $D_0[2][1]$ 为 4，$P_0[2][1] = 0$；使用同样的方法可以求得矩阵中其他元素的值。当矩阵 D_0 求解完成后，根据 D_0 可以依同样方法递推求解 D_1，如此继续，直至最终求得的矩阵 D_3 中存储了如图 8.26（a）所示的各顶点间的最短距离，P_3 中存储了任意两个顶点的最短路径信息。例如，顶点 1 到顶点 2 的最短距离为 $D_3[1][2] = 8$，根据路径向量 $P_3[1][2] = 3$、$P_3[3][2] = 3$，可知由顶点 1 到顶点 2 的最短路径是<1，3>，<3，2>。又如 $D[1][0] = 11$，表明顶点

1 与顶点 0 的最短距离是 11，根据 $P_3[1][0] = 3$，$P_3[3][0] = 2$，$P_3[2][0] = 2$，可知从顶点 1 到顶点 0 的最短路径是 <1, 3>，<3, 2>，<2, 0>。

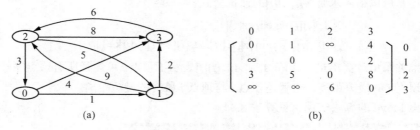

图 8.26　带权有向图及其邻接矩阵

表 8.2　　　　　　　　　　　　图 8.26 所示有向网的各对顶点间的最短距离及其路径

D	D_{-1}				D_0				D_1				D_2				D_3			
	0	1	2	3	0	1	2	3	0	1	2	3	0	1	2	3	0	1	2	3
0	0	1	∞	4	0	1	∞	4	0	1	10	3	0	1	10	3	0	1	9	3
1	∞	0	9	2	∞	0	9	2	∞	0	9	2	12	0	9	2	11	0	8	2
2	3	5	0	8	3	4	0	7	3	4	0	6	3	4	0	6	3	4	0	6
3	∞	∞	6	0	∞	∞	6	0	∞	∞	6	0	9	10	6	0	9	10	6	0

P	P_{-1}				P_0				P_1				P_2				P_3			
	0	1	2	3	0	1	2	3	0	1	2	3	0	1	2	3	0	1	2	3
0	-1	0	-1	0	-1	0	-1	0	-1	0	1	1	-1	0	1	1	-1	0	3	1
1	-1	-1	1	1	-1	-1	1	1	-1	-1	1	1	2	-1	1	1	3	-1	3	1
2	2	2	-1	2	2	0	-1	0	2	0	-1	1	2	0	-1	1	2	0	-1	1
3	-1	-1	3	-1	-1	-1	3	-1	-1	-1	3	-1	2	2	3	-1	2	2	3	-1

8.7　拓　扑　排　序

如果一个有向图中没有包含简单回路，称这样的图为有向无环图。有向无环图的一个应用是可以用它来表示工程中各事件的进程，如用于表示工程的施工图，产品的生产流程，学生的课程安排等。图中的顶点代表事件（活动），图中的有向边说明了事件之间的先后关系。这种用顶点表示活动，用弧表示活动间的优先关系的有向图称为顶点表示活动的网，简称 AOV 网（Activity On Vertex Network）。在 AOV 网中，若顶点 u 与顶点 v 之间存在一条有向边 <u, v>，则说明事件 u 必须先于事件 v 完成。此处将 u 称为 v 的直接前趋，v 称为 u 的直接后继。若 AOV 网中顶点 u 与顶点 v 之间存在一条路径 <u, v_1', …, v_i', …, v>，则 u 称为 v 的前趋，v 称为 u 的后继。

给定具有 n 个顶点的有向图 $G = (V, E)$ 和 V(G) 的一个所有顶点序列（v_1', v_2', …, v_i', …, v_n'），如果图中任意两个顶点 v_i 到顶点 v_j 有一条路径，且在序列中顶点 v_i 排在顶点 v_j 之前，则称序列（v_1', v_2', …, v_i', …, v_n'）为 AOV 网的一个拓扑序列。即在 AOV 网中，若顶点 u 与顶点 v 存在着前趋与后继的关系，则在该图的拓扑序中顶点 u 必须排在顶点 v 的前面。给出 AOV 网的拓扑序列的过程称为拓扑排序，拓扑排序是确定事件进程，如制定学生学习计划、安排施工进程的有效手段。

　　例如，一个计算机专业的学生必须学习一系列的课程（如表 8.3 所示），其中有些课是基础课，它独立于其他课程，如"高等数学"与"信息技术基础"课，而另一些课程必须在修完其先修课程后才能学习，如"编译原理"课必须在修完"程序设计语言"和"数据结构"之后开设。这些课程开设的先后关系可以用一个 AOV 网表示出来，如图 8.27 所示。图中顶点表示课程，有向边表示课程开设的先后关系。若课程 u 是课程 v 的先修课程，则图中有弧 $<u，v>$。

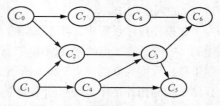

图 8.27　表示课程依赖关系的 AOV 网络

　　对图 8.27 进行拓扑排序可以得到这一专业各门课程的合理安排顺序。一般情况下，一个有向无环图的拓扑序列不只一个。例如，对图 8.27 进行拓扑排序，至少可以得到如下的两个拓扑序列（当然还可以有其他的拓扑序列）。

$$C_0 \rightarrow C_1 \rightarrow C_2 \rightarrow C_4 \rightarrow C_7 \rightarrow C_8 \rightarrow C_3 \rightarrow C_6 \rightarrow C_5$$

和

$$C_1 \rightarrow C_0 \rightarrow C_7 \rightarrow C_8 \rightarrow C_2 \rightarrow C_4 \rightarrow C_3 \rightarrow C_5 \rightarrow C_6$$

表 8.3　　　　　　　　　　　　　　　计算机专业的必修课示例

课 程 代 号	课 程 名 称	先 修 课 程
C_0	高等数学	无
C_1	信息技术基础	无
C_2	离散数学	C_0，C_1
C_3	数据结构	C_2，C_4
C_4	程序设计语言	C_1
C_5	编译原理	C_3，C_4
C_6	操作系统	C_3，C_8
C_7	电子线路基础	C_0
C_8	计算机组成原理	C_7

　　学生按照这些拓扑序列安排学习进程可以完成学习计划。

　　当有向图中存在环时，无法找到该图的一个拓扑序列，因为如果存在一个拓扑序列的话，则说明处于环中的顶点间接地以自身作为前趋结点（前提条件），而这是与事实相矛盾的。

　　对 AOV 网进行拓扑排序的方法和步骤如下。

　　（1）在有向图中找一个没有前趋（入度为 0）的顶点并输出。

　　（2）在图中删除该顶点以及所有从该顶点发出的有向边（即以该顶点为尾的弧）。

　　（3）反复执行步骤（1）和步骤（2），直到所有顶点均被输出，或者 AOV 网中再也没有入度为 0 的顶点存在为止。

　　该算法有两种结束的情况，一种情况是所有顶点全部输出，表明对该图拓扑排序成功；另一种情况是图中尚有顶点未输出，但已不存在入度为 0 的顶点，说明此 AOV 网中存在着环，无法完成拓扑排序。

　　为了有效地实现上述拓扑排序算法，关键是要知道图中每个顶点是否存在前趋顶点，即必须存储每一个顶点的入度。这里可以采用邻接表存储 AOV 网，在邻接表中的头结点域增加用于存储顶点入度的信息域。相应地，在建立邻接表的存储结构时，每输入一条有向边 $<i,j>$ ，应将顶点 j 的入度加 1。

在拓扑排序过程中，当某顶点的入度域为零时，将该顶点输出，同时将该顶点指向的边表（出边表）中的所有顶点的入度减 1。为了避免重复检测入度为零的顶点，可设立一个队列或一个栈，用于存放入度为 0 的顶点。综上所述，采用邻接表为存储结构的拓扑排序步骤可归纳如下。

（1）建立带入度的 AOV 网的邻接表存储结构。

（2）查找邻接表中入度为 0 的顶点，将所有入度为 0 的顶点进队（栈）。

（3）当队列（栈）不为空时：

① 取出队首元（栈顶元）i，并输出。

② 在邻接表中，将顶点 i 边链表中的所有顶点 j 的入度减 1，若 j 的入度变为 0，则将 j 进队（栈）。

③ 转步骤（3）。

（4）当队列（栈）空时，若 AOV 网络的所有顶点都已输出，则拓扑排序正常结束，否则表明 AOV 网中存在着环。

图 8.27 所示的 AOV 网采用带入度的邻接表的存储情况如图 8.28 所示。

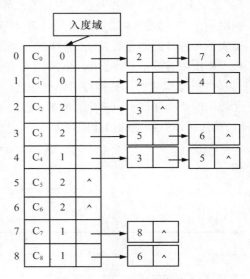

图 8.28　AOV 网络的邻接表

这种带入度的邻接表存储结构定义如下。

```
/**************************************** /
/*  拓扑排序算法       文件名:topsort.c     */
/**************************************** /
#define M 20
typedef char vertextype;
typedef struct node{        /*边结点类型定义*/
        int adjvex;
        struct node *next;
   }edgenode;
typedef struct de          /*带顶点入度的头结点定义*/
   { edgenode* FirstEdge;
     vertextype vertex;
     int id;                /*顶点的入度域*/
   }vertexnode;
typedef struct{            /*AOV网络的邻接表结构*/
        vertexnode adjlist[M];
        int n,e;
        }AovGraph;
```

基于这种存储结构，拓扑排序算法可描述为算法 8.9。

```
/**************************************** /
/*  函数功能:拓扑排序                     */
/*  函数参数:AOV网邻接表存储结构变量 g      */
/*  函数返回值:拓扑排序输出的顶点个数        */
/**************************************** /
```

```
int TopSort(AovGraph g)
 { int k=0,i,j,v, flag[M];
   int queue[M];                        /*队列*/
   int front,rear;
   edgenode* p;
   front=rear=0;                        /*初始化空队列*/
   for (i=0;i<g.n;i++)  flag[i]=0;      /*访问标记初始化*/
   for(i=0;i<g.n;i++)                   /*先将所有入度为 0 的结点进队*/
    if( g.adjlist[i].id==0 && flag[i]==0)
      { queue[rear++]=i;flag[i]=1; }
   printf("\nAOV 网的拓扑序列是: \n");
   while (front<rear)        /*当队列不空时*/
     {
       v=queue[front++];        /*队首元素出队*/
       printf("%c ",g.adjlist[v].vertex);
       k++;                     /*计数器加 1*/
       p=g.adjlist[v].FirstEdge;
       while(p)                 /*将所有与 v 邻接的顶点的入度减 1*/
        { j=p->adjvex;
          if (--g.adjlist[j].id==0 && flag[j]==0)    /*若入度为 0 则将进队*/
             {queue[rear++]=j; flag[j]=1;}
          p=p->next;
        }
     }
   return k;                    /*返回输出的结点个数*/
 }
```

算法 8.9 拓扑排序

分析上述算法，如果 AOV 网中有 n 个顶点，e 条边，则建立邻接表需要的时间为 $O(n+e)$。在拓扑排序过程中，查找入度为零的顶点需要的时间为 $O(n)$，顶点进队及输出共执行 n 次，入度减 1 操作及判定入度为零操作共执行 e 次，所以总的执行时间为 $O(n+e)$。

8.8 关　键　路　径

在有向网中，如果用顶点表示事件，弧表示活动，弧上的权值表示活动持续的时间，这样的有向图称为边表示活动的网，简称 AOE 网（Activity On Edge）。通常可以用 AOE 网来估算工程的完成时间，它不仅表达了工程中各事件的先后关系，更可说明整个工程至少需要多少时间完成以及哪些活动是影响工程进度的关键活动。在 AOE 网中，有一个入度为零的事件，称为源点，它表示整个工程的开始，同时有一个出度为零的事件，称为汇点，它表示整个工程的结束。例如，图 8.29 所示的是一个具有 15 个活动（a_0，a_1，$\cdots$，a_{14}）的 AOE 网，图中有 10 个顶点，它们分别代表事件 v_0 到 v_9。其中 v_0 表示"工程开始"，是此 AOE 网中的源点，v_9 表示"工程结束"，是此 AOE 网中的汇点。边上的权表示完成该活动所需要的时间，例如，活动 a_0 需要 8 天（此处假设以天为时间单位），a_1 需要 6 天等。

AOE 网同样描述了各事件的先后关系，当工程开始之后，活动 a_0，a_1，a_2 可以同时执行，而在事件 v_1，v_2，v_4 开始后，活动 a_3，a_4，a_5，a_6，a_7 才可以分别开始，当事件 v_3，v_6 开始后，活动

a_8，a_9，a_{10}，a_{11} 可以分别开始，当活动 a_7 与 a_{11} 均已完成后活动 a_{12} 才可以开始，同理，只有当 a_9，a_{10}，a_{12} 完成后 a_{14} 才可以开始，当活动 a_{13} 和 a_{14} 完成后整个工程结束。

现在讨论整个工程最少花多少时间才可以完成，耽误哪些活动将导致整个工程的延期？即哪些活动是关键活动？对于非关键活动，它们的最早开工时间及最晚开工时间是什么？由于一个 AOE 网中的某些活动可以并行地进行，所以完成工程的最短时间是从源点到汇点最长路径的长度。相应地，从源点到汇点的最长路径称为 AOE 网的关键路径。

例如，在如图 8.29 所示的 AOE 网中，$(v_0, v_2, v_3, v_8, v_9)$ 就是一条关键路径，这条路径的长度是 45，就是说整个工程至少要 45 天才能完成。当然，一个 AOE 网络中可能有多个关键路径。

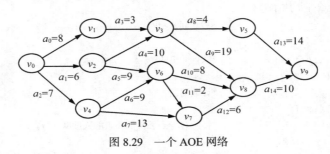

图 8.29　一个 AOE 网络

在 AOE 网中从源点 v_0 到事件 v_i 的最长路径长度是事件 v_i 的最早发生时间。这个时间决定了所有以 v_i 为尾的弧表示的活动的最早开始时间。以下用 $e(i)$ 表示活动 a_i 的最早开始时间，为了判断哪些活动是关键活动，还需定义一个表示活动最迟开始时间的向量 $l(i)$，这是在不推迟整个工程完成的前提下，活动 a_i 最迟必须开始进行的时间。若某一活动 a_i 的最早开始时间 $e(i)$ 等于这个活动的最迟开始时间 $l(i)$，则说明活动 a_i 是个关键活动，提高关键活动的完成速度可缩短整个工程的完成时间。而对于那些非关键活动 a_j，$l(j)-e(j)$ 的值表示完成活动 a_j 的时间余量，提前完成非关键活动并不能提高整个工程的进度。例如，图 8.29 中活动 a_3 的最早开始时间是 8，最迟开始时间是 13，这表示，如果 a_3 推迟 5 天开始或者延迟 5 天完成，都不会影响整个工程的完成工期。但关键路径上的 4 个活动 a_1、a_4、a_9、a_{14} 必须按时开始并按时结束，否则将影响到整个工程的完成工期。因此，分析关键路径可以帮助指导工程安排，以便提高关键活动的工效，从而争取整个工程的提前完成。

为了求得 AOE 网中每个活动的 $e(i)$ 和 $l(i)$，必须知道代表活动的有向边所关联的两个事件 v_j 和 v_k 的最早发生时间与最迟发生时间。因此，还需定义以下两个与求关键路径有关的向量。

（1）事件可能的最早开始时间 $v_e(i)$：对于某一事件 v_i，它可能的最早发生时间 $v_e(i)$ 是从源点到顶点 v_i 的最大路径长度。

（2）事件允许的最晚发生时间 $v_l(i)$：对于某一事件 v_i，它允许的最晚发生时间是在保证按时完成整个工程的前提下，该事件最晚必须发生的时间。

经观察可以按式（8-5）递推出各个事件的最早发生时间：

$$\begin{cases} v_e(0) = 0; \\ v_e(i) = \max\{v_e(j) + 活动 <v_j, v_i> 持续的时间\} \ (1 \leq i \leq n-1) \end{cases} \quad (8-5)$$

$$j \in p(i)$$

其中，$p(i)$ 是以顶点 v_i 为头的所有弧的尾顶点的集合。其含义如图 8.30 所示，从图示可以看出，仅当集合 $p(i)$ 中所有事件 v_j 的 $v_e(j)$ 全部求出后，才能递推出事件 v_i 的 $v_e(i)$ 值。因此，求解 $v_e(i)$ 的过程必须按 AOE 网的拓扑序列顺序进行。

对于如图 8.29 所示的 AOE 网络，可按其中的一个拓扑序列（v_0、v_1、v_2、v_4、v_3、v_6、v_7、v_5、v_8、v_9）求解每个事件的最早开始时间。

$v_e(0) = 0$；

$v_e(1) = 8$，$v_e(2) = 6$，$v_e(4) = 7$；

$v_e(3) = \max\{v_e(1) + len(a_3),\ v_e(2) + len(a_4)\} = 16$；

$v_e(6) = \max\{v_e(2) + len(a_5),\ v_e(4) + len(a_6)\} = 16$；

$v_e(7) = \max\{v_e(6) + len(a_{11}),\ v_e(4) + len(a_7)\} = 20$；

$v_e(5) = v_e(3) + len(a_8) = 20$；

$v_e(8) = \max\{v_e(3) + len(a_9),\ v_e(6) + len(a_{10}),\ v_e(7) + len(a_{12})\} = 35$；

$v_e(9) = \max\{v_e(5) + len(a_{13}),\ v_e(8) + len(a_{14})\} = 45$。

上式中的 $len(a_i)$ 表示的是活动 a_i 持续的时间。设活动 a_k 对应的弧为 $<v_i,\ v_j>$，则 v_i 称为活动 a_k 的尾事件，v_j 称为活动 a_k 的头事件。活动 a_k 持续的时间也可记为 $len(<v_i,\ v_j>)$，根据 $e(k)$ 及 $l(k)$ 的意义可知：

$$\begin{cases} e(k)=v_e(i); \\ l(k)=v_l(j)-len(<v_i, v_j>); \end{cases} \qquad (8\text{-}6)$$

因此，求活动 a_k 的 $e(k)$ 和 $l(k)$ 就变成了求该活动的尾事件 v_i 的最早发生时间和头事件 v_j 所允许的最晚开始时间。

求每一个顶点 i 的最晚允许发生时间 $v_l(i)$ 可以沿图中的汇点开始，按图中的逆拓扑序逐个递推出每个顶点的 $v_l(i)$。

$$\begin{cases} v_l(n-1) = v_e(n-1); \\ v_l = \min\{v_l(j)-len(<v_i, v_j>)\}(0 \leqslant i \leqslant n-2) \\ \qquad j \in s(i) \end{cases} \qquad (8\text{-}7)$$

其中，$s(i)$ 是以顶点 v_i 为尾的所有弧的头顶点的集合。其含义如图 8.31 所示。从图中可以看出，计算 $v_l(i)$ 的值要按网中所有顶点的逆拓扑序进行，也就是说，必须在求出事件 v_i 的所有后继事件的最晚发生时间之后，才能计算事件 v_i 本身的最晚发生时间。

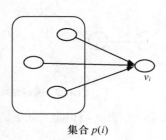

图 8.30　集合 $p(i)$ 示例

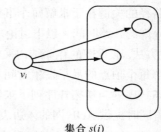

图 8.31　集合 $s(i)$ 示例

对于如图 8.29 所示的 AOE 网，按照式（8-7）求得的各个事件允许的最晚发生时间如下。

$v_l(9) = v_e(9) = 45$；

$v_l(8) = v_l(9) - len(<v_8,\ v_9>) = 45 - 10 = 35$；

$v_l(5) = v_l(9) - len(<v_5,\ v_9>) = 45 - 14 = 31$；

$v_l(7) = v_l(8) - len(<v_7,\ v_8>) = 35 - 6 = 29$；

$v_l(6) = \min\{v_l(7) - len(<v_6,\ v_7>),\ v_l(8) - len(<v_6,\ v_8>)\} = \min\{27,\ 27\} = 27$；

$v_l(3) = \min\{v_l(5) - len(<v_3, \ v_5>), \ v_l(8) - len(<v_3, \ v_8>)\} = \min\{27, \ 16\} = 16;$

$v_l(4) = \min\{v_l(6) - len(<v_4, \ v_6>), \ v_l(7) - len(<v_4, \ v_7>)\} = \min\{18, \ 16\} = 16;$

$v_l(2) = \min\{v_l(3) - len(<v_2, \ v_3>), \ v_l(6) - len(<v_2, \ v_6>)\} = \min\{6, \ 18\} = 6;$

$v_l(1) = v_l(3) - len(<v_1, \ v_3>) = 13;$

$v_l(0) = \min\{v_l(1) - 8, \ v_l(2) - 6, \ v_l(4) - 7\} = \min\{5, \ 0, \ 9\} = 0。$

求出网中各个事件的 v_e 和 v_l 值后，再根据式（8-6），求出各活动的最早可能开始时间 $e(i)$ 及允许的最晚发生时间 $l(i)$ 如表 8.4 所示，其中满足条件 $e(i) = l(i)$ 的活动就是 AOE 网中的关键活动。

表 8.4　　　　　图 8.26 所示 AOE 网中事件的发生时间和活动的最早与最晚开始时间

顶　　点	v_e	v_l	活　　动	e	l	$l-e$	关 键 活 动
v_0	0	0	a_0	0	5	5	
v_1	8	13	a_1	0	0	0	√
v_2	6	6	a_2	0	9	9	
v_3	16	16	a_3	8	13	5	
v_4	7	16	a_4	6	6	0	√
v_5	20	31	a_5	6	18	12	
v_6	16	27	a_6	7	18	11	
v_7	20	29	a_7	7	16	9	
v_8	35	35	a_8	16	27	11	
v_9	45	45	a_9	16	16	0	√
			a_{10}	16	27	11	
			a_{11}	16	27	11	
			a_{12}	20	29	9	
			a_{13}	20	31	11	
			a_{14}	35	35	0	√

计算结果表明，图 8.29 所示的 AOE 网中，关键活动为 a_1，a_4，a_9，a_{14}，关键路径如图 8.32 所示。

求解关键路径的关键在于求解每个事件的最早发生时间与最晚允许的开始时间。以下讨论求解 $v_e(i)$ 与 $v_l(i)$ 的具体实现方法。假设图的存储结构采用邻接表表示法，由于求解每个顶点的最早发生时间及最晚发生时间分别要在拓扑序列与逆拓扑序列下求解。因此，为运算方便，需同时提供 AOE 网的入边表与出边表的存储。因此，可以定义如下的存储结构。

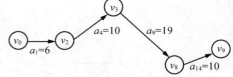

图 8.32　关键路径

```
/***********************************************/
/*  关键路径求解算法    文件名:keyway.c       */
/***********************************************/
#define M 20
typedef char vertextype;
typedef struct node{        /*边结点类型定义*/
        int adjvex;
        int len;            /*边的权值*/
        struct node *next;
    }EdgeNode;
```

```
typedef struct de              /*带顶点入度的头结点定义*/
  {
  EdgeNode* FirstEdge;
  vertextype vertex;
  int id;                      /*顶点的入度域*/
  }vertexnode;
typedef struct{                /*AOE 网络的邻接表结构*/
        vertexnode adjlist[M];
        int n,e;
        }AoeGraph;
```

基于这种存储结构，算法 8.10 给出了求解关键路径的两个主要函数，其中 EarlistTime()函数的功能是求 AOE 网中每个事件的最早发生时间，LateTime()函数的功能是求解 AOE 网中每个事件允许的最晚发生时间。

```
/***********************************************************************/
/*  函数功能:求 AOE 网各事件的最早发生时间                              */
/*  函数参数:AOE 网的出边表 gout;事件最早发生时间向量 ve[];AOE 网的拓扑序列向量 seq[]  */
/*  函数返回值:返回输出的顶点的个数                                    */
/***********************************************************************/
int EarlistTime(AoeGraph gout,int ve[],int seq[])
  {int count=0,i,j,v, flag[M];
  int queue[M];  /*队列*/
  int front=0,rear=0;
  EdgeNode* p;
  for (i=0;i<gout.n;i++)   /*初始化每个顶点的最早开始时间 ve[i]为 0*/
      ve[i]=0;
   for (i=0;i<gout.n;i++)  flag[i]=0;  /*访问标记初始化*/
   for(i=0;i<gout.n;i++)      /*先将所有入度为 0 的结点进队*/
    if( gout.adjlist[i].id==0 && flag[i]==0)
      { queue[rear++]=i;flag[i]=1; }
   while (front<rear)   /*当队列不空时*/
    { v=queue[front++]; /*队首元出队*/
      printf("%c----->",gout.adjlist[v].vertex);
      seq[count]=v;        /*记录拓扑排序当前元素*/
      count++;             /*计数器加 1*/
      p=gout.adjlist[v].FirstEdge;
      while(p)             /*将所有与 v 邻接的顶点的入度减 1*/
       { j=p->adjvex;
         if (--gout.adjlist[j].id==0 && flag[j]==0)/*若入度为 0 则将进队*/
             {queue[rear++]=j; flag[j]=1;}
         if (ve[v]+p->len>ve[j])
             ve[j]=ve[v]+p->len;  /*ve[j]的值是从源点到顶点 j 的最长距离*/
         p=p->next;
         }
     }
  return count;
 }
/***********************************************************/
/*  函数功能:求 AOE 网各事件的最晚允许开始时间                 */
/*  函数参数:AOV 网的入边表 gin;事件最早发生时间向量 ve;        */
```

```
/*  事件最晚允许发生时间向量 vl[];拓扑序列向量 seq[]            */
/*  函数返回值:无                                              */
/**************************************************************/
void LateTime(AoeGraph gin,int ve[],int vl[],int seq[])
{ int k=gin.n-1,i,j,v ;
  EdgeNode* p;
  for (i=0;i<gin.n;i++)     /*初始化 AOE 网中每个顶点的最晚允许开始时间为关键路径长度*/
        vl[i]=ve[seq[gin.n-1]];
  while (k>-1)              /*按照拓扑逆序求各事件的最晚允许开始时间*/
     {v=seq[k];
      p=gin.adjlist[v].FirstEdge;
      while(p)
       {  j=p->adjvex;
              if (vl[v]-p->len < vl[j])  vl[j]=vl[v]-p->len;
              p=p->next;
        }
      k--;
    }
}
```

算法 8.10 求 AOE 网中各事件的最早发生时间和最迟发生时间

函数 EarlistTime()借助拓扑排序的过程求解每个顶点的最早发生时间，在每输出一个顶点时用 "if（ve[v]+p->len>ve[j]）ve[j] = ve[v] + p->len;" 语句保证所有以 v 为尾的弧所联接的顶点的最早发生时间是从源点到该顶点的最长距离，且利用向量 seq[]记录拓扑序列。该算法的时间复杂度为 $O(n+e)$。函数 LateTime()利用 seq[]中记录的拓扑序列按拓扑逆序求解每个事件的最迟发生时间，该算法的时间复杂度也是 $O(n+e)$。

习 题

8.1 选择题。

（1）如果某图的邻接矩阵是对角线元素均为零的上三角矩阵，则此图是（   ）。

    A. 有向完全图   B. 连通图   C. 强连通图   D. 有向无环图

（2）若邻接表中有奇数个表结点，则一定（   ）。

    A. 图中有奇数个顶点   B. 图中有偶数个顶点

    C. 图为无向图   D. 图为有向图

（3）下列关于无向连通图特性的叙述中，正确的是（   ）。

    Ⅰ. 所有顶点的度之和为偶数

    Ⅱ. 边数大于顶点个数减 1

    Ⅲ. 至少有一个顶点的度为 1

    A. 只有Ⅰ   B. 只有Ⅱ   C. Ⅰ和Ⅱ   D. Ⅰ和Ⅲ

（4）假设一个有 n 个顶点和 e 条弧的有向图用邻接表表示，则删除与某个顶点 v_i 相关的所有弧的时间复杂度是（   ）。

    A. $O(n)$ B. $O(e)$ C. $O(n+e)$ D. $O(n*e)$

（5）已知一个有向图 8.33 所示，则从顶点 a 出发进行深度优先遍历，不可能得到的 DFS 序列为（　　　）。

A. a d b e f c　　　B. a d c e f b　　　C. a d c e b f　　　D. a d e f b c

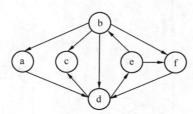

图 8.33　有向图

（6）无向图 G =（ V, E），其中：V = {a,b,c,d,e,f}，E = {（a,b），（a,e），（a,c），（b,e），（c,f），（f,d），（e,d）}，对该图进行深度优先遍历，得到的顶点序列正确的是（　　　）。

A. a,b,e,c,d,f　　　B. a,c,f,e,b,d　　　C. a,e,b,c,f,d　　　D. a,e,d,f,c,b

（7）下列哪一个选项不是图 8.34 所示有向图的拓扑排序结果（　　　）。

A. AFBCDE　　　B. FABCDE　　　C. FACBDE　　　D. FADBCE

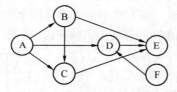

图 8.34　AOV 网

（8）判断一个有向图是否存在回路除了可以利用拓扑排序方法外，还可以利用（　　　）。

A. 单源最短路 Dijkstra 算法　　　　　B. 所有顶点对最短路 Floyd 算法

C. 广度优先遍历算法　　　　　　　　D. 深度优先遍历算法

（9）在一个带权连通图 G 中，权值最小的边一定包含在 G 的（　　　）。

A. 最小生成树中　　　　　　　　　　B. 深度优先生成树中

C. 广度优先生成树中　　　　　　　　D. 深度优先生成森林中

（10）图 8.35 所示带权无向图的最小生成树的权为（　　　）。

A. 14　　　B. 15　　　C. 17　　　D. 18

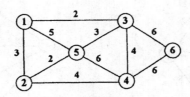

图 8.35　带权无向图

8.2　对于如图 8.36 所示的无向图，试给出：

（1）图中每个顶点的度。

（2）该图的邻接矩阵。

（3）该图的邻接表与邻接多重表。

（4）该图的连通分量。

8.3 对于如图 8.37 所示的有向图，试给出：

（1）顶点 D 的入度与出度。

（2）该图的出边表与入边表。

（3）该图的强连通分量。

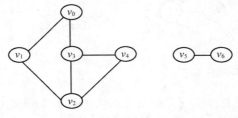

图 8.36 无向图

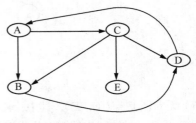

图 8.37 有向图

8.4 试回答下列关于图的一些问题。

（1）有 n 个顶点的有向强连通图最多有多少条边？最少有多少条边？

（2）表示一个有 500 个顶点，500 条边的有向图的邻接矩阵有多少个非零元素？

（3）G 是一个非连通的无向图，共有 28 条边，则该图至少有多少个顶点？

8.5 图 8.38 所示的是某个无向图的邻接表，试完成以下题目。

（1）画出此图。

（2）写出从顶点 A 开始的 DFS 遍历结果。

（3）写出从顶点 A 开始的 BFS 遍历结果。

8.6 证明，用 Prim 算法能正确地生成一棵最小生成树。

8.7 证明，用 Kruskal 算法能正确地生成一棵最小生成树。

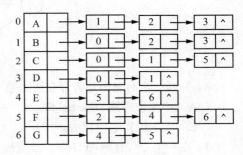

图 8.38 题 8.5 的邻接表

8.8 对如图 8.39 所示的连通图，分别用 Prim 和 Kruskal 算法构造其最小生成树。

8.9 对于如图 8.40 所示的有向网，用 Dijkstra 方法求从顶点 A 到图中其他顶点的最短路径，并写出执行算法过程中距离向量 d 与路径向量 p 的状态变化情况。

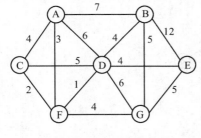

图 8.39 无向连通网

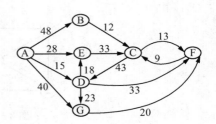

图 8.40 有向网

8.10 试写出如图 8.41 所示的 AOV 网的 4 个不同的拓扑序列。

8.11 计算如图 8.42 所示的 AOE 网中各顶点所表示的事件的发生时间 ve(j)，vl(j)，各边所表示的活动的开始时间 e(i)，l(i)，并找出其关键路径。

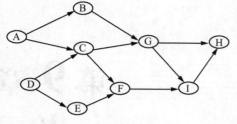

图 8.41 题 8.10 的 AOV 网

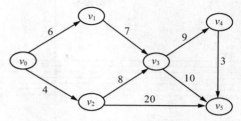

图 8.42 题 8.11 的 AOE 网

8.12 无向图采用邻接表作为存储结构，试写出以下算法。

（1）求一个顶点的度。

（2）往图中插入一个顶点。

（3）往图中插入一条边。

（4）删去图中某顶点。

（5）删去图中某条边。

8.13 编写一个非递归函数，实现图的深度优先遍历算法。

8.14 编写两个函数分别计算 AOE 网中所有活动的最早开始时间与最晚允许开始时间。

第9章
检索

　　检索又称为查找，就是从一个数据元素集合中找出某个特定的数据元素或者找出满足某类特征的数据元素的过程。检索运算的使用频率很高，几乎在任何一个软件系统中都会涉及，如英汉电子词典的单词检索、电子商务中的商品信息检索和搜索引擎信息检索等。当检索所涉及的数据量很大时，检索算法的优劣对整个软件系统的效率影响很大，在一些实时查询系统中尤其如此。本章将系统地讨论各种检索方法，主要包括线性表的检索、树表的检索和散列表的检索等。

9.1　检索的基本概念

　　检索是确定数据元素集合中是否存在数据元素等于特定元素或是否存在元素满足某种给定特征的过程。

　　要进行检索，必须知道待检索对象的特征。一般地，假定被查找的对象是由 n 个结点组成的表（称为查找表），每个结点由若干个数据项组成，并假设每个结点都有一个能唯一标识该结点的关键字。此时，一种最常见的操作是，给定一个值 Key，在表中找出关键字等于给定值 Key 的结点，若找到，则检索成功，返回该结点的信息或该结点在表中的位置；否则检索失败，返回相关的提示信息。这类操作在检索的前后不会改变查找表的内容，因此称为静态查找表。另一种检索通常伴随着数据元素的增添、删除或移动，对应的查找表称为动态查找表，如商品销售系统中的售货过程经常在检索到某种商品的同时需要删除相应的商品，对于这种数据适合组织成动态查找表。根据运算的需要静态查找表与动态查找表可采用不同的数据结构。

　　衡量检索算法效率的标准是平均查找长度（Average Search Length，ASL），也就是为确定某一结点在数据集合中的位置，给定值与集合中的结点关键字所需进行的比较次数。对于具有 n 个数据元素的集合，查找某元素成功的平均查找长度为：

$$\text{ASL} = \sum_{i=1}^{n} p_i \cdot C_i \tag{9-1}$$

其中，n 是查找表中结点的个数；C_i 为查找第 i 个元素所需进行的比较次数；P_i 是查找第 i 个结点的概率且 $\sum_{i=1}^{n} P_i = 1$。在分析检索算法的复杂性时，若未特别说明，认为每个结点具有相同的检索概率，即 $P_1 = P_2 \cdots = P_n = \dfrac{1}{n}$。

9.2　线性表的检索

线性结构是数据元素间最常见的数据结构，基于线性表的检索运算在各类程序中应用非常广泛，本节介绍 3 种在线性表上进行检索的方法，它们分别是顺序检索、二分法检索与分块检索。为简化问题，本节所介绍的检索方法均视为是基于静态查找表上的操作。

9.2.1　顺序检索

顺序检索是一种最简单的查找方法。它是基本思想是：从表的一端开始，顺序（逐个）扫描线性表，依次将扫描到的结点关键字和给定值 Key 相比较，若当前扫描到的结点关键字与 Key 相等，则检索成功；若扫描结束后，仍未找到关键字等于 Key 的结点，则检索失败。

无论线性表采用顺序存储还是链式存储均可以采用顺序检索方法。若线性表的顺序存储结构如 seqlist.h 所示。

```
/**********************************/
/*         文件名:seqlist.h        */
/**********************************/
#include <stdio.h>
#define maxsize 1000              /*预定义最大的数据域空间*/
typedef  int datatype;            /*假设数据类型为整型*/
typedef struct {
  datatype data[maxsize];         /*此处假设数据元素只包含一个整型的关键字域*/
  int len;          /*线性表长度*/
 }seqlist;          /*预定义的顺序表类型*/
```
则基于顺序表的顺序检索方法如算法 9.1 所示。
```
/*****************************************************/
/*  函数功能:顺序查找非递归算法  文件名: seqSearch.c      */
/*  函数参数:顺序表 l;待查找关键字 key                    */
/*  函数返回值:待查找结构在顺序表中的位置,若查找失败返回-1      */
/*****************************************************/
int seqSearch(seqlist l,datatype key)
{    int k=l.len-1;
     while (k>=0 && l.data[k]!=key ) k--;
     return(k);
}
```
算法 9.1　线性表的顺序检索（顺序存储）

检索从后往前不断将待查找元素 key 和当前表元素进行比较，每当发现 key 和当前表元素不相等，就向前移动，直到找到指定元素或找完所有表元素为止。算法结束后根据函数的返回值（−1 或非−1）可判断待查找结点是否在线性表中。需要说明的是，每次在将当前元素与待查找元素进行比较前需判断是否已经查找完成（$k \geq 0$），一种改进的做法可以在线性表的最前面设置一个与待查找关键字等值的数据元素，作为监视查找是否完成的"哨兵"，这样，在循环查找的过程中不需要每次判断是否查找完成。

若线性表采用带头结点的单链表存储方式，则基于带头结点单链表的顺序检索方法如算法

9.2 所示。

```
/*********************************/
/*          文件名:linklist.h    */
/*********************************/
#include <stdlib.h>
#include <stdio.h>
typedef int datatype;          /*预定义的数据类型*/
typedef struct node
{
    datatype data;             /*结点数据域*/
    struct node *next;
}linknode;
typedef linknode *linklist;


/**********************************************************************/
/*    函数功能:基于带头结点的单链表的顺序查找算法    文件名:linkSearch.c    */
/*    函数参数:带头结点的单链表 head;待查找关键字 key                      */
/*    函数返回值:查找成功则返回待查找数据在链表中的地址,若查找失败返回 NULL   */
/**********************************************************************/
linklist linkSearch(linklist  head, datatype  key)
{
    linklist p=head->next;            /*p 指向带头结点的单链表的第一个结点*/
    while ( p && p->data!=key )
            p=p->next;
    return p;
}
```

算法 9.2 线性表的顺序检索（链式存储）

基于链表的顺序检索算法从链表的第一个结点开始由前向后依次进行查找，若查找成功则函数返回数据所在结点的地址，查找失败则返回 NULL。

顺序检索的缺点是查找时间长。假设顺序表中每个记录的查找概率相同，即 $P_i=1/n$（ $i=0, 1, \cdots, n-1$ ），易于计算，顺序查找算法查找成功时的平均查找长度为：

$$\text{ASL}_{\text{seq}}=\sum_{i=0}^{n-1} \frac{1}{n} \cdot (n-i) = （n+1）/2 \tag{9-2}$$

在查找失败时，算法的平均查找长度为：$\text{ASL}_{\text{seq}}=\sum_{i=0}^{n-1} \frac{1}{n} \cdot n = n$ $\tag{9-3}$

有时，表中各个记录的查找概率并不相等，若能事先知道每个结点的检索概率，并按检索概率升序排列（若从前向后检索时则按检索概率降序排列）线性表中的结点，则式（9-2）的 ASL 取极小值。但是，在一般的情况下，结点的检索概率往往无法预先测定，为了提高查找效率，可以在每个结点中附设一个访问频度域，并使顺序表中的记录始终保持按访问频度升序排列，使得检索概率大的结点在查找过程中不断往后移动，以便在以后的查找中减少比较次数。由于涉及结点的移动，因此，这种动态查找表宜采用链式存储。

9.2.2 二分法检索

二分法检索又称为折半查找，采用二分法检索可以大大提高查找效率，它要求线性表结点按其关键字从小到大（或从大到小）按序排列并采用顺序存储结构。二分法检索的基本过程是：设 L[low..high]是当前的查找区间，首先让待查找的数据元素同线性表中间结点 $mid = \lfloor (low + high)/2 \rfloor$ 的关键字相比较，若比较相等，则查找成功并结束二分检索；若待查找的数据元素比中间结点的关键字要小，则在线性表的前半部分 L[low..mid −1]进行二分检索；反之，则在线性表的后半部分 L[mid + 1..high]进行二分检索，直到找到满足条件的结点或者确定表中没有这样的结点。

例如，已知含有 10 个数据元素的有序表为（仅列出元素项的关键字）：

$$（10，14，20，32，45，50，68，90，100，120）$$

现要在其中查找关键字为 20 和 95 的数据元素。

按照二分检索的基本思想，可用指针 low 和 high 分别指示待查找元素所在范围的下界和上界，指针 mid 指示区间的中间位置。在此例中，low 和 high 的初值分别为 0 和 9，即[0..9]为待查范围。

图 9.1（a）列出了查找 20 的过程，第 1 次查找的区间是 L[0..9]，此时 $mid = \lfloor (0 + 9)/2 \rfloor = 4$，故第 1 次是将 Key 和 L[4]进行比较，因 20 < 45，故第 2 次查找的区间是有序查找表的前半部分 L[0..3]。类似地，将 Key 与 L[1]（$mid = \lfloor (0 + 3)/2 \rfloor = 1$）比较后得知 Key 较大，故第 3 次查找的范围是当前区间 L[0..3]的后半部分 L[2..3]，此时 $mid = \lfloor (2 + 3)/2 \rfloor = 2$，经比较 Key 和 L[2]，二者相等，查找成功并返回位置 2。

图 9.1（b）列出了查找 95 的过程，第 3 次查找的区间是 L[8..9]，$mid = \lfloor (8 + 9)/2 \rfloor = 8$，而 Key 为 95 小于 L[8]的关键字 100，因此下一次查找区间是 L[low..mid − 1] = L[8..7]，该区间为空，故检索失败。

下面给出二分检索法的非递归与递归实现算法，见算法 9.3，算法中使用 seqlist.h 中定义的顺序查找表。

```c
#include "seqlist.h"
/*****************************************************/
/*  二分查找算法      文件名:b_search.c            */
/*  函数功能:二分查找的非递归实现算法               */
/*  函数参数:顺序表 l;待查找关键字 key              */
/*  函数返回值:查找成功则返回所在位置,否则返回-1    */
/*****************************************************/
int binsearch1(seqlist l,datatype key)
{   int low=0,high=l.len-1,mid;
    while (low<=high)
        {   mid=(low+high)/2;                       /*二分*/
            if (l.data[mid]==key) return mid;       /*检索成功返回*/
            if (l.data[mid]>key)
                high=mid-1;                 /*继续在前半部分进行二分检索*/
            else  low=mid+1;                /*继续在后半部分进行二分检索*/
        }
    return  -1;                 /* 当low>high时表示查找区间为空,检索失败 */
}
/*****************************************************/
/*  函数功能:二分查找的递归实现算法                              */
/*  函数参数:顺序表 l;待查找关键字 key;顺序表起点 low;顺序表终点 high */
/*  函数返回值:查找成功则返回所在位置,否则返回-1                  */
/*****************************************************/
```

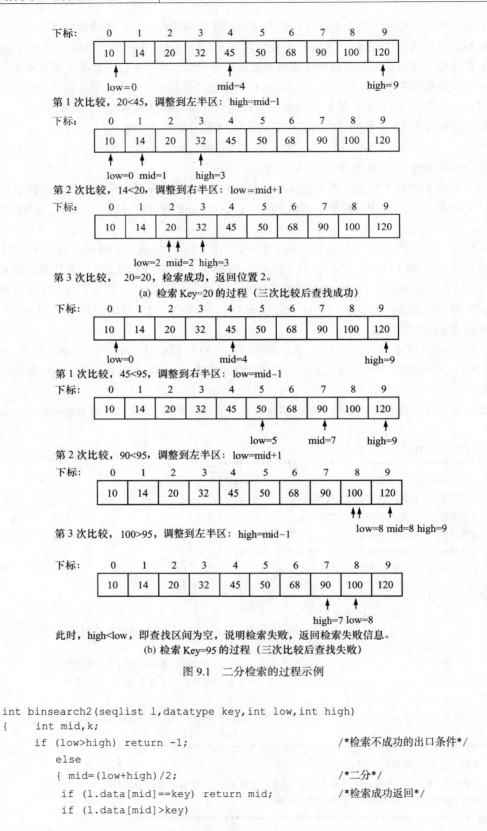

第 1 次比较，20<45，调整到左半区：high=mid-1

第 2 次比较，14<20，调整到右半区：low＝mid+1

第 3 次比较， 20＝20，检索成功，返回位置 2。

(a) 检索 Key=20 的过程（三次比较后查找成功）

第 1 次比较，45<95，调整到右半区：low=mid-1

第 2 次比较，90<95，调整到左半区：low=mid+1

第 3 次比较，100>95，调整到左半区：high=mid-1

此时，high<low，即查找区间为空，说明检索失败，返回检索失败信息。

(b) 检索 Key=95 的过程（三次比较后查找失败）

图 9.1　二分检索的过程示例

```
int binsearch2(seqlist l,datatype key,int low,int high)
{    int mid,k;
     if (low>high) return -1;                          /*检索不成功的出口条件*/
        else
        { mid=(low+high)/2;                            /*二分*/
         if (l.data[mid]==key) return mid;             /*检索成功返回*/
         if (l.data[mid]>key)
```

```
        return binsearch2(l,key,low,mid-1);     /*递归地在前半部分检索*/
    else return binsearch2(l,key,mid+1,high);   /*递归地在后半部分检索*/
    }
}
```

算法 9.3　有序顺序表的二分检索

从上述例子可看出，二分查找每经过一次比较就将检索范围缩小一半，因此比较次数是 $\log_2 n$ 这个量级的。不妨设 $n = 2^k - 1$，容易看出，线性表至多被平分 k 次即可完成查找。也即，在最坏情况下，算法查找 $k = \log_2(n+1)$ 次即可结束。又由于在 $n = 2^k - 1$ 个结点中，通过一次查找即可找到的结点有 1 个（2^0），通过两次查找即可找到的结点有 2 个（2^1），依此类推，通过 i 次查找即可找到的结点有 2^{i-1} 个。因此，在假定每个结点的查找概率相同的情况下，二分检索的平均查找次数为：

$$\text{ASL}_{\text{bins}} = \frac{1}{n}(1 \cdot 2^0 + 2 \cdot 2^1 + 3 \cdot 2^2 + ... + i \cdot 2^{i-1} + ... + k \cdot 2^{k-1} = \frac{1}{n} \cdot \sum_{i=1}^{k} i \cdot 2^{i-1} \tag{9-4}$$

用数学归纳法容易证明：

$$\sum_{i=1}^{k} i \cdot 2^{i-1} = 2^k(k-1) + 1 \tag{9-5}$$

将式（9-5）代入式（9-4）有：

$$\text{ASL}_{\text{bins}} = \frac{1}{n}(2^k \cdot (k-1) + 1) = \frac{1}{n}((n+1)(\log_2(n+1) - 1) + 1)$$

$$= \log_2(n+1) - 1 + \frac{1}{n}\log_2(n+1)$$

$$\approx \log_2(n+1) - 1 \tag{9-6}$$

无论检索成功或失败，二分检索比顺序检索要快得多，但是，它要求线性表必须按关键码进行排序，而排序的最佳时间复杂度是 $n\log_2 n$。另外，线性表的二分检索仅适合于顺序存储结构，而对于动态查找表，顺序存储的插入、删除等运算都不方便，因此二分检索一般适用于一经建立就很少需要进行改动而又经常需要查找的静态查找表。

9.2.3　分块检索

分块检索又称为索引顺序查找，它是顺序检索法与二分检索法的一种结合，其基本思想是：首先把线性表分成若干块，在每一块中，结点的存放不一定有序，但块与块之间必须是分块有序的，即假定按结点的关键码值递增有序，则第一块中结点的关键码值都小于第二块中任意结点的关键码值，第二块中的结点的关键码值都小于第三块中任意结点的关键码值……依此类推，最后一块中所有结点的关键码值大于前面所有块中结点的关键码值。为实现分块检索，还需建立一个索引表，将每一块中最大的关键码值按块的顺序存放在一个索引顺序表中，显然这个索引顺序表是按关键码值的递增次序排好序的。查找时首先在索引表中采用二分检索或顺序检索法确定待检索对象可能所在块的起始地址，然后，在所在的块内去顺序检索待查找的数据元素，便可得到检索结果。

例如，图 9.2 所示的就是一个带索引的分块有序的线性表。其中线性表 L 共有 20 个结点，被分成 3 块，第一块中最大关键字 25 小于第二块中的最小关键字 27，第二块中最大关键字 55 小于第三块中的最小关键字 60。

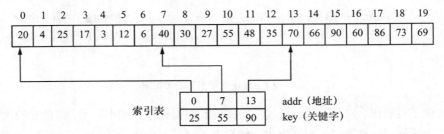

图 9.2　分块有序表的索引存储表示

在图 9.2 所示的存储结构中查找 Key = 27 的结点可以如下进行，首先采用顺序检索或二分检索法确定 27 所在块的地址，由于 25 < 27 < 55，因此可以确定关键字为 27 的结点只可能出现在 L[7..12]中。下一步，从线性表的第 12 个位置开始采用顺序检索的方法在指定块中从后向前查找待检索结点（也可以从第 7 个位置开始由前往后找），直到遇 L[9] = 27 为止。

分块检索时，会出现两种结果，一是查找成功，返回待查找结点在表中的位序，另一种情况是查询完整个块后仍未找到待检索结点，这时表明整个表中不存在这个结点，返回检索失败标记。

分块检索的算法实现见算法 9.4，算法中除了使用 seqlist.h 中定义的顺序查找表外，还定义了一个存储索引表的数据结构。

```
/**************************************/
/*  分块查找算法     文件名:i_search.c  */
/**************************************/
#include "seqlist.h"
typedef struct            /*索引表结点类型*/
     {        datatype key;
              int address;
     }      indexnode;
/*********************************************************/
/*  函数功能:分块查找算法                               */
/*  函数参数:顺序表 1;索引表 index;索引表长度 m;待查找关键字 key  */
/*  函数返回值:查找成功返回其所在位置,否则返回-1          */
/*********************************************************/
int IndexSeqSearch(seqlist l,indexnode index[],int m,datatype key)
{    /* 索引表为 index[0..m-1] */
     int i=0,j,last;
     while (i<m && key>index[i].key) i++;
     if (i>=m)  return -1;
      else
     { /*在顺序表中顺序检索*/
         if (i==m-1) j=l.len-1;
                 else j=index[i+1].address-1;   /* j 初始时指向本块的最后一个结点 */
         while (j>=index[i].address && key!=l.data[j] )
             j--;                                /*从后向前逐个查找*/
         if (j<index[i].address) return -1;
             else return j;
     }
}
```

算法 9.4　分块检索

分块检索方法通过将查找缩小在某个块中从而提高了检索的效率，其查找的效率由两部分组成，一是为确定待查找元素所在块而对索引表检索的平均查找长度 E_1，二是块内查找所需的平均查找长度 E_b。假若线性表中共有 n 个元素，且被均分成 b 块，则每块中的元素个数 $s = n/b$，分块查找的最大查找长度为 $b + n/b$。

若以顺序检索来确定块，则分块查找成功时的平均查找长度为：

$$ASL_{ids}=E_1+E_b=\frac{b+1}{2}+\frac{s+1}{2}=\frac{n/s+s}{2}+1=\frac{n+s^2}{2s}+1 \tag{9-7}$$

当 $s = \sqrt{n}$ 时，ASL_{ids} 取最小值 $\sqrt{n}+1$。

若以二分检索来确定块，则分块检索查找成功时的平均查找长度为：

$$ASL'_{ids}=E_1+E_b\approx\log_2(b+1)-1+\frac{s+1}{2}\approx\log_2\left(\frac{n}{s}+1\right)+\frac{s}{2} \tag{9-8}$$

由此可见，分块检索方法比顺序检索快，但比二分检索慢。另外，在实际的应用中，分块检索还可根据数据的特征进行分块，而不一定要将线性表分成大小相等的若干块，随着数据的插入、删除等操作的执行，块中的数据个数也会发生变化。

由于分块检索的块内元素是无序的，因此在动态的分块检索表中，数据的增添、删除都比较易于实现。

9.3 二叉排序树

在线性表的 3 种检索方法中，二分检索法具有最高的查找效率，但是它只适合于顺序存储结构且要求数据有序，这给查找表中数据的增添、删除操作带来不便。本节讨论的二叉排序树不仅具有二分检索的效率，同时又便于在查找表中进行数据的增添与删除操作。

二叉排序树又称为二叉查找树，它或者是空树，或者是满足如下性质的二叉树。

（1）若它的左子树非空，则左子树上所有结点的值均小于根结点的值。

（2）若它的右子树非空，则右子树上所有结点的值均大于根结点的值。

（3）它的左、右子树本身又各是一棵二叉排序树。

对二叉排序树进行中序遍历可以得到按结点值递增排序的结点序列。例如，图 9.3 所示为两棵二叉排序树。对如图 9.3（a）所示的二叉排序树进行中序遍历得到的结果是 30，36，40，50，60，68，80，98；对如图 9.3（b）所示的二叉排序树进行中序遍历的结果为 30，40，50，60。

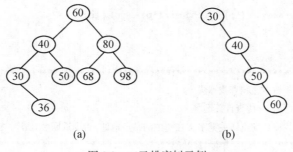

(a)   (b)

图 9.3 二叉排序树示例

从图 9.3（b）还可以看出，当二叉排序树中只有左子树或只有右子树时，二叉排序树已退化成单链表，此时的二叉排序树具有较低的检索效率。

下面介绍二叉排序树的创建及在给定的二叉排序树中进行检索、插入、删除结点的算法。在讨论具体的运算之前，先定义其存储结构，如下。

```
/***********************************************/
/*  二叉排序树用的头文件     文件名:bstree.h    */
/***********************************************/
#include<stdio.h>
#include<stdlib.h>
typedef int datatype;
typedef struct node                      /*二叉排序树结点定义*/
  {   datatype key;                      /*结点值*/
          struct node *lchild,*rchild; /*左、右孩子指针*/
  }bsnode;
 typedef bsnode *bstree;
```

对于一棵给定的二叉排序树，树中的查找运算很容易实现，其算法可描述如下。

（1）当二叉树为空树时，检索失败。

（2）如果二叉排序树根结点的关键字等于待检索的关键字，则检索成功。

（3）如果二叉排序树根结点的关键字小于待检索的关键字，则用相同的方法继续在根结点的右子树中检索。

（4）如果二叉排序树根结点的关键字大于待检索的关键字，则用相同的方法继续在根结点的左子树中检索。

检索运算可以方便地用递归或非递归方法加以实现，算法9.5中给出了这两种实现算法。

```
/********************************************************************/
/*  基于二叉排序树的检索算法     文件名:t_search.c              */
/*  函数功能:二叉排序树的非递归查找算法                          */
/*  入口参数:二叉排序树t;待查找关键字x;                          */
/*  出口参数: 二叉树结点二级指针f,二叉树结点二级指针p              */
/********************************************************************/
void bssearch1(bstree t,datatype x, bstree *f,bstree *p)
 { /*  *p返回待查结点x在二叉排序树中的地址,*f返回待查结点x的父结点地址 */
    *f=NULL;
    *p=t;
    while (*p)
        {if(x==(*p)->key)return;
         *f=*p;
         *p=(x<(*p)->key)?(*p)->lchild:(*p)->rchild;
        }
    return;
}
/********************************************************************/
/*  函数功能:二叉排序树的递归查找算法                              */
/*  函数参数:二叉排序树t;待查找关键字x                            */
/*  函数返回值:若查找成功则返回关键字x在树中的结点地址,否则返回NULL    */
/********************************************************************/
bstree bssearch2(bstree t,datatype x)
 { if(t==NULL||x==t->key)
        return t;
```

```
if(x<t->key)
        return bssearch2(t->lchild,x);          /*递归地在左子树中检索*/
    else
        return bssearch2(t->rchild,x);          /*递归地在右子树中检索*/
}
```

算法 9.5 基于二叉排序树检索算法

显然，在二叉排序树上进行检索的方法与二分检索相似，和关键字的比较次数不会超过树的深度。因此，在二叉排序树上进行检索的效率与树的形状有密切的联系。在最坏的情况下，含有 n 个结点的二叉排序树退化成一棵深度为 n 的单支树（类似于单链表），它的平均查找长度与单链表上的顺序检索相同，即 $\mathrm{ASL} = (n+1)/2$。在最好的情况下，二叉排序树型态比较匀称，对于含有 n 个结点的二叉排序树，其深度不超过 $\log_2 n$，此时的平均查找长度为 $O(\log_2 n)$。

例如，对于如图 9.4 所示的两棵二叉排序树，其深度分别是 4 和 10，在检索失败的情况下，在这两棵树上的最大比较次数分别是 4 和 10；在检索成功的情况下，若检索每个结点的概率相等，则对于如图 9.4（a）所示的二叉排序树其平均查找长度为：

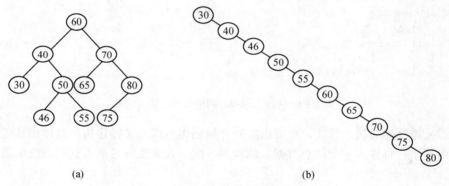

(a)   (b)

图 9.4 两棵具有不同检索效率的二叉排序树

$$\mathrm{ASL_a} = \sum_{i=1}^{10} p_i c_i = (1 + 2\times 2 + 3\times 4 + 4\times 3)/10 = 2.9$$

对于如图 9.4（b）所示的二叉排序树其平均查找长度为：

$$\mathrm{ASL_b} = (1+2+3+4+5+6+7+8+9+10)/10 = 5.5$$

二叉排序树的检索效率与顺序表的二分查找效率相似，但二分查找仅适合于静态查找表，表中数据的有序性较难维护，而二叉排序树适合于动态查找表，树上元素的增添、删除均比较方便。下面讨论基于二叉排序树的结点的插入算法。

假设待插入的数据元素为 x，则二叉排序树的插入算法可以描述为：若二叉排序树为空，则生成一个关键字为 x 的新结点，并令其为二叉排序树的根结点；否则，将待插入的关键字 x 与根结点的关键字进行比较，若二者相等，则说明树中已有关键字 x，无需插入；若 x 小于根结点的关键字，则将 x 插入到该树的左子树中，否则将 x 插入到该树的右子树中去。将 x 插入子树的方法与在整个树中的插入方法是相同的，如此进行下去，直到 x 作为一个新的叶结点的关键字插入到二叉排序树中，或者直到发现树中已有此关键字为止。这一过程可以方便地用递归程序加以实现，但经分析可知，新结点的插入过程实际上与结点的查找过程是密切相关的，结点的插入位置就是检索失败的最终叶结点位置。因此，基于二叉排序树的结点的插入算法亦可简单地用非递归方法加以实现，算法 9.6 给出了非递归的实现方法。

```
/*********************************************************/
/*   二叉排序树的插入算法   文件名:t_insert.c           */
/*   函数功能:在二叉排序树中插入结点值为 x 的结点        */
/*   函数参数:二叉排序树结点二级指针 t;待插入结点值 x    */
/*********************************************************/
void InsertBstree(bstree *t,datatype x)
{   bstree f=NULL,p;
    p=*t;
    while(p)                          /*查找插入位置*/
        {if (x==p->key) return;       /*若二叉排序树 t 中已有 key,则无需插入 */
         f=p;                         /*f 用于保存新结点的最终插入位置 */
         p=(x<p->key)? p->lchild:p->rchild;
        }
    p=(bstree) malloc(sizeof(bsnode)); /*生成待插入的新结点*/
    p->key=x;
    p->lchild=p->rchild=NULL;
    if  (*t==NULL)    *t=p;            /*原树为空*/
        else
        if (x<f->key)
                f->lchild=p;
        else    f->rchild=p;
}
```

算法 9.6   基于二叉排序树的结点的插入算法

利用二叉排序树的插入算法，可以由空树开始创建一棵二叉排序树。具体做法是，从空的二叉排序树开始，每输入一个结点数据，就调用一次插入算法将它插入到当前已生成的二叉排序树中。

建立二叉排序树的算法 9.7 如下。

```
/*************************************************************/
/*   二叉排序树的建立算法      文件名:t_creat.c            */
/*   函数功能:建立二叉排序树算法                           */
/*   函数参数:无;                                          */
/*   函数返回值:所建立的二叉排序树的根结点地址             */
/*************************************************************/
bstree  CreatBstree(void)
  {   bstree t=NULL;
      datatype key;
      printf("\n 请输入一个以-1 为结束标记的结点序列;\n");
      scanf("%d",&key);                /*输入一个关键字*/
      while(key!=-1)
          { InsertBstree(&t,key);   /*将 key 插入二叉排序树 t*/
            scanf("%d",&key);
          }
      return t;                        /*返回建立的二叉排序树的根地址*/
  }
```

算法 9.7   生成一棵二叉排序树

对于输入实例（30，20，40，10，25，45），算法 9.6 执行时生成二叉排序树的过程如图 9.5 所示。当然，按照（30，20，10，25，40，45）或（30，40，45，20，10，25）的输入次序同样可生成如图 9.5（g）所示的二叉排序树。但若按照（10，20，25，30，40，45）或（45，40，30，25，20，10）的次序输入，将分别生成只具有单个右分支和单个左分支的两棵二叉排序树。因此，二叉排序树的生成与结点的输入次序相关。

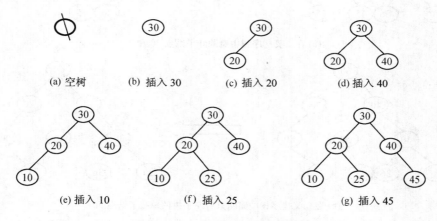

(a) 空树　　　(b) 插入 30　　(c) 插入 20　　(d) 插入 40

(e) 插入 10　　　　(f) 插入 25　　　　(g) 插入 45

图 9.5　二叉排序树的生成过程示例

对于创建好的二叉排序树，对其进行中序遍历可以得到一个有序的序列。由此，创建二叉排序树并对其进行中序遍历的过程实际上是对一个无序的关键字序列进行排序的过程，这种排序方法称为树排序。

下面讨论如何从二叉排序树中删除一个结点。与在二叉排序树上进行插入操作的要求一样，从二叉排序树中删除一个结点，要保证删除后的二叉树仍然是一棵二叉排序树。根据二叉排序树的结构特征，删除算法可以分 4 种情况来考虑。

（1）待删除结点为叶结点，则直接删除该结点即可。若该结点同时也是根结点，则删除后二叉排序树变为空树。图 9.6（a）所示为一个删除叶结点的例子。

（2）待删除结点只有左子树，而无右子树。根据二叉排序树的特点，可以直接将其左子树的根结点替代被删除结点的位置，即如果被删结点为其双亲结点的左孩子，则将被删结点的唯一左孩子收为其双亲结点的左孩子，否则收为其双亲结点的右孩子。图 9.6（b）所示为一个例子。

（3）待删除结点只有右子树，而无左子树。与情况（2）类似，可以直接将其右子树的根结点替代被删除结点的位置，即如果被删结点为其双亲结点的左孩子，则将被删结点的唯一右孩子收为其双亲结点的左孩子，否则收为其双亲结点的右孩子。图 9.6（c）所示为一个例子。

（4）待删除结点既有左子树又有右子树。根据二叉排序树的特点，可以用被删结点中序下的前趋结点（或其中序下的后继结点）代替被删除结点，同时删除其中序下的前趋结点（或中序下的后继结点）。而被删除结点的中序前趋无右子树，被删除结点的中序后继无左子树，因而问题转换为第（2）种情况或第（3）种情况。除此之外，还可以直接将被删结点的右子树代替被删结点，同时将被删除结点的左子树收为被删结点右子树中序首点的左孩子。也可以直接将被删结点的左子树代替被删除结点，同时将被删除结点的右子树收为被删结点左子树中序尾点的右孩子。图 9.6（d）所示的示例是直接用被删结点的右子树代替被删结点。

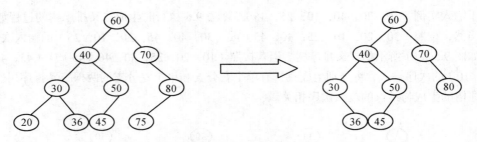

(a) 在二叉排序树中删除叶子结点 20 和 75

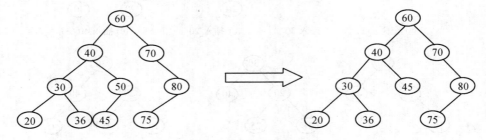

(b) 在二叉排序树中删除只有左子树的单孩子结点 50

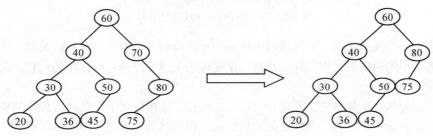

(c) 在二叉排序树中删除只有右子树的单孩子结点 70

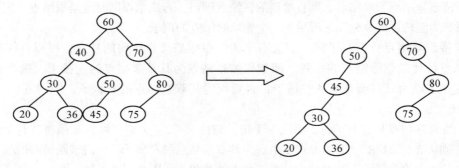

(d) 在二叉排序树中删除具有两棵子树的结点 40

图 9.6   二叉排序树中结点的删除

综上所述，基于二叉排序树的结点删除算法可用 C 语言描述如下，具体可见算法 9.8。

```
/*******************************************************/
/*   基于二叉排序树的结点删除算法      文件名:t_dele.c  */
/*   函数功能:在二叉排序树 t 中删除结点值为 x 的结点      */
/*   函数参数:二叉树 t;待删除结点值 x                    */
/*   函数返回值:删除结点后的二叉树根地址                  */
/*******************************************************/
```

```
bstree DelBstree(bstree t,datatype x)
{  bstree p,q,child;
   bssearch1(t,x,&p,&q);                    /*查找被删结点*/
   if(q)                                    /*找到了待删除结点*/
    {if(q->lchild==NULL && q->rchild==NULL) /*情况1,被删结点为叶结点*/
       {  if(p)                             /*待删除结点有双亲*/
            { if(p->lchild==q)p->lchild=NULL; else p->rchild=NULL;}
                   else t=NULL;             /*被删结点为树根*/
            free (q);
       }
    else         /*情况2,被删结点的右子树为空,用被删结点的左子树替代该结点*/
    if(q->rchild==NULL)
        { if(p)                             /*被删结点的双亲结点不为空*/
            {if(p->lchild==q)
               p->lchild=q->lchild;         /*q是其双亲结点的左儿子*/
                    else p->rchild=q->lchild;/*q是其双亲结点的右儿子*/
            } else t=q->lchild;
          free(q);
        }
    else         /*情况3,被删结点的左子树为空,用被删结点的右子树替代该结点*/
    if(q->lchild==NULL)
       { if(p)                              /*被删结点的双亲结点不为空*/
           { if(p->lchild==q)
               p->lchild=q->rchild;         /*q是其双亲结点的左儿子*/
                  else p->rchild=q->rchild; /*q是其双亲结点的右儿子*/
       } else t=q->rchild;
       free(q);
       }
    else   /*情况4,被删结点的左右子树均不为空,用右子树代替被删结
           点的左子树收为右子树中序首点的左儿子*/
       {  child=q->rchild;
          while(child->lchild)             /*找被删结点右子树中的中序首点*/
               child=child->lchild;
          child->lchild=q->lchild;         /*收被删结点的左子树收为 child 的左孩子*/
           if(p)                           /*被删结点不是树根*/
             { if(p->lchild==q)
                 p->lchild=q->rchild;
                   else p->rchild=q->rchild;
             } else t=q->rchild;           /*被删结点为树根*/
           free(q);
          }
      }
   return t;
}
```

算法 9.8　基于二叉排序树的结点删除

二叉排序树中结点的删除操作的主要时间在于查找被删除结点及查找被删结点的右子树的中序首点上，而这个操作的时间花费与树的深度密切相关。因此，删除操作的平均时间也为 $O(\log_2 n)$。

9.4 丰满树和平衡树

二叉排序树上实现的插入、删除和查找等基本操作的平均时间虽然为 $O(\log_2 n)$，但在最坏情况下，二叉排序树退化成一个具有单个分支的单链表，此时树高增至 n，这将使这些操作的时间相应地增至 $O(n)$。为了避免这种情况发生，人们研究了许多种动态平衡的方法，包括如何建立一棵"好"的二叉排序树；如何保证往树中插入或删除结点时保持树的"平衡"，使之既保持二叉排序树的性质又保证树的高度尽可能地为 $O(\log_2 n)$。本节将介绍两种特殊的二叉树：丰满树和平衡树。

9.4.1 丰满树

设 T 是一棵二叉树，若定义 λk 是结点 k 到树根的路径长度，若 k_i 和 k_j 是 T 中孩子结点个数少于 2 的任意两个结点，且满足：

$$|\lambda k_i - \lambda k_j| \leq 1$$

则称 T 是一棵丰满树。

从上述概念可知，在丰满树中，任意两个非双孩子结点的高度之差的绝对值要小于等于 1，由于树的最下面一层为叶子结点，因此，在丰满树中，子女结点个数少于 2 的结点只出现在树的最低两层之中。图 9.7 给出了一棵丰满树和一棵非丰满树。

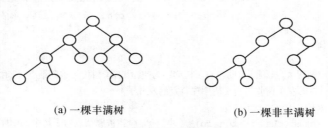

(a) 一棵丰满树   (b) 一棵非丰满树

图 9.7 丰满树与非丰满树示例

对于 n 个结点的任意序列，用平分法构造结点序列的丰满树的步骤如下。

（1）如果结点序列为空，则得到一棵空的二叉树。

（2）如果序列中有 $n \geq 1$ 个结点 k_1，k_2，$\cdots$，k_n，那么令 $m = \lfloor (n+1)/2 \rfloor$，所求的树是由根 k_m、左子树 T_l 和右子树 T_r 组成。其中，T_l 和 T_r 分别是用平分法由 k_1，k_2，$\cdots$，k_{m-1} 和 k_{m+1}，k_{m+2}，$\cdots$，k_n 创建的丰满树。

要用平分法构造丰满的二叉排序树，需保证 n 个序列 k_1，k_2，$\cdots$，k_n 是按升序排列的。根据有序数组创建丰满二叉排序树的具体实现过程见算法 9.9。

```
/*************************************************/
/*  丰满树构造算法      文件名:creatfulltree.c    */
/*************************************************/
#include<stdio.h>
#include<stdlib.h>
typedef int datatype;
typedef struct node                /*二叉树结点定义*/
  { datatype data;
```

```
        struct node *lchild,*rchild;
    }bintnode;
typedef bintnode *bintree;
/***********************************************************/
/*  函数功能:平分法创建一棵丰满树                          */
/*  函数参数:存放结点的向量 node;向量起点 low;向量终点 high */
/*  函数返回值:所建立的丰满树的根结点地址                  */
/***********************************************************/
bintree creatfulltree (int node[],int low,int high)
{ int mid;
  bintree s;
  if(low<=high)
      { mid=(low+high)/2;
        s=(bintree)malloc(sizeof(bintnode));        /*生成一个新结点*/
        s->data=node[mid];
        s->lchild= creatfulltree(node,low,mid-1);   /*平分法建左子树*/
        s->rchild= creatfulltree(node,mid+1,high);  /*平分法建右子树*/
        return s;
      }
  else
      return NULL;
}
```

算法 9.9　建立丰满树

对于具有 n 个结点的丰满二叉排序树，如果树中所有结点都具有相同的使用概率，那么其平均检索长度为：

$$ASL \approx \log_2 n$$

但对动态的二叉排序树进行插入和删除等操作后，丰满树很容易变为非丰满二叉排序树，并且将非丰满二叉排序树改造成丰满二叉排序树非常困难。因此，实际应用中经常使用一种称为"平衡树"的特殊二叉排序树。

9.4.2　平衡二叉排序树

平衡二叉树又称为 AVL 树(AVL 树得名于它的发明者 G.M. Adelson-Velsky 和 E.M. Landis)，它或是一棵空树，或是具有下列性质的二叉树：它的左子树和右子树都是平衡二叉树，且左子树和右子树高度之差的绝对值不超过 1。

为描述方便，将二叉树中某个结点的左子树高度与右子树高度之差称为该结点的平衡因子（或平衡度）。由此可知，平衡二叉树也就是树中任意结点的平衡因子的绝对值小于等于 1 的二叉树。在 AVL 树中结点的平衡度可能有 3 种取值（−1、0 和 1）。如果一棵二叉排序树满足平衡二叉树的定义便是一棵平衡的二叉排序树，平衡的二叉排序树又称为平衡查找树。本节主要介绍如何动态地使一棵二叉排序树保持平衡，从而使它具有较高的检索效率。

由丰满树和平衡树的定义可知，丰满树一定是平衡树，但平衡树却不一定是丰满树。例如，图 9.7（a）所示的二叉树是一棵丰满树，同时也是一棵平衡树。图 9.8（a）所示的二叉树为一棵平衡二叉树，但它不是一棵丰满树。图 9.8（b）所示的二叉树为一棵不平衡的二叉树（结点旁边的值为该结点的平衡度）。在平衡二叉树上插入或删除结点后，可能使二叉树失去平衡，因此，需要对失去平衡的二叉树进行调整，以保持平衡二叉树的性质。

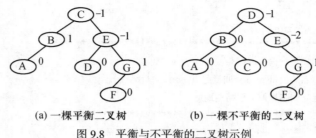

(a) 一棵平衡二叉树　　　　　(b) 一棵不平衡的二叉树

图 9.8　平衡与不平衡的二叉树示例

G.M.Adelson-Velskii 和 E.M.Landis 在 1962 年提出了动态保持二叉排序树平衡的一个有效办法（详见他们在 1962 年发表的论文"*An algorithm for the organization of information*"），后称为 Adelson 方法。下面介绍 Adelson 方法如何将一个新结点 k 插入到一棵平衡二叉排序树 T 中去。

Adelson 方法由 3 个依次执行的过程——插入、调整平衡度和改组所组成。

（1）插入：不考虑结点的平衡度，使用在二叉排序树中插入新结点的方法，把结点 k 插入树中，同时置新结点的平衡度为 0。

（2）调整平衡度：假设 k_0, k_1, $\cdots$, $k_m = k$ 是从根 k_0 到插入点 k 路径上的结点，由于插入了结点 k，就需要对这条路径上的结点的平衡度进行调整。调整方法是：从结点 k 开始，沿着树根的方向进行扫描，当首次发现某个结点 k_j 的平衡度不为零，或者 k_j 为根结点时，便对 k_j 与 k_{m-1} 之间的结点进行调整。令调整的结点为 k_i（$j \leqslant i \leqslant m$），若 k 在 k_i 的左子树中，则 k_i 的平衡度加 1；若 k 在 k_i 的右子树中，则 k_i 的平衡度减 1；此时，k_{j+1}, k_{j+2}, $\cdots$, k_{m-1} 结点不会失去平衡，唯一可能失去平衡的结点是 k_j。若 k_j 失去平衡，即 k_j 的平衡因子不是-1，0 和 1 时，便对以 k_j 为根的子树进行改组，且保证改组以后以 k_j 为根的子树与未插入结点 k 之前的子树高度相同，这样，k_0, k_1, $\cdots$, k_{j-1} 的平衡度将保持不变，这就是为何不需要对这些结点进行平衡度调整的原因。反之，若 k_j 不失去平衡，则说明，新结点 k 的加入并未改变以 k_j 为根的子树的高度，整棵树无需进行改组。

（3）改组：改组以 k_j 为根的子树除了满足新子树高度要和原来以 k_j 为根的子树高度相同外，还需使改造后的子树是一棵平衡二叉排序树。

下面具体讨论 AVL 树上因插入新结点而导致失去平衡时的调整方法。

为叙述方便，假设在 AVL 树上因插入新结点而失去平衡的最小子树的根结点为 A（即 A 为距离插入结点最近的，平衡因子不是-1、0 和 1 的结点）。失去平衡后的调整操作可依据失去平衡的原因归纳为下列 4 种情况分别进行。

（1）LL 型平衡旋转：由于在 A 的左孩子的左子树上插入新结点，使 A 的平衡度由 1 增至 2，致使以 A 为根的子树失去平衡，如图 9.9（a）所示。此时应进行一次顺时针旋转，"提升"B（即 A 的左孩子）为新子树的根结点，A 下降为 B 的右孩子，同时将 B 原来的右子树 B_r 调整为 A 的左子树。

（2）RR 型平衡旋转：由于在 A 的右孩子的右子树上插入新结点，使 A 的平衡度由-1 变为-2，致使以 A 为根的子树失去平衡，如图 9.9（b）所示。此时应进行一次逆时针旋转，"提升"B（即 A 的右孩子）为新子树的根结点，A 下降为 B 的左孩子，同时将 B 原来的左子树 B_L 调整为 A 的右子树。

（3）LR 型平衡旋转：由于在 A 的左孩子的右子树上插入新结点，使 A 的平衡度由 1 变成 2，致使以 A 为根的子树失去平衡，如图 9.9（c）所示。此时应进行两次旋转操作（先逆时针，后顺时针），即"提升"C（即 A 的左孩子的右孩子）为新子树的根结点；A 下降为 C 的右孩子；B 变

第 9 章 检索

为 C 的左孩子；C 原来的左子树 C_L 调整为 B 现在的右子树；C 原来的右子树 Cr 调整为 A 现在的左子树。

（4）RL 型平衡旋转：由于在 A 的右孩子的左子树上插入新结点，使 A 的平衡度由−1 变成−2，致使以 A 为根的子树失去平衡，如图 9.9（d）所示。此时应进行两次旋转操作（先顺时针，后逆时针），即"提升"C（即 A 的右孩子的左孩子）为新子树的根结点；A 下降为 C 的左孩子；B 变为 C 的右孩子；C 原来的左子树 C_L 调整为 A 现在的右子树；C 原来的右子树 Cr 调整为 B 现在的左子树。

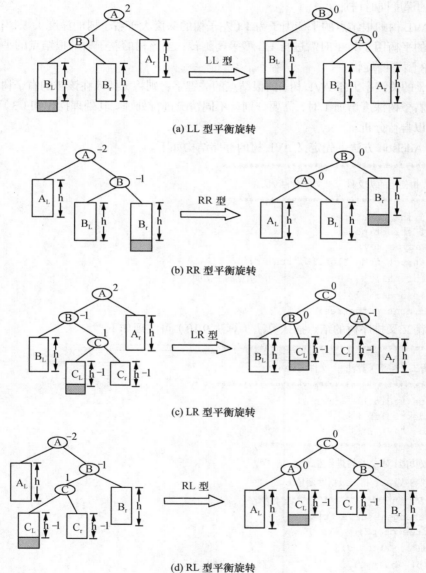

(a) LL 型平衡旋转

(b) RR 型平衡旋转

(c) LR 型平衡旋转

(d) RL 型平衡旋转

图 9.9 AVL 树平衡旋转图

（图中阴影部分为新插入的结点）

综上所述，在平衡的二叉排序树 t 上插入一个新的数据元素 x 的算法可描述如下。

203

（1）若 AVL 树 t 为空树，则插入一个数据元素为 x 的新结点作为 t 的根结点，树的深度增 1。

（2）若 x 的关键字和 AVL 树 t 的根结点的关键字相等，则不进行插入。

（3）若 x 的关键字小于 AVL 树 t 的根结点的关键字，则将 x 插入在该树的左子树上，并且当插入之后的左子树深度增加 1 时，分别就下列不同情况进行分情形处理：

① 若 AVL 树的根结点的平衡因子为-1（右子树的深度大于左子树的深度），则将根结点的平衡因子调整为 0，并且树的深度不变。

② 若 AVL 树的根结点的平衡因子为 0（左、右子树的深度相等），则将根结点的平衡因子调整为 1，树的深度同时增加 1。

③ 若 AVL 树的根结点的平衡因子为 1（左子树的深度大于右子树的深度），则当该树的左子树的根结点的平衡因子为 1 时需进行 LL 型平衡旋转；当该树的左子树的根结点的平衡因子为-1 时需进行 LR 型平衡旋转。

（4）若 x 的关键字大于 AVL 树 t 的根结点的关键字，则将 x 插入在该树的右子树上，并且当插入之后的右子树深度增加 1 时，需要分别就不同情况进行处理。其处理操作和（3）中所述相对称，读者可以自行分析。

为实现 Adelson 方法，先定义 AVL 树的存储结构如下。

```
/********************************************/
/*  AVL 树使用的头文件     文件名:AVL.H     */
/********************************************/
typedef int datatype;
typedef struct node
  { datatype key;
      struct node *lchild,*rchild;
      int bal;                    /*结点的平衡度*/
      }bsnode;
typedef bsnode *bstree;
```

基于平衡二叉排序树的结点插入算法（算法 9.10）可实现如下。

```
/********************************************/
/*  平衡二叉树相关算法    文件名:AVL.C      */
/********************************************/
#include<stdio.h>
#include<stdlib.h>
#include "AVL.H"
/********************************************/
/*  函数功能:对 AVL 树进行左改组      */
/*  函数参数:AVL 树二级指针变量 t      */
/********************************************/
void lchange(bstree *t)
{   bstree p1,p2;
    p1=(*t)->lchild;
    if(p1->bal==1)                /*  LL 改组  */
      {(*t)->lchild=p1->rchild;
       p1->rchild=*t;
       (*t)->bal=0;
       (*t)=p1;
        }
```

```
        else          /*  LR 改组  */
          {      p2=p1->rchild;
           p1->rchild=p2->lchild;
           p2->lchild=p1;
            (*t)->lchild=p2->rchild;
           p2->rchild=*t;
           if (p2->bal==1)    {(*t)->bal=-1;    p1->bal=0;} /*调整平衡度*/
           else   { (*t)->bal=0;  p1->bal=1;  }
           (*t)=p2;
          }
           (*t)->bal=0;
}
/**********************************/
/*  函数功能:对 AVL 树进行右改组      */
/*  函数参数:AVL 树二级指针变量 t       */
/**********************************/
void rchange(bstree *t)
{   bstree p1,p2;
   p1=(*t)->rchild;
   if(p1->bal==-1)         /*RR 改组*/
        {(*t)->rchild=p1->lchild;
         p1->lchild=*t;
          (*t)->bal=0;
          (*t)=p1;
          }
       else              /*RL 改组*/
         { p2=p1->lchild;
           p1->lchild=p2->rchild;
           p2->rchild=p1;
          (*t)->rchild=p2->lchild;
          p2->lchild=(*t);
          if (p2->bal==-1)  {(*t)->bal=1; p1->bal=0;}  /*调整平衡度*/
          else       { (*t)->bal=0;  p1->bal=-1;}
          (*t)=p2;
        }
       (*t)->bal=0;
}


/*********************************************************************/
/*  函数功能:平衡二叉树的插入算法                                        */
/*  函数参数:AVL 树二级指针变量 t;待插入结点值 x;AVL 树高度指针变量 h    */
/*********************************************************************/
void InsertAvlTree(datatype x, bstree *t,int * h)
{  if(*t==NULL)
      {*t=(bstree)malloc(sizeof(bsnode));     /*生成根结点*/
       (*t)->key=x;
       (*t)->bal=0;
       *h=1;
       (*t)->lchild=(*t)->rchild=NULL;
       }
      else
```

```
        if(x<(*t)->key)                              /*在左子树中插入新结点*/
        { InsertAvlTree(x,&(*t)->lchild,h);
          if (*h)                                    /*左子树中插入了新结点*/
          switch( (*t)->bal)
          {   case -1: {(*t)->bal=0;*h=0;    break;}
              case 0:  {(*t)->bal=1;break;}
              case 1: { /*进行左改组*/
                        lchange(t);
                           *h=0;
                        break;
                      }
          }
        }
        else
          if(x>(*t)->key)                            /*在右子树中插入新结点*/
          {       InsertAvlTree(x,&(*t)->rchild,h);
            if (*h)                                  /*右子树中插入了新结点*/
            switch((*t)->bal)
                    {   case 1: { (*t)->bal=0;*h=0;break;}
                        case 0: { (*t)->bal=-1;break;}
                        case -1:     {    /*进行右改组*/
                                     rchange(t);
                                     *h=0;
                                  break;
                                  }
                    }
          }
          else
          *h=0;
    }
```

算法 9.10　基于 AVL 树的结点插入算法

假设结点的输入序列是（120，80，30，90，45，60），初始的空树和具有一个结点 120 的二叉树显然都是平衡二叉树，如图 9.10（a）与图 9.10（b）所示。在插入了 80 之后仍是平衡的，只是根结点的平衡因子 bal 值由 0 变为 1。在继续插入 30 之后，由于结点 120 的平衡因子由 1 变为 2，由此出现了不平衡现象（如图 9.10（d）所示），此时应该进行 LL 型调整，"提升" 80 为根结点，120 下降为 80 的右孩子，结果如图 9.10（e）所示。继续插入 90、45 和 60 以后，结点 30 的平衡因子由-1 变为-2（如图 9.10（h）所示），此时应进行 RR 型调整，最终的结果如图 9.10（i）所示。

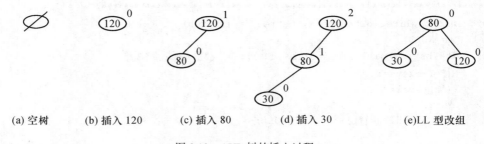

(a) 空树　　　(b) 插入 120　　　(c) 插入 80　　　(d) 插入 30　　　(e)LL 型改组

图 9.10　AVL 树的插入过程

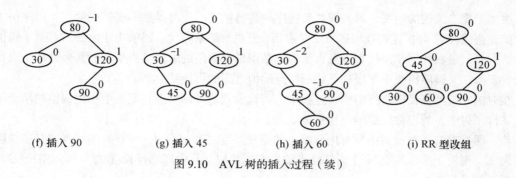

(f) 插入 90　　　　(g) 插入 45　　　　(h) 插入 60　　　　(i) RR 型改组

图 9.10　AVL 树的插入过程（续）

9.5　最佳二叉排序树和 Huffman 树

对于具有 n 个结点的二叉排序树，在考虑每个结点查找概率的情况下，如何使得整棵树的平均检索效率最高，即使得比较的平均次数最少、代价最小，这与二叉排序树的形状密切相关。假定 n 个结点的关键字序列为 k_1, k_2, $\cdots$, k_n, k_i 对应的使用概率为 $P(k_i)$，路径长度为 λk_i，则对 n 个结点构成的二叉排序树其查找成功的平均比较次数为：

$$\text{ASL} = \sum_{i=1}^{n} p(k_i)(1 + \lambda k_i) \tag{9-9}$$

当每个结点具有相同的使用概率，即 $P(k_i) = \dfrac{1}{n}$ 时，有：

$$\text{ASL} = \sum_{i=1}^{n} \frac{1}{n}(1 + \lambda k_i) = \frac{1}{n} \sum_{i=1}^{n} (1 + \lambda k_i) \tag{9-10}$$

本节讨论如何构造 ASL 最小的二叉排序树。

9.5.1　扩充二叉树

给定一棵二叉树，对树中不足两个孩子的结点（包括叶子结点）都添上附加结点，使每个结点都有两个孩子结点，所得的二叉树称为原二叉树的扩充二叉树，称那些附加的结点为外部结点，称树中原来的结点为内部结点。对于具有 n 个内部结点的二叉树，其外部结点数为 $n+1$ 个。

图 9.11 给出了一棵二叉树及其对应的扩充二叉树，图中圆圈表示内部结点，方框表示外部结点。

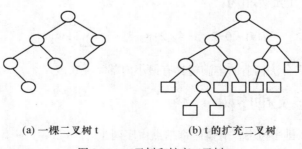

(a) 一棵二叉树 t　　　　　　(b) t 的扩充二叉树

图 9.11　二叉树和扩充二叉树

根据扩充二叉树的定义，对一棵二叉排序树进行扩充后便可得到一棵扩充的二叉排序树（又称为扩充查找树）。对扩充查找树进行中序遍历，最左外部结点代表码值小于内部结点最小码值的可能结点集；最右外部结点代表码值大于内部结点最大码值的可能结点集；而其余外部结点代表码值处于原二叉排序树在中序序列下相邻结点码值之间的可能结点集。

在对扩充二叉查找树进行的检索过程中，若检索到达外部结点，则表明相应码值的结点不在原二叉排序树中，故也称外部结点为失败结点。

若一棵扩充二叉查找树中所有内部结点的路径长度之和记为 I，所有外部结点的路径长度之和记为 E，则对于一个具有 n 个内部结点的扩充二叉树，其内部路径长度 I_n 与外部路径长度 E_n 存在下列关系：

$$E_n = I_n + 2n \qquad (9\text{-}11)$$

式（9-11）可以用归纳法证明，当 $n=1$ 时，$I=0$ 且 $E=2$，此等式显然成立。假设对于有 n 个内部结点的扩充二叉树此等式成立，即 $E_n = I_n + 2n$，现在考虑有 $n+1$ 个内部结点的扩充二叉树，如果将树中一个路径长度为 K 的外部结点换成一个内部结点，同时在此结点的下面附加两个路径长度为 $K+1$ 的外部结点，经过这样处理后，原来的扩充二叉树就变成了一棵具有 $n+1$ 个内部结点的扩充二叉树，且满足：

$$I_{n+1} = I_n + K \qquad (9\text{-}12)$$
$$E_{n+1} = E_n - K + 2(K+1) \qquad (9\text{-}13)$$

由式（9-12）可得：

$$I_n = I_{n+1} - K \qquad (9\text{-}14)$$

由式（9-13）可得：

$$E_{n+1} = E_n + K + 2 \qquad (9\text{-}15)$$

综合式（9-11）、式（9-14）和式（9-15）可得：

$$E_{n+1} = I_n + 2n + K + 2$$
$$= I_{n+1} - K + 2n + K + 2$$
$$= I_{n+1} + 2(n+1)$$

等式 $E_n = I_n + 2n$ 成立得证。

根据式（9-11）可知，在具有 n 个结点的所有二叉树中，具有最大（或最小）内部路径长度的二叉树也一定是具有最大（或最小）外部路径长度的二叉树，反之亦然。

当二叉树退化为线性表时，其内部路径长度最大，其值为 $I_n = 0 + 1 + 2 + \cdots + (n-1) = n(n-1)/2$。为了得到具有最小 I_n 的二叉树，必须使内部结点尽量靠近根结点。由二叉树结构可知，根结点只有一个，路径长度为 1 的结点至多有两个，路径长度为 2 的结点至多为 4 个，路径长度为 k 的结点至多为 2^k 个。所以 I_n 的最小值为：

$$I_n = 1 \times 0 + 2 \times 1 + 4 \times 2 + 8 \times 3 + \cdots = \sum_{i=1}^{n} \lfloor \log_2 i \rfloor$$

9.4.1 小节介绍的平分法构造的丰满树具有最小内部路径长度。

9.5.2 最佳二叉排序树

在一棵扩充的二叉排序树中，假设内部结点由序列（a_1, a_2, a_3, $\cdots$, a_i, $\cdots$, a_n）构成，且有 $a_1 < a_2 < a_3 \cdots < a_i \cdots < a_n$。外部结点由（$b_0$, b_1, b_2, $\cdots$, b_i, $\cdots$, b_n）构成，且有 $b_0 < b_1 < b_2 \cdots < b_i \cdots$

$<b_n$。这里将内部结点 a_i 的检索概率记为 $p(a_i)$，简记为 p_i（$1 \leqslant i \leqslant n$）；外部结点 b_i 的检索概率记为 q_i（$0 \leqslant i \leqslant n$），它们对应的路径长度分别记为 λa_i（$1 \leqslant i \leqslant n$）和 λb_i（$0 \leqslant i \leqslant n$），则成功查找所需的平均比较次数为：

$$\sum_{i=1}^{n} p_i(a_i\text{的路径长度} +1) = \sum_{i=1}^{n} p_i(\lambda a_i +1) \tag{9-16}$$

而不成功查找所需的平均比较次数为：

$$\sum_{i=0}^{n} q_i(b_i\text{的路径长度}) = \sum_{i=0}^{n} q_i(\lambda b_i) \tag{9-17}$$

不失一般性，一棵二叉排序树的平均查找长度（代价）为：

$$\text{ASL} = \sum_{i=1}^{n} (p_i(\lambda a_i +1)) + \sum_{j=0}^{n} (q_j(\lambda b_j)) \tag{9-18}$$

对于 n 个有序序列（a_1，a_2，a_3，$\cdots$，a_i，$\cdots$，a_n）作为内部结点和 $n+1$ 个有序序列（b_0，b_1，b_2，$\cdots$，b_i，$\cdots$，b_n）作为外部结点构成的所有可能的扩充查找树中，具有最少平均比较次数，即式（9-18）取值最小的扩充二叉排序树称为最佳二叉排序树，或最优查找树。

当查找成功与查找失败具有相等概率，即 $p_1=p_2=\cdots=p_n=q_0=q_1=\cdots=1/(2n+1)$ 时，平均检索长度

$$\text{ASL} = \sum_{i=1}^{n} (p_i(\lambda a_i +1)) + \sum_{j=0}^{n} (q_j(\lambda b_j))$$

$$= \frac{1}{2n+1}(\sum_{i=1}^{n} (\lambda a_i +1) + \sum_{j=0}^{n} (\lambda b_j))$$

$$= \frac{1}{2n+1}(I_n + n + E_n)$$

$$= \frac{1}{2n+1}(I_n + n + I_n + 2n)$$

$$= \frac{1}{2n+1}(2I_n + 3n) \tag{9-19}$$

由式（9-19）可知，只要 I_n 取最小值，ASL 就达到最小。

而平分法构造的丰满树具有最小内部路径长度。

$$I_n = \sum_{i=1}^{n} \lfloor \log_2 i \rfloor \leqslant n(\log_2 n) = O(n\log_2 n)$$

此时，$\text{ASL} = \frac{1}{2n+1}(2I_n + 3n) = O(n\log_2 n)$

所以，在检索成功和不成功具有相等概率的情况下，用平分法构造出来的丰满二叉排序树是最佳二叉排序树。

现考虑查找概率不相等的情况下如何构造最佳二叉排序树。也就是对于给定的 n 个内部结点 a_1，a_2，a_3，$\cdots$，a_i，$\cdots$，a_n 和 $n+1$ 个外部结点 b_0，b_1，b_2，$\cdots$，b_i，$\cdots$，b_n，它们对应的查找概率分别是 p_1，p_2，p_3，$\cdots$，p_i，$\cdots$，p_n 及 q_0，q_1，$\cdots$，q_n，找使得 $\text{ASL} = \sum_{i=1}^{n} (p_i(\lambda a_i +1)) + \sum_{j=0}^{n} (q_j(\lambda b_j))$ 为最小的二叉排序树（以下我们又称 ASL 为二叉排序树的代价或花费）。

通过对最佳二叉排序树的特点分析可知，构造最佳二叉排序树时要满足以下两个要求：同一序列构造的不同二叉排序树应具有相同的中序遍历结果；一棵最佳二叉排序树的任何子树都是最佳二叉排序树。因此，构造一棵最佳二叉排序树可以先构造包括一个结点的最佳二叉排序树，再根据包括一个结点的最佳二叉排序树构造包括两个结点的最佳二叉排序树……如此进行下去，直到把所有的结点都包括进去。

为描述构造最佳二叉排序树的算法，这里用 T[i, j]表示 a_{i+1}, …, a_j（$i<j$）组成的一棵最佳二叉排序树，规定当 $0 \leqslant i \leqslant n$，且 $i=j$ 时，T[i, j]为空树（即内部结点为空）；当 $i>j$ 时，表示 T[i, j]无定义；用 C[i, j]表示查找树 T[i, j]的代价；用 r_{ij} 表示 T[i, j]的根，用 W[i, j]表示 T[i, j]的权值，它的值是 T[i, j]中内部结点和外部结点查找概率之和。即：

$$W[i, j]=q_i+\sum_{k=i+1}^{j}(p_k+q_k)$$

根据最佳二叉排序树的构造要求，其构造过程可以按以下步骤进行。

（1）构造包括一个结点的最佳二叉排序树，也就是 T[0, 1], T[1, 2], …, T[n−1, n]。

（2）构造包括两个结点的最佳二叉排序树，也就是 T[0, 2], T[1, 3], …, T[n−2, n]。

（3）再构造包括 3 个，4 个，…，n−1 个结点的最佳二叉排序树，直到最后构造 T[0, n]。

用（a_{i+1}, a_{i+2}, …, a_j）作为内部结点构造最佳二叉排序树 T[i, j]的方法可如下进行：分别以 a_{i+1}, a_{i+2}, …, a_j 为根，共考虑 $j−i$ 棵二叉排序树，以 a_k 为根的二叉排序树其左子树包括 a_{i+1}, …, a_{k-1}，而包括这些关键码为内部结点的最佳二叉排序树 T[i, k−1]已在前面的步骤确定，C[i, k−1]已求出，而以 a_k 为根的二叉排序树其右子树包括 a_{k+1}, a_{k+2}, …, a_j，以这些关键码为内部结点的最佳二叉排序树 T[k, j]也已在前面的步骤确定，C[k, j]已求出。对于 $i<k \leqslant j$，找出使 C[i, k−1]+C[k, j]最小的那个 k', 以 $a_{k'}$ 为根，T[i, k'−1]为左子树，T[k', j]为右子树的那棵二叉排序树就是所求的 T[i, j]。其花费 C[i, j]等于其根的左子树花费 C[i, k'−1]加上右子树花费 C[k', j]，再加上结点总的权 W[i, j]，即 C[i, j]=W[i, j]+C[i, k'−1]+C[k', j]。

综上所述，T[i, j]是最优查找树必须满足条件：

$$C[i, j] = W[i, j]+\min_{i<k \leqslant j}(C[i, k−1]+C[k, j]) \tag{9-20}$$

下面通过一个例子说明构造最佳二叉排序树的过程。假设 $n=4$，且$(a_1, a_2, a_3, a_4) = (10, 18, 26, 50)$; $(p_1, p_2, p_3, p_4)=(1, 4, 3, 2)$, $(q_0, q_1, q_2, q_3, q_4) = (1, 2, 3, 3, 1)$。此处，$p$、$q$ 均为相对使用概率，为计算方便，p 和 q 都已乘上了 20。初始时，$r_{ii}=0$, $C[i, i]=0$（$1 \leqslant i \leqslant 4$），$W[i, i]=q_i$（$0 \leqslant i \leqslant 4$）。首先根据式（9-20）构造包括一个内部结点的最佳二叉排序树，其花费的代价分别是 $C[0, 1]=4$, $C[1, 2]=9$, $C[2, 3]=9$ 和 $C[3, 4]=6$，如图 9.12（a）所示。

之后，构造包括两个内部结点的最佳二叉排序树，其最小代价分别为：$C[0, 2]=15$, $C[1, 3]=24$ 和 $C[2, 4]=18$，如图 9.12（b）所示。接下来构造包括 3 个内部结点的最佳二叉排序树，其最小代价分别为 $C[0, 3]=30$, $C[1, 4]=33$，如图 9.12（c）所示。最后构造包括 4 个内部结点的最佳二叉排序树，其最小代价为 $C[0, 4]=41$，如图 9.12（d）所示。此至，构造包括 4 个内部结点的最佳二叉排序树过程结束。整个构造过程充分体现了一棵最佳二叉排序树其子树也应是最佳二叉排序树的特点。

算法 9.11 描述了构造最佳二叉排序树的方法，数组 p，q 分别存放内部结点和外部结点的查找概率。

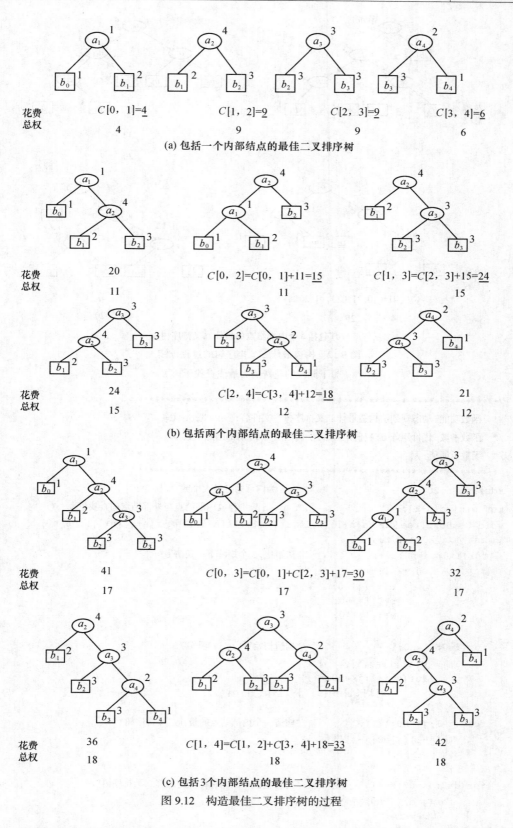

(a) 包括一个内部结点的最佳二叉排序树

(b) 包括两个内部结点的最佳二叉排序树

(c) 包括3个内部结点的最佳二叉排序树

图 9.12 构造最佳二叉排序树的过程

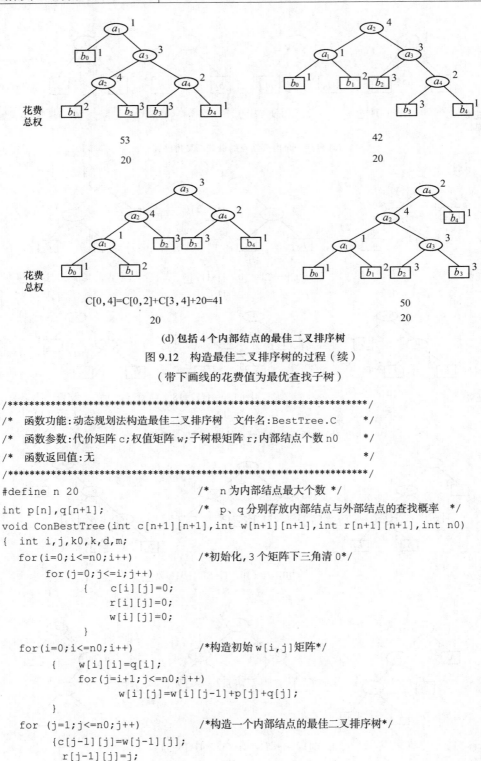

(d) 包括 4 个内部结点的最佳二叉排序树

图 9.12　构造最佳二叉排序树的过程（续）

（带下画线的花费值为最优查找子树）

```
/******************************************************************/
/*  函数功能:动态规划法构造最佳二叉排序树   文件名:BestTree.C     */
/*  函数参数:代价矩阵 c;权值矩阵 w;子树根矩阵 r;内部结点个数 n0    */
/*  函数返回值:无                                                 */
/******************************************************************/
#define n 20                      /*  n 为内部结点最大个数 */
int p[n],q[n+1];                  /*  p、q 分别存放内部结点与外部结点的查找概率  */
void ConBestTree(int c[n+1][n+1],int w[n+1][n+1],int r[n+1][n+1],int n0)
{ int i,j,k0,k,d,m;
    for(i=0;i<=n0;i++)            /*初始化,3 个矩阵下三角清 0*/
        for(j=0;j<=i;j++)
            {  c[i][j]=0;
               r[i][j]=0;
               w[i][j]=0;
            }
    for(i=0;i<=n0;i++)            /*构造初始 w[i,j]矩阵*/
        {   w[i][i]=q[i];
            for(j=i+1;j<=n0;j++)
                w[i][j]=w[i][j-1]+p[j]+q[j];
        }
    for (j=1;j<=n0;j++)           /*构造一个内部结点的最佳二叉排序树*/
        {c[j-1][j]=w[j-1][j];
          r[j-1][j]=j;
        }
    for(d=2;d<=n0;d++)            /*构造包括 d 个内部结点的最佳二叉排序树*/
        for(j=d;j<=n0;j++)
            {i=j-d;
```

```
        m=c[i+1][j];              /*根为 i+1,右子树花费为 C[i+1,j]*/
        k0=i+1;
        for(k=i+2;k<=j;k++)
            if(c[i][k-1]+c[k][j]<m )
                    { m=c[i][k-1]+c[k][j];
                        k0=k;
                    }
            c[i][j]=w[i][j]+m;
            r[i][j]=k0;
        }
    }
```

算法 9.11　构造具有不同查找概率的最佳二叉排序树

上述算法在执行过程中若输入的 $n0 = 4$，$(p_1, p_2, p_3, p_4) = (1，4，3，2)$，$(q_0, q_1, q_2, q_3, q_4) = (1，2，3，3，1)$，则计算的结果为：

代价矩阵（cost）：					权值矩阵（$W[i,j]$）：					子树根矩阵（$r[i,j]$）：				
0	4	15	30	41	1	4	11	17	20	0	1	2	2	3
	0	9	24	33		2	9	15	18		0	2	2	3
		0	9	18			3	9	12			0	3	3
			0	6				3	6				0	4
				0					1					0

对于包括 n 个关键码的集合，构造最佳二叉排序树过程中需要进行 $C[i, j]$（$0 \leqslant i < j \leqslant n$）的计算次数为：

$$\sum_{j=1}^{n}\sum_{i=0}^{j-1}(j-i+1) \approx \frac{n^3}{6} = O(n^3)$$

因此，构造最佳二叉排序树的代价是非常高的。

9.5.3　Huffman 树

9.5.1 小节介绍了扩充二叉树、外部路径长度和内部路径长度的概念，并把它们应用到最佳二叉排序树的问题上。本小节讨论另一个与扩充二叉树及其外部路径长度有关的问题。

给定 n 个结点 k_1，k_2，$\cdots$，k_n，它们的权分别是 $W(k_i)$（$1 \leqslant i \leqslant n$），现要利用这 n 个结点作为外部结点（叶子结点）去构造一棵扩充二叉树，使得带权外部路径长度：

$$\text{WPL} = \sum_{i=1}^{n} w_{ki} \cdot (\lambda k_i)$$

达到最小值，其中，w_{ki} 为外部结点 k_i 的权值，λk_i 是从根结点到达外部结点 k_i 的路径长度。具有最小带权外部路径长度的二叉树称为 Huffman 树。

例如，4 个结点 k_1，k_2，k_3，k_4，分别带权 10，16，20，6。利用它们作为外部结点分别构造了以下 3 棵扩充二叉树（还有其他形式的扩充二叉树），如图 9.13 所示。

其带权路径长度分别为：

（a）WPL $= 52 \times 2 = 104$

（b）WPL $= (16 + 20) \times 3 + 10 \times 2 + 6 \times 1 = 134$

（c）WPL $= (10 + 6) \times 3 + 16 \times 2 + 20 \times 1 = 100$

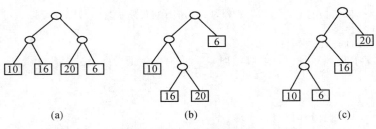

图9.13　具有不同带权路径长度的扩充二叉树

其中，如图9.13（c）所示的扩充二叉树带权外部路径长度最小，可以验证，它恰为 Huffman 树。一般情况下，权越大的叶子离根越近，那么二叉树的带权外部路径长度就越小。在实际的应用中，分支程序的判断流程可用一棵 Huffman 树来表示，如果出现概率越大的分支（条件语句）离根越近，那么所需执行的判断语句就越少，这样便可提高程序的执行效率。

Huffman 给出了求具有最小带权外部路径长度的扩充二叉树的方法，通常称为 Huffman 算法，该算法可描述如下。

（1）根据给定的 n 个权值$\{w_1, w_2, \cdots, w_n\}$构造 n 棵二叉树的集合 $F = \{T_1, T_2, \cdots, T_n\}$，其中，每棵二叉树 T_i 中只有一个带权为 w_i 的根结点，其左、右子树均为空。

（2）在 F 中选取两棵根结点的权值最小的树作为左、右子树构造一棵新的二叉树，且置新的二叉树的根结点权值为其左、右子树根结点的权值之和。

（3）在 F 中用新得到的二叉树代替这两棵树。

（4）重复步骤（2）、（3），直到 F 中只含有一棵树为止。

具体在实现 Huffman 算法时，可以采用有序链表存放集合 F 中各子树根结点的权值。以后每循环一次就在链表的表头取下连续两棵子树（即为最小和次最小权值的二叉子树）作为左右子树去构造一棵新的子树，再将新生成的子树按其根的权值插入到有序链表中去，一旦链表中只有一棵树时，该树即为所求的 Huffman 树。算法9.12给出了构造 Huffman 树的数据结构及算法实现。其中，函数 insert（root，s）的功能是把结点 s 按其权值大小插入到有序链表 root 中去。函数 creathuffman(root)根据有序链表建立 Huffman 树，具体实现见算法9.12。

```
/*************************************/
/* Huffman算法    文件名:huffman.c       */
/*************************************/
#include <stdio.h>
#include <stdlib.h>
typedef struct node              /*huffman树存储结构*/
{   int data;                    /*权值*/
    struct node* lchild,*rchild,*next;
} hufnode;
typedef hufnode* linkhuf;
/*********************************************************/
/* 函数功能:将新结点 s 插入到有序链表 root 中,并保持链表的有序性 */
/* 函数参数:链表头结点指针 root;结点指针 s                    */
/* 函数返回值:链表头结点指针 root                           */
/*********************************************************/
linkhuf insert(linkhuf root,linkhuf s)
    { linkhuf p1,p2;
    if (root==NULL) root=s;
```

```
        else
        {           p1=NULL;
                    p2=root;
                     while(p2 && p2->data<s->data)    /*查找插入位置*/
                    {      p1=p2;
                           p2=p2->next;
                    }
                    s->next=p2;
                    if (p1==NULL) root=s; else p1->next=s;
        }
    return root;
  }
/*****************************************************/
/*   函数功能:根据有序链表 root 建立 huffman 树       */
/*   函数参数:链表头结点二级指针变量 root             */
/*   函数参数:无                                     */
/*****************************************************/
void creathuffman(linkhuf * root)
{ linkhuf s,rl,rr;
   while (*root && (*root)->next)
   { rl=*root;                    /*每次从链表头部取下两结点作为新生成结点的左、右子树*/
      rr=(*root)->next;
      *root=rr->next;
      s=(linkhuf)malloc(sizeof(hufnode));   /*生成新结点*/
      s->next=NULL;
      s->data=rl->data+rr->data;
      s->lchild=rl;
      s->rchild=rr;
      rl->next=rr->next=NULL;
      *root=insert(*root,s);                       /*将新结点插入到有序表 root 中*/
   }
}
```

算法 9.12　建立 Huffman 树

算法执行时若输入的权值序列为（10、16、20、6、30、24），则算法的执行过程分析如下。
（1）先建立有序链表：

root→ 6 → 10 → 16 → 20 → 24 → 30

（2）从链表中截取前面二棵根结点权值最小的树作为左右子树，生成一棵新的子树，并将新子树按其根的权值插入到有序链表中去，如此循环，直到只剩一棵树为止。如图 9.14 所示。

　　Huffman 算法的一个重要应用是用于数据通信的二进制编码中，设 $D = \{d_1, d_2, \cdots, d_n\}$ 为具有 n 个数据的字符集合；$W = \{w_1, w_2, \cdots, w_n\}$ 为 D 中各字符出现的频率。现要求对 D 里的字符进行二进制编码，使得：（1）通信编码的总长度最短（即平均码长最短）；（2）若 $d_i \neq d_j$，则 d_i 的编码不能是 d_j 的编码的开始部分（前缀），反之亦然，这样就使得译码可以一个字符一个字符地进行，不需要在字符与字符之间添加分隔符。

　　利用 Huffman 算法可以这样编码，将 D 中的待编码字符作为外部结点，$w_1, w_2, \cdots, w_n$ 作外部结点的权，构造具有最小带权外部路径长度的扩充二叉树，然后，把从每个结点引向其左子树的边标上编码 0，把从每个结点引向其右子树的边标上编码 1。从根到每个叶子的路径上的号码连接起来就是这个叶子代表的字符的编码。

例如，有字符集合 $D = \{a, b, c, d, e, f\}$，各字符出现的相对频率分别是 $\{6, 10, 16, 20, 24, 30\}$。若采用等长编码给该字符集中的字符进行编码，则每个字符需占用 3 个二进制位，其中的一种编码可以是： a：000 b：001 c：010 d：011 e：100 f：101。

现利用 Huffman 算法构造出该集合的编码树如图 9.15 所示。

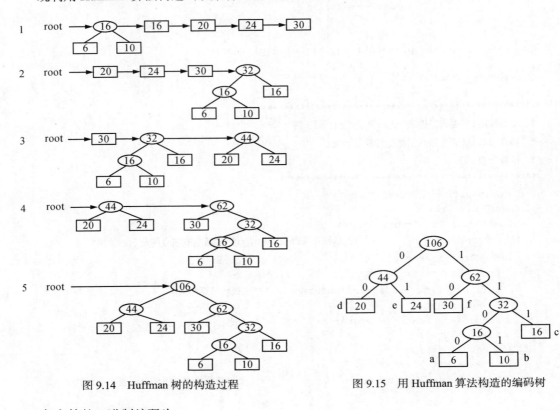

图 9.14 Huffman 树的构造过程 　　　　　图 9.15 用 Huffman 算法构造的编码树

各字符的二进制编码为：

a：1100 b：1101 c：111 d：00 e：01 f：10

显然，出现频率越大的字符其编码越短。这些字符的平均编码长度是 $((6 + 10) \times 4 + 16 \times 3 + (20 + 24 + 30) \times 2)/106 = 2.45$。

用 Huffman 算法构造出来的扩充二叉树不仅可以给字符编码，同时也可用来译码。从二叉树的根开始，用需要译码的二进制位串中的若干个相邻位与二叉树边上标的 0、1 相匹配，确定一条到达树叶的路径，一旦到达树叶，则译出了一个字符，再回到树根，从二进制位串的下一位开始继续译码。

9.6 B 树

前面所讨论的查找算法都是在内存中进行的，它们适用于较小的文件，而对较大的、存放在外存储器上的文件就不合适了。

1972 年 R.Bayer 和 E.McCreight 提出了一种称为 B 树的多路平衡查找树（Balanced Tree，也称为"B-树"，其中的"-"是英文连字符），它适合在磁盘等直接存取设备上组织动态的索引表，动态索引结构在文件创建、初始装入记录时生成，在系统运行过程中插入或删除记录时，索引结构本身也可能发生改变，以保持较好的检索性能。

9.6.1　B–树的定义

B-树是一种平衡的多路查找树，在文件系统中，已经成为索引文件的一种有效结构，并得到了广泛的应用。在此先介绍这种树的结构及其基本运算。

一棵 m 阶（$m \geqslant 3$）B-树，或为空树，或为满足下列特性的 m 叉树。

（1）树中每个结点至多有 m 棵子树。

（2）若根结点不是叶子结点，则至少有两棵子树。

（3）所有的非终端结点中包含下列信息：

$$(n, p_0, k_1, p_1, k_2, p_2, \cdots, k_n, p_n)$$

其中，k_i（$1 \leqslant i \leqslant n$）为关键字，且 $k_i < k_{i+1}$（$1 \leqslant i \leqslant n$）；$p_j$（$0 \leqslant j \leqslant n$）为指向子树根结点的指针，且 p_j（$0 \leqslant j < n$）所指子树中所有结点的关键字均小于 k_{j+1}，p_n 所指子树中所有结点的关键字均大于 k_n，n（$\lceil m/2 \rceil - 1 \leqslant n \leqslant m - 1$）为关键字的个数（$n + 1$ 为子树个数）。

（4）除根结点之外所有的非终端结点至少有 $\lceil m/2 \rceil$ 棵子树，也即每个非根结点至少应有 $\lceil m/2 \rceil - 1$ 个关键字。

（5）所有的叶子结点都出现在同一层上，并且不带信息（可以看作是外部结点或查找失败的结点，实际上这些结点不存在，指向这些结点的指针为空）。

例如，图 9.16 所示的是一棵 3 阶 B-树，除根和叶子结点外，每个结点有 $\lceil 3/2 \rceil$ 到 3 个子树，有 1～2 个关键字。

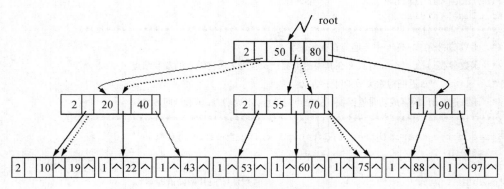

图 9.16　一棵 3 阶的 B-树

9.6.2　B–树的基本操作

下面介绍在 B-树上进行查找、插入和删除等基本运算的算法。

1. 基于 B–树的查找运算

在 B-树中查找给定关键字的方法类似于二叉排序树上的查找，不同的是在每个结点上确定向下查找的路径不一定是二路的，而是 $n + 1$（n 为当前结点关键字的个数）路的。假设查找一个给定关键字为 k 的元素，首先在根结点的关键字序列 $k_1, k_2, \cdots, k_j$ 中查找 k，由于这个关键字序列是有序向量，因此既可采用顺序检索，又可采用二分检索法。若在当前结点找到了关键字为 k 的数据，则可返回该结点的地址及 k 在结点中的位置；若当前结点中不存在 k，不妨设 $k_i < k < k_{i+1}$，

此时应沿着 p_i 指针所指的结点继续在相应子树中查找。这一查找过程直至在某结点中查找成功；或者直至找到叶结点且叶结点中的查找仍不成功时，查找过程失败。图 9.16 所示的 B-树左边的虚线表示查找关键字 15 的过程，它失败于叶结点 10 和 19 之间的空指针上；右边的虚线表示查找关键字 75 的过程，并成功地返回 75 所在结点的地址和 75 在结点中的位置 1。

算法 9.13 给出 B-树存储结构及在其中查找关键字 k 的算法程序，假设 B-树已创建，t 指向 m 阶 B-树的根结点。

B-树的存储结构定义如下。

```
/***********************************************/
/*  B-树头文件        文件名:B.H               */
/***********************************************/
#define m 20
typedef int datatype;
typedef struct node{
        int keynum;                 /*结点中当前拥有的关键字的个数*/
        datatype key[m];            /*关键字向量为 key[1..keynum],key[0]不用*/
        struct node *parent;        /*双亲指针*/
        struct node *son[m];        /*孩子指针向量*/
 }Btreenode;
typedef Btreenode *Btree;
/***********************************************/
/*  基于 B-树的查找算法    文件名:B_TREE.C     */
/***********************************************/
#include "B.H"
#include <stdio.h>
#include <stdlib.h>
/*********************************************************************/
/*  函数功能:在 B-树 t 中非递归查找关键字 k                          */
/*  函数参数:int *pos 返回 k 在其中的位置;*p 返回 k 所在结点的双亲结点  */
/*          *p 返回检索失败的叶子结点                                */
/*  函数返回值:检索成功时返回找到的结点的地址,不成功时,函数返回 NULL   */
/*********************************************************************/
Btree btree_search(Btree t,datatype k,int *pos,Btree *p)
{Btree q;
int i;
*p=NULL; q=t;                        /*从树根开始向下检索*/
while (q)
{   q->key[0]=k;                     /*设置顺序检索用的哨兵*/
    for(i=q->keynum;k<q->key[i];i--)  /*从后向前找第 1 个小于等于 k 的关键字*/
        if(i>0 && q->key[i]==k)      /*查找成功,返回 q 及 i*/
        { *pos=i;    return q; }
*p=q;                                /*p 为 q 的双亲结点*/
q=q->son[i];                         /*继续在第 i 棵子树上查找*/
 }
 return NULL;                        /*检索失败,返回 NULL*/
}
```

算法 9.13　基于 B-树的查找

需要说明的是，B-树经常应用于外部文件的检索，在查找的过程中，某些子树并未常驻内存，因此在查找过程中需要从外存读入到内存，读盘的次数与待查找的结点在树中的层次有关，但至多不会超过树的高度，而在内存查找所需的时间与结点中关键字的数目密切相关。

假设含有 n 个关键字的 m 阶 B-树的叶子结点在第 $L+1$ 层上，那么存取结点的个数就是 L。在最坏的情况下，在第一层上只有一个根结点，在第二层上至少有两个结点，在第三层上至少有 $2\lceil m/2 \rceil$ 个结点，在第四层上至少有 $2\lceil m/2 \rceil^2$ 个结点……在第 $L+1$ 层上至少有 $2\lceil m/2 \rceil^{L-1}$ 个结点。在含有 n 个键值的 B-树中，叶子结点的总数是 $n+1$，它们都在第 $L+1$ 层上，因此有：

$$n+1 \geq 2\lceil m/2 \rceil^{L-1}$$

即：

$$L \leq \log_{\lceil m/2 \rceil}\left(\frac{n+1}{2}\right)+1$$

上式说明含有 n 个关键字的 m 阶 B-树的最大深度不超过 $\leq \log_{\lceil m/2 \rceil}\left(\frac{n+1}{2}\right)+1$。

2. 基于 B-树的插入运算

在 B-树中插入关键字 k 的方法是：首先在树中查找 k，若找到则直接返回（假设不处理相同关键字的插入）；否则查找操作必失败于某个叶子结点上，利用函数 btree_search() 的返回值 *p 及 *pos 可以确定关键字 k 的插入位置，即将 k 插入到 p 所指的叶结点的第 pos 个位置上。若该叶结点原来是非满（结点中原有的关键字总数小于 $m-1$）的，则插入 k 并不会破坏 B-树的性质，故插入 k 后即完成了插入操作，例如，在图 9.17（a）所示的 5 阶 B-树的某结点（假设为 p 结点）中插入新的关键字 150 时，可直接得到如图 9.17（b）所示的结果。

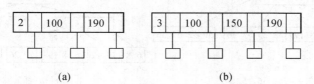

图 9.17　在关键字个数不满的结点中插入关键字

若 p 所指示的叶结点原为满，则 k 插入后 keynum $=m$，破坏了 B-树的性质（1），故需调整使其维持 B-树的性质不变。调整的方法是将违反性质（1）的结点以中间位置的关键字 $key[\lceil m/2 \rceil]$ 为划分点，将该结点（即 p）：

$$(m,\ p_0,\ k_1,\ p_1,\ \cdots,\ k_m,\ p_m)$$

分裂为两个结点，左边结点为 $(\lceil m/2 \rceil-1,\ p_0,\ k_1,\ \cdots k_{\lceil m/2 \rceil-1},\ p_{\lceil m/2 \rceil-1})$，右边结点为 $(m-\lceil m/2 \rceil,\ p_{\lceil m/2 \rceil},\ k_{\lceil m/2 \rceil+1},\ \cdots,\ k_m,\ p_m)$，同时把中间关键字 $k_{\lceil m/2 \rceil}$ 插入到双亲结点中。于是双亲结点中指向被插入结点的指针 pre 改成 pre、$k_{\lceil m/2 \rceil}$、pre'三部分。指针 pre 指向分裂后的左边结点，指针 pre'指向分裂后的右边结点。由于将 $k_{\lceil m/2 \rceil}$ 插入双亲时，双亲结点亦可能原本为满，若如此，则需对双亲做分裂操作。分裂过程的例子如图 9.18 所示。

如果插入过程中的分裂操作一直向上传播到根，当根分裂时，需把根原来的中间关键字 $k_{\lceil m/2 \rceil}$ 往上推，作为一个新的根，此时，B-树长高了一层。

如果初始时 B-树为空树，通过逐个向 B-树中插入新结点，可生成一棵 B-树。图 9.19 说明了一棵 5 阶 B-树的生长过程。

当 5 阶 B-树处于如图 9.19（g）所示的状态时，再插入一个结点 38，第一次分裂的结点是（22

26 32 36 38），中间的关键字 32 插入到根结点（9 15 20 40）中，因为该结点已满，故插入 32 后又引起它的分裂，其中间的关键字 20 插入到新申请的根结点中。

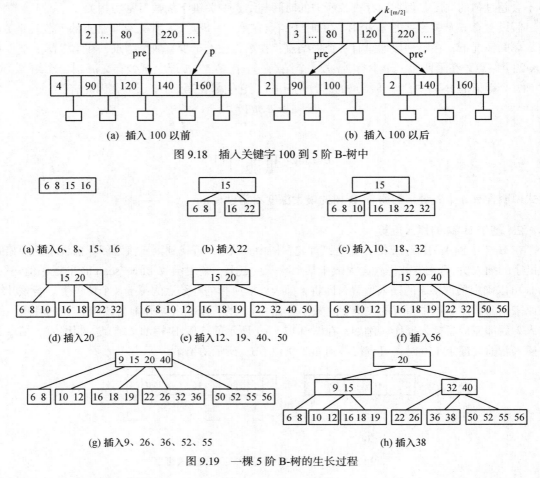

（a）插入 100 以前　　　　　　　　　　（b）插入 100 以后

图 9.18　插入关键字 100 到 5 阶 B-树中

(a) 插入 6、8、15、16　　　　(b) 插入 22　　　　(c) 插入 10、18、32

(d) 插入 20　　　　(e) 插入 12、19、40、50　　　　(f) 插入 56

(g) 插入 9、26、36、52、55　　　　(h) 插入 38

图 9.19　一棵 5 阶 B-树的生长过程

3. 基于 B-树的删除运算

在 B-树上删除一个关键字，首先找到该关键字所在结点及其在结点中的位置。具体可分为以下两种情况。

（1）若被删除结点 k_i 在最下层的非终端结点（即叶子结点的上一层）里，则应删除 k_i 及它右边的指针 p_i。删除后若结点中关键字数目不少于 $\lceil m/2 \rceil - 1$，则删除完成，否则要进行"合并"结点的操作。

（2）假若待删结点 k_i 是最下层的非终端结点以上某层的结点，根据 B-树的特性可知，可以用 k_i 右边指针 p_i 所指子树中最小关键字 y 代替 k_i，然后在相应的结点中删除 y，或用 k_i 左边指针 p_{i-1} 所指子树中最大关键字 x 代替 k_i，然后在相应的结点中删除 x。例如，删除如图 9.20（a）所示的 3 阶 B-树中的关键字 50，可以用它右边指针所指子树中最小关键字 60 代替 50，然后转化为删除叶子上面一层结点中的 60，删除后得到的 B-树如图 9.20（b）所示。

因此，下面主要讨论删除 B-树叶子上面一层结点中的关键字的方法，具体分以下 3 种情形。

（1）被删关键字所在叶子上面一层结点中的关键字数目不小于 $\lceil m/2 \rceil$，则只需要从该结点中删去关键字 k_i 和相应的指针 p_i，树的其他部分不变。例如，从如图 9.21（a）所示的 3 阶 B-树中删除关键字 60 和 115 所得的结果如图 9.21（b）所示。

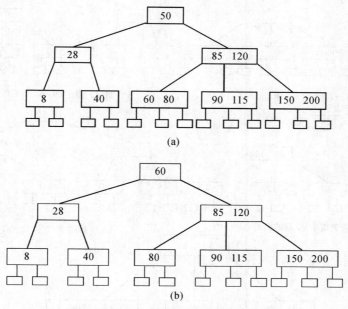

图 9.20 3 阶 B-树中删除 50 以 60 代替 50

（2）被删关键字所在叶子上面一层结点中的关键字数目等于 $\lceil m/2 \rceil - 1$，而与该结点相邻的右兄弟结点（或左兄弟结点）中的关键字数目大于 $\lceil m/2 \rceil - 1$，则需要将其右兄弟的最小关键字（或其左兄弟的最大关键字）移至双亲结点中，而将双亲结点中小于（或大于）该上移关键字的关键字下移至被删关键字所在的结点中。例如，从如图 9.21（b）所示的 3 阶 B-树中删除关键字 90，结果如图 9.21（c）所示。

（3）被删关键字所在叶子上面一层结点中的关键字数和其相邻的兄弟结点中的关键字数目均等于 $\lceil m/2 \rceil - 1$，则第（2）种情况中采用的移动方法将不奏效，此时需将被删关键字的所有结点与其左或右兄弟合并。不妨设该结点有右兄弟，但其右兄弟地址由双亲结点指针 p_i 所指，则在删除关键字之后，它所在结点中剩余的关键字和指针加上双亲结点中的关键字 k_i 一起合并到 p_i 所指兄弟结点中（若没有右兄弟，则合并至左兄弟结点中）。

例如，从图 9.21（c）所示 3 阶 B-树中删去关键字 120，则应删去 120 所在结点，并将双亲结点中的 150 与 200 合并成一个结点，删除后的树如图 9.21（d）所示。如果这一操作使双亲结点中的关键字数目小于 $\lceil m/2 \rceil - 1$，则依同样方法进行调整，最坏的情况下，合并操作会向上传播至根，当根中只有一个关键字时，合并操作将会使根结点及其两个孩子合并成一个新的根，从而使整棵树的高度减少一层。

例如，在如图 9.21（d）所示 3 阶 B-树中删除关键字 8，此关键字所在结点无左兄弟，只检查其右兄弟，然而右兄弟关键字数目等于 $\lceil m/2 \rceil - 1$，此时应检查其双亲结点关键字数目是否大于等于 $\lceil m/2 \rceil - 1$，但此处其双亲结点的关键字数目等于 $\lceil m/2 \rceil - 1$，从而进一步检查双亲结点兄弟结点关键字数目是否均等于 $\lceil m/2 \rceil - 1$，这里关键字 28 所在的结点的右兄弟结点关键字数目正好等于 $\lceil m/2 \rceil - 1$，因此将 28 和 40 结合成一个结点，50 和 85 结合成一个结点，使得树变矮，删除结点 8 后的结果如图 9.21（e）所示。

在 B-树中删除结点的算法程序由读者作为课后练习自己写出。

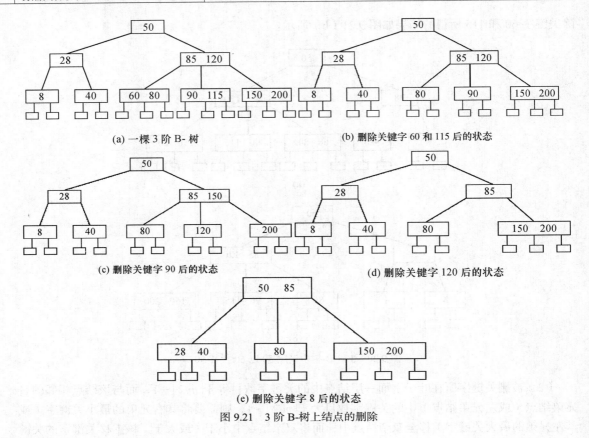

(a) 一棵 3 阶 B- 树　　　　　　　　　　(b) 删除关键字 60 和 115 后的状态

(c) 删除关键字 90 后的状态　　　　　　　(d) 删除关键字 120 后的状态

(e) 删除关键字 8 后的状态

图 9.21　3 阶 B-树上结点的删除

9.6.3　B+树

1. m 阶 B+树的定义

m 阶 B+树可以看作是 m 阶 B-树的一种变形，m 阶 B+树的结构定义如下。

（1）树中每个结点至多有 m 棵子树。

（2）除根结点之外的每个结点至少有 $\lceil m/2 \rceil$ 棵子树。

（3）若根结点不是叶子结点且非空，则至少有两棵子树。

（4）所有的叶子结点包含全部关键字及指向相应记录的指针，而且叶子结点按关键字大小顺序链接（可以把每个叶子结点看成是一个基本索引块，它的指针不再指向另一级索引块，而是直接指向数据文件中的记录）。

（5）有 k 个子树的结点（分支结点）必有 k 个关键码。

图 9.22 所示为一个 4 阶（m=4）B+树的例子，其所有的关键码均出现在叶结点上，上面各层结点中的关键码均是下一层相应结点中最大关键码的复写（当然，也可采用“最小关键码复写”原则）。由图中可以看出，B+树的构造是由下而上的，m 限定了结点的大小，自底向上地把每个结点的最大关键码（或最小关键码）复写到上一层结点中。

通常在 B+树中有两个头指针，一个指向根结点，这里为 root，另一个指向关键字最小的叶子结点，这里为 sqt。

m 阶 B+树和 m 阶 B-树的主要差异如下。

① 在 B+树中，具有 n 个关键字的结点含有 n 棵子树，即每个关键字对应一棵子树，而在 B-

树中，具有 n 个关键字的结点包含 n+1 棵子树。

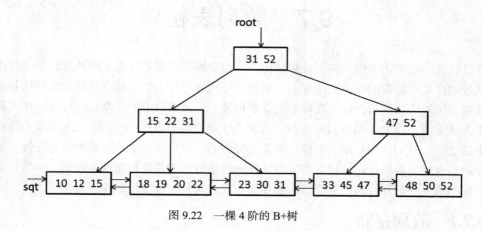

图 9.22　一棵 4 阶的 B+树

② 在 B+树中，每个结点（除根结点外）中的关键字个数 n 的取值范围是 $\lceil m/2 \rceil \leqslant n \leqslant m$，根结点 n 的取值范围是 $2 \leqslant n \leqslant m$；而在 B-树中，除根结点外，其他非叶子结点的关键字个数 n 要满足 $\lceil m/2 \rceil -1 \leqslant n \leqslant m-1$，根结点 n 的取值范围是 $1 \leqslant n \leqslant m-1$。

③ B+树中的所有叶子结点包含了全部关键字，即其他非叶子结点中的关键字包含在叶子结点中，而在 B-树中，关键字是不重复的。

④ B+树中的所有非叶子结点仅起到索引的作用，即结点中的每个索引项只含有对应子树的最大关键字和指向该子树的指针，不含该关键字对应记录的存储地址。而在 B-树中，每个关键字对应一个记录的存储地址。

⑤ 通常在 B+树上有两个头指针，一个指向根结点，另一个指向由所有叶子结点链接成一个不定长的线性链表表头结点。

2. B+树的查找

在 B+树中可以采用两种查找方式，一种是直接从由叶子结点链接成的链表表头开始进行顺序查找，另一种就是从 B+树的根结点开始进行查找。这种查找方式与 B-树的查找方法相似，只是在分支结点上的关键字与查找值相等时，查找并不结束，要继续查到叶子结点为止。此时若查找成功，则按所给指针取出对应记录即可。因此，在 B+树中，不管查找成功与否，每次查找都是经过了一条从根结点到叶子结点的路径。

3. B+树的插入

B+树的插入仅在叶子结点中插入关键字。先找到插入的结点，当插入后结点中的关键字个数大于 m 时要分裂成两个结点，它们所含关键字个数分别为 $\lceil (m+1)/2 \rceil$ 和 $\lfloor (m+1)/2 \rfloor$，同时要使得它们的双亲结点中包含有这两个结点的最大关键字和指向它们的指针。若双亲结点的关键字个数大于 m，应继续分裂，依次类推。

4. B+树的删除

B+树的删除也仅在叶子结点进行，当叶子结点中最大关键字被删除时，分支结点中的值可以作为"分界关键字"存在。若因删除操作而使结点中关键字个数少于 $\lceil m/2 \rceil$ 时，则从兄弟结点中调剂关键字或与兄弟结点合并，其过程和 B-树相似。

需要进一步了解 B+树相关知识的读者可以查阅相关文献。

9.7　散列表检索

在已经介绍过的线性表、树等数据结构中，相应的检索是通过若干次的比较来寻找指定的记录，比较的次数与数据的规模直接相关。虽然二分检索与基于二叉排序性的检索算法具有较高的查询性能，但对于某些对查询速度要求高、数据量大且又难以维护数据有序性的应用问题，二分检索也无能为力。以 QQ 用户验证为例，由于 QQ 用户的规模达 10 亿级，2014 年 QQ 在线用户数已突破 2 亿，且 QQ 用户增、删操作频繁，导致 QQ 用户信息表难以维护其有序性，如何在用户登录时实现快速身份认证，这就需要设计新的检索算法来提高数据检索性能。本节将介绍一种新的存储结构——散列存储，它既是一种存储方式，又是一种常见的检索方法。

9.7.1　散列存储

散列存储的基本思想是以关键码的值为自变量，通过一定的函数关系（称为散列函数，或称 Hash 函数），计算出对应的函数值，以这个值作为结点的存储地址，将结点存入计算得到的存储单元里去。检索时再根据要检索的关键码用同样的函数计算地址，然后到相应的单元里去取要找的结点。用散列法存储的线性表称为"散列表"，显然，散列表的检索时间与散列表中元素的个数无关。

设 U 是所有可能出现的关键字集合（即全集），S 是实际发生（即实际存储）的关键字集合 $(S \subset U)$，$T[0..m-1]$是一个存放 U 中关键字的数组，$H(key)$是一个从 U 到 $T[0..m-1]$上的函数。散列方法是使用函数 H 将 U 映射到表 $T[0..m-1]$ 的下标上，对于 S 中的任意一个关键字 x，首先计算出 $H(x)$的值，然后把 x 存放到 $T[H(x)]$ 中。为了从 T 中查找给定的关键字 y，只要计算出 $H(y)$的值，从而达到在 $O(1)$时间内就可完成查找。利用散列法存储数据和查找数的过程如图 9.23 所示。

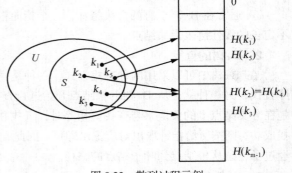

图 9.23　散列过程示例

散列存储中经常会出现对于两个不同关键字 x_i，$x_j \in S$，却有 $H(x_i) = H(x_j)$，即对于不同的关键字具有相同的存放地址，这种现象称为**冲突**或**碰撞**。碰撞的两个（或多个）关键字称为同义词（相对于函数 H 而言）。图 9.23 所示的 k_2 与 k_4 相对散列函数 H 而言便是同义词。碰撞的发生不仅与散列函数有关，还与散列表的"负载因子"密切相关。"负载因子"α反映了散列表的装填程度，其定义为：

$$\alpha = \frac{散列表中结点的数目}{基本区域能容纳的结点数}$$

当$\alpha > 1$ 时，冲突是不可避免的。因此，散列存储必须考虑解决冲突的办法。

综上所述，对于 Hash 方法，需要研究下面两个主要问题。

（1）选择一个计算简单，并且产生冲突的机会尽可能少的 Hash 函数。

（2）确定解决冲突的方法。

9.7.2　散列函数的构造

构造散列函数的方法很多，但总的原则是尽可能地将关键字集合空间均匀地映射到地址集合空间中去，同时尽可能地降低冲突发生的概率。适用的散列函数很多，在此不能一一列举，仅介绍几种常用的散列函数。

1．除余法

该方法是最为简单常用的一种方法。它是以一个略小于 Hash 地址集合中地址个数 m 的质数 p 来除关键字，取其余数作为散列地址，即：

$$H(key)=key\%p$$

这个方法的关键是选取适当的 p，若选取的 p 是关键字的基数的幂次，则就等于是选择关键字的最后若干位数字作为地址，而与高位无关。于是高位不同而低位相同的关键字均互为同义词。一般 p 为接近 m 的质数为好，若选择不当，容易产生同义词。

例如，$S = \{5,\ 21,\ 65,\ 22,\ 69\}$，若 $m = 7$，且 $H(x) = x\%7$，则可以得到如图 9.24 所示的 Hash 表。

0	1	2	3	4	5	6
21	22	65			5	69

图 9.24　散列表示例

2．平方取中法

取关键字平方后的中间几位为 Hash 地址，所取的位数和 Hash 地址位数相同。这是一种较常用的构造 Hash 函数的方法。因为通常在选定 Hash 函数时不一定能知道关键字的全部情况，难以决定取其中哪几位比较合适，而一个数平方后的中间几位数和数的每一位都相关，由此使随机分布的关键字得到的 Hash 地址也是随机的。

3．折叠法

将关键字分割成位数相同的几部分（最后一部分的位数可以不同），然后取这几部分的叠加和（舍去进位）作为 Hash 地址，称为折叠法。关键字位数很多且关键字中每一位上数字分布大致均匀时，可以采用折叠法得到 Hash 地址。

在折叠法中数位叠加可以有移位叠加和间界叠加两种方法。移位叠加是将分割后的每一部分的最低位对齐，然后相加；间界叠加是从一端向另一端沿分割界来回折叠，然后对齐相加。如关键码为 7-302-03800-6，若 Hash 地址取 4 位，则此关键字的 Hash 地址采用折叠法得到如图 9.25 所示的结果。

```
      8006              8006
      0203              3020
    +) 073            +) 073
      8282             11099
H(key)=8282        H(key)=1099
(a) 移位叠加       (b) 间界叠加
```

图 9.25　由折叠法求得 Hash 地址

4．数字分析法

对于关键字的位数比存储区域的地址码位数多的情况，可以采取对关键字的各位进行分析，丢掉分布不均匀的位留下分布均匀的位作为 Hash 地址，这种方法称为数字分析法。

例如，对下列 6 个关键字进行关键码到地址的转换，关键码是 8 位的，地址是 3 位的，需要经过数字分析丢掉 5 位。

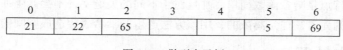

	Key		H(key)
0 1 9 <u>4</u> 2 8 <u>3</u> 2			432

0	1	5	<u>7</u>	9	8	<u>8</u>	<u>5</u>				785
0	1	9	<u>5</u>	9	0	<u>1</u>	<u>3</u>				513
0	1	2	<u>8</u>	1	5	<u>3</u>	<u>8</u>				838
0	1	9	<u>2</u>	1	8	<u>2</u>	<u>7</u>				227
0	1	7	<u>1</u>	1	8	<u>4</u>	<u>6</u>				146

分析这 6 个关键字，最高位都是 01，第六位 3 个 9，第四位 3 个 1，第三位是 4 个 8，都分布不太均匀，丢掉，于是留下第一、第二、第五位做地址。这种方法的特点是散列函数依赖于关键码集合，对于不同的关键码集合，所保留的地址可能不相同。

5. 直接地址法

取关键字或关键字的某个线性函数值为哈希地址，即：

$$H(\text{key}) = \text{key} \quad \text{或} \quad H(\text{key}) = a \cdot \text{key} + b$$

其中，a 和 b 为常数。在使用时，为了使哈希地址与存储空间吻合，可以调整 b。例如，有一人口调查表，表中每个记录包括年龄、人数、民族等情况，若取年龄作为关键字，则可利用直接地址法确定各记录的哈希存储地址。

直接地址法的特点是哈希函数简单，并且对于不同的关键字，不会产生冲突。但在实际问题中，关键字集合中的元素往往是离散的，用该方法产生的哈希表会造成空间的大量浪费。

9.7.3 冲突处理

在实际的应用中，无论如何构造哈希函数，冲突是不可避免的，本节介绍 3 种常用的解决哈希冲突的方法。

1. 开放定址法

开放定址法的基本做法是在发生冲突时，按照某种方法继续探测基本表中的其他存储单元，直到找到一个开放的地址（即空位置）为止。显然这种方法需要用某种标记区分空单元与非空单元。

开放定址法的一般形式可表示为：

$$H_i(k) = (H(k) + d_i) \bmod m \qquad (i = 1, 2, \cdots, k \ (k \leqslant m-1))$$

其中，$H(k)$ 为键字为 k 的直接哈希地址，m 为哈希表长，d_i 为每次再探测时的地址增量。

当 $d_i = 1, 2, 3, \cdots, m-1$ 时，称为线性探测再散列；当 $d_i = 1^2, -1^2, 2^2, -2^2, \cdots, k^2, -k^2$（$k \leqslant m/2$）时，称为二次探测再散列；当 $d_i =$ 随机数序列时，称为随机探测再散列。

在往散列表中插入数据元素时，若未发生冲突，则直接将记录插入其散列地址单元；若发生冲突，则可采用开放定址法探测空位置，一旦找到一个空位置，就把该记录存入到刚探测到的空位上，插入过程结束；如果用完整个探测地址序列还没有找到空位置，说明 Hash 表已满，插入操作失败。

线性探测法所采用的就是当哈希函数产生的数据地址已有数据存在时，即发生碰撞时，往下一批数据位置寻找可用空间存储数据。利用线性探测再散列解决冲突容易发生"聚集"现象，即当表中 i，$i+1$，$i+2$ 位置上已存储有关键字，下一次 Hash 地址为 i，$i+1$，$i+2$ 和 $i+3$ 的关键字都将企图填入 $i+3$ 的位置，这种几个 Hash 地址不同的关键字争夺同一个后继 Hash 地址的现象便称为"聚集"。它使得在处理同义词的冲突过程中又添加了非同义词的冲突，即本来不应发生冲突的关键字也发生冲突，显然，这种现象对查找不利。

在散列表中查找关键字为 k 的记录的过程很简单，方法是：按照哈希表建立哈希函数，根据

k 值求出其哈希地址，若该地址记录为空，则检索失败；若该地址记录不为空，将 k 与该地址记录的关键字相比较，若二者相等，则检索成功；否则按照哈希表建立时采用的解决冲突的办法，继续在"下一哈希地址"中查找，若在某个地址中有关键字与 k 相等的记录，则检索成功；若探测完整个 Hash 地址序列都未找到 k，则查找失败，说明 Hash 表中没有此关键字 k。

例如，有数据（654，638，214，357，376，854，662，392），现采用数字分析法，取得第二位数作为哈希地址，将数据逐个存放入大小为 10 的散列表（此处为顺序表）中。若采用线性探测法解决地址冲突，则 8 个数据全部插入完成后，散列表的状态如图 9.26 所示。

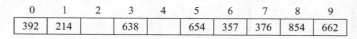

0	1	2	3	4	5	6	7	8	9
392	214		638		654	357	376	854	662

图 9.26　用线性探测法构造散列表示例

2. 再哈希法

采用再哈希法解决冲突的做法是当待存入散列表的某个元素 k 在原散列函数 $H(k)$ 的映射下与其他数据发生碰撞时，采用另外一个 Hash 函数 $H_i(k)$（$i = 1，2，\cdots，n$）计算 k 的存储地址（H_i 均是不同的 Hash 函数），这种计算直到冲突不再发生为止。

显然这种方法不易发生"聚集"，但增加了计算的时间。

3. 拉链法

拉链法解决冲突的做法是，将所有关键字为同义词的结点链接在同一个单链表中。若选定的散列表长度为 m，则可将散列表定义为一个由 m 个头指针组成的指针数组 $T[0..m-1]$，凡是散列地址为 i 的结点，均插入到以 $T[i]$ 为头指针的单链表中。

与开放定址法相比，拉链法有如下明显优点：拉链法处理冲突简单，且无"聚集"现象，即非同义词不会发生冲突，因此平均查找长度较短；在用拉链法构造的散列表中，删除结点的操作易于实现，只要简单地删去链表上相应的结点即可；另外，由于拉链法中各链表上的结点空间是动态申请的，故它更适合于事前无法确定表长的情况。

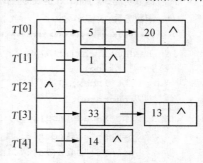

图 9.27　拉链法构造散列表示例

拉链法的缺点主要是指针需要用额外的空间，故当结点规模较小时，开放定址法较为节省空间。

例如，关键字集合为{1，13，20，5，14，33}，散列表长度 $m = 5$，现采用除余法构造哈希函数并采用拉链法解决地址冲突，所创建的 Hash 链表如图 9.27 所示。

算法 9.14 给出了一个运用除余法构造散列函数并用拉链法解决地址冲突的散列表构造及检索算法。

```
/*************************************************/
/*  基于散列表的插入与查找算法    文件名:hash.c    */
/*************************************************/
#define Max 6
#define Hashmax 5
int data[Max];                    /*数据数组*/
struct list                       /*声明列表结构*/
    {   int key;                  /*键值*/
        struct list *next;
    };
```

```
typedef struct list node;
typedef node *link;
link hashtab[Hashmax];              /*Hash链表表头指针数组*/
int counter=1;                      /*计数器*/
/********************************/
/*   函数功能:求余法散列函数        */
/*   函数参数:关键字 key            */
/********************************/
int hash_mod(int key)
    {
       return key % Hashmax;
    }
/********************************/
/*   函数功能:散列表插入运算        */
/*   函数参数:关键字 key            */
/********************************/
void insert_hash(int key)
  {  link p,new;
     int index;
     new=(link)malloc(sizeof(node));        /*生成新结点*/
     new->key=key;
     new->next=NULL;
     index=hash_mod(key);                   /*插入到所在的链表表头*/
     new->next=hashtab[index];
     hashtab[index]=new;
  }
/**********************************/
/*   函数功能:基于 Hash 链表的查找   */
/*   函数参数:关键字 key            */
/**********************************/
int hash_search(int key)
    {  link p;
       int index;
       counter=0;                           /*查找次数初始化*/
       index=hash_mod(key);                 /*取得数据位置*/
       p=hashtab[index];                    /*散列表起始指针*/
       printf("Data[%d]:",index);
       while (p)
       {counter++;
         printf("[%d]",p->key);
         if(p->key==key)                     /*查找到数据*/
            return 1;
         else
            p=p->next;                       /*指向下一个结点*/
       }
       return 0;
    }
```

算法 9.14   Hash 链表上的基本运算

除了上述 3 种方法外，还有差值法可解决地址冲突。这种方法在发生冲突时，处理原则是以现在的数据地址加上一个固定的差值，当数据地址超出数据大小时，则让数据地址采用循环的方式处理。另外，还可以建立一个公共溢出区的方法去解决冲突。即 m 个 Hash 地址用数组 $T[0..m-1]$ 表示，称此表为基本表，每一个分量存放一个关键字，另外设立一个数组 $v[0..n]$ 为溢出表。若关键字和基本表中关键字为同义词，不管它由 Hash 函数得到的 Hash 地址是什么，一旦发生冲突，都填入溢出表。

直观上看，负载系数 α 越小，发生冲突的可能性就越小，查找时所用的平均比较次数也就越少；α 越大，即表越满，发生冲突的可能性就越大，查找时所用的平均比较次数也就越多。因此，Hash 表查找成功的平均查找长度 S_n 和查找不成功的平均查找长度 U_n 均与 α 有关。哈希查找的效率分析比较复杂，这里仅给出部分结论。

假设负载系数为 α，则：

（1）如果用开放定址线性探测再散列法解决冲突，Hash 表查找成功和查找不成功的平均查找长度 S_n 和 U_n 分别为：

$$S_n \approx \frac{1}{2}\left(1+\frac{1}{1-\alpha}\right) \qquad U_n \approx \frac{1}{2}\left(1+\frac{1}{(1-\alpha)^2}\right)$$

（2）如果用二次探测再散列解决冲突，Hash 查找成功和查找不成功的平均查找长度 S_n 和 U_n 分别为：

$$S_n \approx -\frac{1}{\alpha}\ln(1-\alpha) \qquad U_n \approx \frac{1}{(1-\alpha)}$$

（3）如果用拉链法解决冲突，Hash 表查找成功和查找不成功的平均查找长度 S_n 和 U_n 分别为：

$$S_n \approx 1+\frac{\alpha}{2} \qquad U_n \approx \alpha+e^{-\alpha}$$

【例】将关键字序列（7，8，30，11，18，9，14）散列存储到散列表中。散列表的存储空间是一个下标从 0 开始的一维数组，散列函数为：

H（key）=(key x 3) mod 7，处理冲突采用线性探测再散列法，要求装填因子为 0.7。

（1）请画出所构造的散列表。

（2）分别计算等概率情况下查找成功和查找不不成功的平均查找长度。

【解答】由于装填因子 0.7，数据总数为 7，得出一维数组大小为 7/0.7=10，数组下标为 0~9。所构造的散列函数值如下所示。

Key	7	8	30	11	18	9	14
H(key)	0	3	6	5	5	6	0

采用线性探测再散列法处理冲突，所构造的散列表为：

地址	0	1	2	3	4	5	6	7	8	9
关键字	7	14		8		11	30	18	9	

查找成功时，是根据每个元素查找次数来计算平均长度，在等概率的情况下，各关键字的查找次数为：

Key	7	8	30	11	18	9	14
次数	1	1	1	1	3	3	2

故，ASL 成功=查找次数/元素个数=(1+1+1+1+3+3+2)/7=12/7。

查找失败时，可根据失败位置计算平均次数，根据散列函数 MOD 7，初始只可能在 0～6 的位置。等概率情况下，查找 0～6 位置查找失败的查找次数为：

位置	0	1	2	3	4	5	6
次数	3	2	1	2	1	5	4

故，ASL 不成功=查找次数/元素个数=(3+2+1+2+1+5+4)/7=18/7。

习　　题

9.1　选择题。

（1）在关键字序列（12，23，34，45，56，67，78，89，91）中二分查找关键字为 45、89 和 12 的结点时，所需进行的比较次数分别为（　　　）。

    A. 4，4，3　　　　B. 4，3，3　　　　C. 3，4，4　　　　D. 3，3，4

（2）适用于折半查找的表的存储方式及元素排列要求为（　　　）。

    A. 链式方式存储，元素无序　　　　　　B. 链式方式存储，元素有序

    C. 顺序方式存储，元素无序　　　　　　D. 顺序方式存储，元素有序

（3）设顺序存储的线性表共有 123 个元素，按分块查找的要求等分成 3 块。若对索引表采用顺序查找来确定块，并在确定的块中进行顺序查找，则在查找概率相等的情况下，分块查找成功时的平均查找长度为（　　　）。

    A. 21　　　　　　B. 23　　　　　　C. 41　　　　　　D. 62

（4）已知含 10 个结点的二叉排序树是一棵完全二叉树，则该二叉排序树在等概率情况下查找成功的平均查找长度等于（　　　）。

    A. 1.0　　　　　　B. 2.9　　　　　　C. 3.4　　　　　　D. 5.5

（5）在图 9.28 所示的各棵二叉树中，二叉排序树是（　　　）。

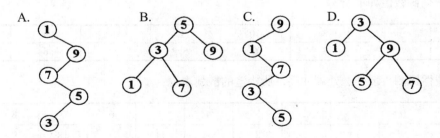

图 9.28　题（5）图

（6）由同一关键字集合构造的各棵二叉排序树（　　　）。

    A. 其形态不一定相同，但平均查找长度相同

    B. 其形态不一定相同，平均查找长度也不一定相同

    C. 其形态均相同，但平均查找长度不一定相同

D. 其形态均相同，平均查找长度也都相同

（7）有数据{53，30，37，12，45，24，96}，从空二叉树开始逐步插入数据形成二叉排序树，若希望高度最小，则应该选择下列（　　）的序列输入。

  A. 37，24，12，30，53，45，96   B. 45，24，53，12，37，96，30

  C. 12，24，30，37，45，53，96   D. 30，24，12，37，45，96，53

（8）若在 9 阶 B-树中插入关键字引起结点分裂，则该结点在插入前含有的关键字个数为（　　）。

  A. 4   B. 5   C. 8   D. 9

（9）对于哈希函数 H(key) = key%13，被称为同义词的关键字是（　　）。

  A. 35 和 41   B. 23 和 39   C. 15 和 44   D. 25 和 51

（10）下列叙述中，不符合 m 阶 B 树定义要求的是（　　）。

  A. 根结点最多有 m 棵子树   B. 所有叶结点都在同一层上

  C. 各结点内关键字均升序或降序排列 D. 叶结点之间通过指针链接

9.2 在分块检索中，对 256 个元素的线性表分成多少块最好？每块的最佳长度是多少？若每块的长度为 8，其平均检索的长度是多少？

9.3 设有关键码 A、B、C 和 D，按照不同的输入顺序，共可能组成多少不同的二叉排序树。请画出其中高度较小的 6 种。

9.4 已知序列 17，31，13，11，20，35，25，8，4，11，24，40，27。试画出由该输入序列构成的二叉排序树，并分别给出下列操作后的二叉排序树。

（1）插入数据 9。

（2）删除结点 17。

（3）再删除结点 13。

9.5 设 T 是一棵给定的查找树，试编写一个在树 T 中删除根结点值为 a 的子树的程序。要求在删除的过程中释放该子树中所有结点所占用的存储空间。这里假设树 T 中的结点采用二叉链表存储结构。

9.6 含有 12 个节点的平衡二叉树的最大深度是多少（设根结点深度为 0）？并画出一棵这样的树。

9.7 试用 Adelson 插入方法依次把结点值为 60，40，30，150，130，50，90，80，96，25 的记录插入到初始为空的平衡二叉排序树中，使得在每次插入后保持该树仍然是平衡查找树。并依次画出每次插入后所形成的平衡查找树。

9.8 结点关键字 k_1, k_2, k_3, k_4, k_5 为一个有序序列，它们的相对使用频率分别为 $p_1 = 6, p_2 = 8$，$p_3 = 12, p_4 = 2, p_5 = 16$，外部结点的相对使用频率分别为 $q_0 = 4, q_1 = 9, q_2 = 8, q_3 = 12, q_4 = 3$，$q_5 = 2$。试构造出有序序列 k_1, k_2, k_3, k_4, k_5 所组成的最优查找树。

9.9 证明 Huffman 算法能正确地生成一棵具有最小带权外部路径长度的二叉树。

9.10 假设通讯电文中只用到 A，B，C，D，E，F 6 个字母，它们在电文中出现的相对频率分别为 8，3，16，10，5，20，试为它们设计 Huffman 编码。

9.11 含有 9 个叶子结点的 3 阶 B-树中至少有多少个非叶子结点？含有 10 个叶子结点的 3 阶 B-树中至少有多少个非叶子结点？

9.12 试写一算法判别给定的二叉树是否为二叉排序树，设此二叉树以二叉链表为存储结构，且树中结点的关键字均不相同。

9.13　用依次输入的关键字 23、30、51、29、2 7、15、11、17 和 16 建一棵 3 阶 B-树，画出建该树的变化过程示意图（每插入一个结点至少有一张图）。

9.14　设散列表长度为 11，散列函数 $H(x) = x\%11$，给定的关键字序列为 1，13，12，34，38，33，27，22。试画出分别用拉链法和线性探测法解决冲突时所构造的散列表，并求出在等概率的情况下，这两种方法查找成功和失败时的平均查找长度。

9.15　设散列表为 $T[0..12]$，即表的大小 $m = 13$。现采用再哈希法（双散列法）解决冲突。散列函数和再散列函数分别为：

$$H0(k) = k\%13, \quad H_i = (H_{i-1} + REV(k+1)\%11 + 1)\%13, \quad i = 1, 2, \cdots, m-1$$

其中，函数 $REV(x)$ 表示颠倒 10 进制数的各位，如 $REV(37) = 73$，$REV(1) = 1$ 等。若插入的关键码序列为 {2，8，31，20，19，18，53，27}。

（1）试画出插入这 8 个关键码后的散列表。

（2）计算检索成功的平均查找长度 ASL。

第 10 章
内排序

排序是数据处理过程中经常使用的一种重要的运算，排序的方法有很多种。本章主要讨论内排序的各种算法，并对每个排序算法的时间和空间复杂性以及算法的稳定性等进行讨论。

10.1　排序的基本概念

排序是数据处理过程中经常使用的一种重要的运算，它往往是一个系统的核心部分。排序算法的优劣对于一个系统来说是至关重要的。

假设一个文件由 n 个记录 R_1，R_2，$\cdots$，R_n 组成，所谓排序就是以记录中某个（或几个）字段值不减（或不增）的次序将这 n 个记录重新排列，称该字段为排序码。能唯一标识一个记录的字段称为关键码；关键码可以作为排序码，但排序码不一定要是关键码。

排序的方法有很多。按排序过程中使用到的存储介质来分，可以将排序分成两大类：内排序和外排序。所谓内排序是指在排序过程中所有数据均放在内存中处理，不需要使用外存的排序方法。而对于数据量很大的文件，在内存不足的情况下，则还需要使用外存，这种排序方法称为外排序。本章主要讨论内排序。

在待排序文件中，可能存在排序码相同的记录，若经过排序后，这些记录仍保持原来的相对次序不变，则称这个排序算法是稳定的；否则，称为不稳定的排序算法。对于文件中的任意两个排序码相同的记录 R_i 和 R_j，i 小于 j，即排序前 R_i 在 R_j 的前面，如果排序后，R_i 还是在 R_j 的前面，则该算法是稳定的，如果排序的结果 R_i 在 R_j 的后面，则称该算法是不稳定的排序算法。

既然排序算法较多，就该有评价排序算法优劣的标准。这个标准是：首先考虑算法执行所需的时间，这主要是用执行过程中的比较次数和移动次数来度量；其次考虑算法执行所需要的附加空间。当然，保证算法的正确性是不言而喻的，可读性等也是要考虑的因素。

本章在讨论过程中，一般只考虑单排序码的情况，即排序是以记录中某个字段值不减的次序将这 n 个记录重新排列，且排序码数据类型为整型。除排序码外的其他字段不作详细讨论。

本章的排序算法如未作特别的说明，使用的有关定义如下。

```
/*****************************************/
/*  常见排序算法的头文件,文件名:table.h  */
/*****************************************/
#define MAXSIZE 100              /*文件中记录个数的最大值*/
 typedef int keytype;            /*定义排序码类型为整数类型*/
 typedef struct{
```

```
    keytype key;
    int other;                      /*此处还可以定义记录中除排序码外的其他域*/
  }recordtype;                      /*记录类型的定义*/
typedef struct{
    recordtype r[MAXSIZE+1];
    int length;                     /*待排序文件中记录的个数*/
  }table;                           /*待排序文件类型*/
```

这里 MAXSIZE 表示的是文件中最多拥有的记录个数，结构中的 key 域是整型数组，用于存放待排序的排序码。为了和平时的习惯一致，$r[0]$ 一般不用于存放排序码，在一些排序算法中它可以用来作为中间单元存放临时数据。length 域是待排序的记录个数，它必须不大于 MAXSIZE，这样，第 1～length 个记录的排序码分别存于 $r[1]$～$r[length]$这些记录的 key 数据域中。

本章中，一般情况下，讨论的是按排序码不减进行排序。

10.2　插　入　排　序

插入排序的基本方法是：将待排序文件中的记录，逐个地按其排序码值的大小插入到目前已经排好序的若干个记录组成的文件中的适当位置，并保持新文件有序。本节介绍 4 种插入排序算法：直接插入排序算法、二分法插入排序算法、表插入排序算法和 shell 插入排序算法。

10.2.1　直接插入排序

直接插入排序算法的思路是：初始可认为文件中的第 1 个记录已排好序，然后将第 2 个到第 n 个记录依次插入到已排序的记录组成的文件中。在对第 i 个记录 R_i 进行插入时，R_1，R_2，…，R_{i-1} 已排序（严格讲，这 $i-1$ 个记录应标识为 R'_1，R'_2，…，R'_{i-1}，它们是 R_1，R_2，…，R_{i-1} 排序的结果），将记录 R_i 的排序码 key_i 与已经排好序的排序码从右向左依次比较，找到 R_i 应插入的位置，将该位置以后直到 R_{i-1} 各记录顺序后移，空出该位置让 R_i 插入。

例如，对于一组记录的排序码分别为：

$$312,\ 126,\ 272,\ 226,\ 28,\ 165,\ 123$$

在直接插入排序过程中，初始时将第 1 个排序码作为已经排好序的，把排好序的数据记录放入中括号[]中，表示有序的文件，剩下的在中括号外，如下所示。

$$[312],\ 126,\ 272,\ 226,\ 28,\ 165,\ 123$$

下面设前 3 个记录的排序码已重新排列有序，构成一个含有 3 个记录的有序文件，如下。

$$[126,\ 272,\ 312],\ 226,\ 28,\ 165,\ 123$$

现在要将第 4 个排序码 226 插入，按直接插入排序方法，将待插入的排序码 226 和已经有序的最后一个排序码 312 比较，因为待插入的排序码 226 小于 312，所以 226 肯定要置于 312 的前面，至于是否就是置于 312 的前一个位置，此时还不能确定，需要继续向左比较；将 226 和再前一个已经排好序的 272 比较，226 小于 272，同样需要继续比较；在 226 和 126 比较时，得知 226 不小于 126，这时可以确定 226 应置于 126 的后一个位置。将所有大于待插入排序码 226 的那两个排序码 312 和 272 依次后移一个位置，在空出的位置插入待排序的排序码 226，得到一含有 4 个记录的有序文件，如下。

$$[126,\ 226,\ 272,\ 312],\ 28,\ 165,\ 123$$

从上面内容可以看出，在已经有序的排序码中插入一个新的排序码，且要使得它仍然有序，只要将有序文件中所有大于待插入排序码的排序码后移再进行插入即可。

需要注意的是，当待插入排序码小于所有已排序的排序码时，如在插入第 5 个值 28 时，则在查找插入位置时，可以发现从右向左比较时所有的排序码都大于 28，那么在算法实现时每次比较时都必须判断是否有记录，即是否有排序码可以进行比较，这样做将比较费时，否则，就会出现下标越界的错误。为了既不出错，同时又节省时间，可以在已排序文件的第 1 个排序码前临时插入一个值作为哨兵，这个值就是待插入的排序码，这样可以保证在向左比较查找的过程中一定有一个排序码不大于待插入的排序码，极端情况是一直比较到哨兵，哨兵不大于待插入的排序码，它们是相等的。待插入的排序码应该插在从右向左比较时，出现的第一个不大于它的排序码后面。

在排序码后移的处理上，没有必要在找到插入位置后再进行后移，而是在比较的过程中，一旦有排序码大于待插入的排序码就让它后移一位。对于插入第 5 个排序码 28 的插入过程如图 10.1 所示。

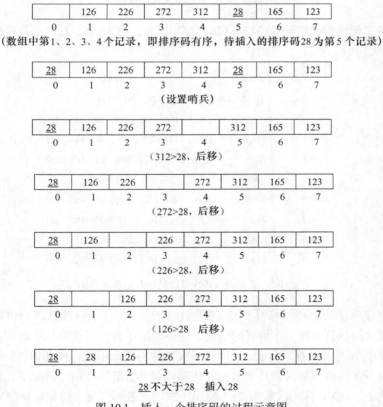

图 10.1　插入一个排序码的过程示意图

由以上的分析，可以得到直接插入排序算法，其具体实现过程见算法 10.1。

```
/***********************************************/
/*  函数功能:直接插入排序算法                  */
/*  函数参数:结构类型 table 的指针变量 tab      */
/*  函数返回值:空                              */
/*  文件名:insesort.c,函数名:insertsort()      */
/***********************************************/
```

```
void insertsort(table *tab)
{
  int i,j;
  for(i=2;i<=tab->length;i++)              /*依次插入从第 2 个开始的所有元素*/
  {
    j=i-1;
    tab->r[0]=tab->r[i];                   /*设置哨兵，准备找插入位置*/
    while(tab->r[0].key<tab->r[j].key)     /*排序码比较找插入位置并后移*/
    {
      tab->r[j+1]=tab->r[j];               /*记录后移*/
      j=j-1;                               /*继续向前（左）查找*/
    }
    tab->r[j+1]=tab->r[0];                 /*插入第 i 个元素的副本，即前面设置的哨兵*/
  }
}
```

算法 10.1　直接插入排序算法

设待排序的 7 记录的排序码为{312，126，272，226，28，165，123}，直接插入排序算法的执行过程如图 10.2 所示。

	哨兵	排序码
	[ ]312, 126, 272, 226, 28, 165, 123	
初始	（ ）	[312], 126, 272, 226, 28, 165, 123
i=2:	（126）	[126, 312], 272, 226, 28, 165, 123
i=3:	（272）	[126, 272, 312], 226, 28, 165, 123
	哨兵	排序码
i=4:	（226）	[126, 226, 272, 312], 28, 165, 123
i=5:	（28）	[28, 126, 226, 272, 312], 165, 123
i=6:	（165）	[28, 126, 165, 226, 272, 312], 123
i=7:	（123）	[28, 123, 126, 165, 226, 272, 312]

图 10.2　直接插入排序算法的执行过程示意图

直接插入排序算法的思路简单明了，实现也比较容易。对于有 n 个排序码进行的直接插入排序，首先分析算法的执行时间。在最好的情况，即初始排序码开始就是有序的情况下，因为当插入第 i 个排序码时，该算法内循环while 只进行一次条件判断而不执行循环体，外循环共执行 $n-1$ 次，其循环体内不含内循环每次循环要进行 2 次移动操作，所以在最好情况下，直接插入排序算法的比较次数为 $n-1$ 次，移动次数为 $2*(n-1)$ 次。在最坏情况，即初始排序码开始是逆序的情况下，因为当插入第 i 个排序码时，该算法内循环 while 要执行 i 次条件判断，循环体要执行 $i-1$ 次，每次要移动 1 个记录，外循环共执行 $n-1$ 次，其循环体内不含内循环每次循环要进行 2 次移动操作，所以在最坏情况下，比较次数为 $\sum_{i=1}^{n-1}(i+1)$ ，移动次数为 $\sum_{i=1}^{n-1}(i+2)$ 。假设待排序文件中的记录以各种排列出现的概率相同，因为当插入第 i 个排序码时，该算法内循环 while 平均约要执行 $i/2$ 次条件判断，循环体要执行 $(i-1)/2$ 次，外循环共执行 $n-1$ 次，所以平均比较次数约为$(2+3+\cdots+n)/2*(n-1)$，平均移动次数为$(n-1)*(2+1+3+1+\cdots+n+1)/2$，也即直接插入排序算法的时间复杂度为 $O(n^2)$。另外，该算法只使用了用于存放哨兵的一个附加空间。

直接插入排序算法是稳定的排序算法。

10.2.2　二分法插入排序

根据插入排序的基本思想，在找第 i 个记录的插入位置时，前 $i-1$ 个记录已排序，将第 i 个记录的排序码 key[i]和已排序的前 $i-1$ 个的中间位置记录的排序码进行比较，如果 key[i]小于中间位置记录排序码，则可以在前半部继续使用二分法查找，否则在后半部继续使用二分法查找，直到查找范围为空，即可确定 key[i]的插入位置，这就是被称为二分法插入排序的思想。

二分法插入排序算法的具体实现过程见算法 10.2。

```
/***********************************************/
/*  函数功能:二分法插入排序算法                */
/*  函数参数:结构类型 table 的指针变量 tab     */
/*  函数返回值:空                              */
/*  文件名:binsort.c,函数名:binarysort()  */
/***********************************************/
void binarysort(table *tab)
{
  int i,j,left,right,mid;
  for(i=2;i<=tab->length;i++)        /*依次插入从第 2 个开始的所有元素*/
  {
    tab->r[0]=tab->r[i];             /*保存待插入的元素*/
    left=1;right=i-1;                /*设置查找范围的左、右位置值*/
    while(left<=right)               /*查找第 i 个元素的插入位置*/
    {
      mid=(left+right)/2;            /*取中点位置*/
      if(tab->r[i].key<tab->r[mid].key)
         right=mid-1;
      else
         left=mid+1;                 /*插入位置为 left*/
    }
    for(j=i-1;j>=left;j--)
        tab->r[j+1]=tab->r[j];       /*后移,空出插入位置*/
    tab->r[left]=tab->r[0];          /*插入第 i 个元素的副本*/
  }
}
```

算法 10.2　二分法插入排序算法

设待排序的 7 记录的排序码为{312，126，272，226，28，165，123}，在前 6 个记录已经排序的情况下，使用二分法插入排序算法插入第 7 个记录的排序码 123 的执行过程示意如图 10.3 所示。

对于二分法插入排序算法，在查找第 i 个记录的插入位置时，每执行一次 while 循环体，查找范围缩小一半，和直接插入排序的比较次数对比，二分法插入的比较次数少于直接插入排序的最多比较次数，而一般要多于直接插入排序的最少比较次数。总体上讲，当 n 较大时，二分法插入排序的比较次数远少于直接插入排序的平均比较次数，但二者所要进行的移动次数相等，故二分法插入排序的时间复杂度也是 $O(n^2)$，所需的附加存储空间为一个记录空间。

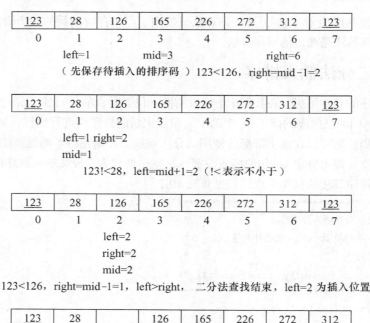

图 10.3　二分法插入排序算法的插入过程示意图

二分法插入排序算法是稳定的排序算法。

10.2.3　表插入排序

对前面两个小节介绍的插入排序算法的分析可知，二分法插入排序比较次数通常比直接插入排序的比较次数少，但移动次数相等。本小节介绍的表插入排序将在不进行记录移动的情况下，利用存储结构有关信息的改变来达到排序的目的。为此，可以给每个记录附设一个指针域 link，它的类型为整型，表插入排序的思路是，在插入第 i 个记录 R_i 时，R_1，R_2，$\cdots$，R_{i-1} 已经通过各自的指针域 link 按排序码不减的次序连接成一个（静态链）表，将记录 R_i 的排序码 key_i 与表中已经排好序的排序码从表头向右、或称向后依次比较，找到 R_i 应插入的位置，将其插入在表中，使表中各记录的排序码仍然有序。

对于表插入排序算法使用的有关定义如下。

```
/*************************************************/
/*   表插入排序定义的头文件，文件名:table2.h      */
/*************************************************/
#define MAXSIZE 100            /*文件中记录个数的最大值*/
typedef int keytype;          /*定义排序码类型为整数类型*/
typedef struct{
  keytype key;
  int link;
```

```
  int other;                          /*此处还可以定义记录中除排序码外的其他域*/
}recordtype;                          /*记录类型的定义*/
typedef struct{
  recordtype r[MAXSIZE+1];
  int length;                         /*待排序文件中记录的个数*/
}table2;                              /*待排序文件类型*/
```

对于将一个值为 x 的记录，插入到一个已排序（不减）的单链表 head 中，使新的单链表的结点值以不减序排列，读者容易给出解决此问题的算法，表插入排序算法的关键就在于此。初始时，$r[0]$.Link 用于存放表中第 1 个记录的下标，$r[0]$.Link 的值为 1，排序结束时，$r[0]$.Link 中存放的是所有排序码中值最小的对应记录的下标，其他的排序码通过各自的指针域 link 按不减的次序连接成一个（静态链）表，最大的排序码对应的 link 为 0。

表插入排序算法的过程示意如图 10.4 所示。

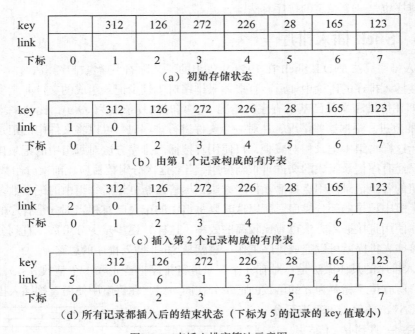

key		312	126	272	226	28	165	123
link								
下标	0	1	2	3	4	5	6	7

（a）初始存储状态

key		312	126	272	226	28	165	123
link	1	0						
下标	0	1	2	3	4	5	6	7

（b）由第 1 个记录构成的有序表

key		312	126	272	226	28	165	123
link	2	0	1					
下标	0	1	2	3	4	5	6	7

（c）插入第 2 个记录构成的有序表

key		312	126	272	226	28	165	123
link	5	0	6	1	3	7	4	2
下标	0	1	2	3	4	5	6	7

（d）所有记录都插入后的结束状态（下标为 5 的记录的 key 值最小）

图 10.4　表插入排序算法示意图

表插入排序算法的具体实现过程见算法 10.3。

```
/*****************************************************/
/*  函数功能:表插入排序算法                          */
/*  函数参数:结构类型 table2 的指针变量 tab          */
/*  函数返回值:空                                    */
/*  文件名:tabinst.c,函数名:tableinsertsort()        */
/*****************************************************/
void tableinsertsort(table2 *tab)
{
  int i,p,q;
  tab->r[0].link=1;tab->r[1].link=0;     /*第 1 个元素为有序静态表*/
  for(i=2;i<=tab->length;i++)            /*依次插入从第 2 个开始的所有元素*/
```

```
  {
     q=0;p=tab->r[0].link;                    /*p 指向表中第 1 个元素，q 指向 p 的前驱元素位置*/
     while(p!=0&&tab->r[i].key>=tab->r[p].key)     /*找插入位置*/
     {
        q=p;
        p=tab->r[p].link;                     /*继续查找*/
     }
     tab->r[i].link=p;tab->r[q].link=i;       /*将第 i 个元素插入 q 和 p 所指向的元素之间*/
  }
}
```

算法 10.3　表插入排序算法

表插入排序没有记录的移动，但是增加了 link 域，进行了 $2n$ 次修改 link 值的操作。因为比较次数和直接插入排序算法的情况相同，所以表插入排序的时间复杂度为 $O(n^2)$。

表插入排序也是一个稳定的排序算法。

10.2.4　Shell 插入排序

Shell 插入排序算法是 D.L.Shell 在 1959 年提出的，又称缩小增量排序算法。

从对直接插入排序的讨论中知道，直接插入排序对于较少记录组成的文件非常实用，且在最好情况下，即在待排序文件已基本有序的情况下，其时间复杂度为 $O(n)$，比其平均时间复杂度 $O(n^2)$ 有很大的改进。根据这些情况，在对一个文件进行排序时，可以将文件中的记录按某种规律分成若干组，这样每组中记录相对减少，可使用直接插入排序方法对每组中的记录排序，接下来将这若干组已经有序记录组成的文件再重新分组，当然这次分组数目应比前次分组数目少。然后，再对重新分组的各组记录使用直接插入排序方法，尽管重新分组后每组中的记录数多了起来，因为已经进行了组中记录的部分排序，所以这时候每组中的记录已有相当部分是有序的，再对每组记录进行排序使用直接插入方法也有比较高的效率。这样，逐步减少分组数，直到分组数为 1 再进行一次直接插入排序就可以完成排序工作，这就是 Shell 插入排序的思路。

Shell 插入排序的具体做法是：对有 n 个记录进行排序，首先取 1 个整数 $d < n$，将这 n 个记录分成 d 组，所有位置相差为 d 的倍数的记录分在同一组，在每组中使用直接插入排序进行组内排序，然后缩小 d 的值，重复进行分组和组内排序，一直到 $d = 1$ 结束。

设待排序的 7 记录的排序码为 $\{312，126，272，226，28，165，123\}$，初始让 $d = 7/2 = 3$，以后每次让 d 缩小一半，其排序过程如图 10.5 所示。

给定增量 d，Shell 插入排序算法组内排序的实现过程是：前 d 个记录分别作为 d 组中的第 1 个记录，它们在各自的组中排序码是有序的，对从第 $d+1$ 个记录以后的各个记录，依次使用直接插入排序的方法将它们插入各自所在的组中。因为直接插入排序可以看作是增量为 1，所以对于增量为 d 的插入排序，在

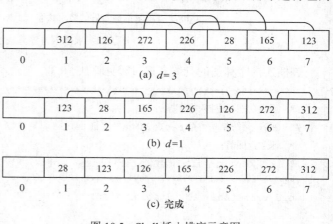

图 10.5　Shell 插入排序示意图

向左比较时每次前进的距离为 *d*。Shell 插入排序算法的具体实现过程见算法 10.4。

```
/****************************************************/
/*  函数功能:Shell 插入排序算法                     */
/*  函数参数:结构类型 table 的指针变量 tab           */
/*  函数返回值:空                                   */
/*  文件名:shellins.c,函数名:shellinsertsort()      */
/****************************************************/
void shellinsertsort(table *tab)
{
  int i,j,d;
  d=tab->length/2;
  while(d>=1)
  {
    for(i=d+1;i<=tab->length;i++)  /*从第 d+1 个元素开始,将所有元素有序插入相应分组中*/
    {
      tab->r[0]=tab->r[i];         /*保存第 i 个元素*/
      j=i-d;                       /*向前找插入位置*/
      while(j>0&&tab->r[0].key<tab->r[j].key)   /*排序码比较找插入位置并后移*/
      {
          tab->r[j+d]=tab->r[j];   /*记录后移*/
       j=j-d;                      /*继续向前查找*/
      }
      tab->r[j+d]=tab->r[0];       /*插入第 i 个元素的副本*/
    }
    d=d/2;
  }
}
```

算法 10.4　Shell 插入排序算法

　　算法中 while 循环的条件中的 $j > 0$ 是为了保证比较时不会往左超越第 1 个记录而出现错误。Shell 排序一般而言要比直接插入排序快,但要给出时间复杂度的分析相当难。至今为止也没有找到一个最好的缩小增量序列的选取方法。

　　Shell 插入排序算法是不稳定的排序算法。

10.3　选　择　排　序

　　选择排序的基本思想是:每次从待排序的文件中选择出排序码最小的记录,将该记录放于已排序文件的最后一个位置,直到已排序文件记录个数等于初始待排序文件的记录个数为止。本节将介绍直接选择排序、树型选择排序和堆排序 3 种算法。

10.3.1　直接选择排序

　　直接选择排序是一种简单的方法,首先从所有 *n* 个待排序记录中选择排序码最小的记录,将该记录与第 1 个记录交换,再从剩下的 $n-1$ 个记录中选出排序码最小的记录和第 2 个记录交换。重复这样的操作直到剩下两个记录时,再从中选出排序码最小的记录和第 $n-1$ 个记录交换。剩下的那 1 个记录肯定是排序码最大的记录,这样排序即告完成。

当已选出 $i-1$ 个记录放在前 $i-1$ 个位置，接下来从剩余的 $n-(i-1)$ 个记录中选出排序码最小的记录和第 i 个位置的记录交换时，可以找到这 $n-(i-1)$ 个记录中排序码最小的记录的位置。这里只要设置 1 个变量记下在查找过程中当前排序码最小记录的位置，直到查找完这 $n-(i-1)$ 个记录。只要最小排序码对应记录的位置不为 i，就将最小排序码对应位置上的记录和第 i 个记录交换。

直接选择排序算法的具体实现过程见算法 10.5。

```
/***********************************************************/
/*  函数功能:直接选择排序算法                              */
/*  函数参数:结构类型 table 的指针变量 tab                 */
/*  函数返回值:空                                          */
/*  文件名:selesort.c,函数名:simpleselectsort()          */
/***********************************************************/
void simpleselectsort(table *tab)
{
  int i,j,k;
  for(i=1;i<=tab->length-1;i++)      /*每次选择一个最小的元素（的位置），和第 i 个元素交换*/
    {
      k=i;                           /*记下当前最小元素的位置*/
      for(j=i+1;j<=tab->length;j++)              /*向右查找更小的元素*/
      if(tab->r[j].key<tab->r[k].key) k=j;       /*修改当前最小元素的位置*/
        if(k!=i)   /*如果第 i 次选到的最小元素位置 k 不等于 i,则将第 k、i 个元素交换*/
        {
        tab->r[0]=tab->r[k];       /*以没有用到的第 0 个元素作为中间单元进行交换*/
        tab->r[k]=tab->r[i];
        tab->r[i]=tab->r[0];
        }
    }
}
```

算法 10.5　直接选择排序算法

设待排序的 7 记录的排序码为{312，126，272，226，28，165，123}，直接选择排序算法执行过程如图 10.6 所示。

图 10.6　直接选择排序算法执行过程

	28	123	126	226	312	165	272
0	1	2	3	4	5	6	7

	28	123	126	165	312	226	272
0	1	2	3	4	5	6	7

(d) $i=4$，$k=6$，交换 165 和 226

	28	123	126	165	312	226	272
0	1	2	3	4	5	6	7

	28	123	126	165	226	312	272
0	1	2	3	4	5	6	7

(e) $i=5$，$k=6$，交换 226 和 312

	28	123	126	165	226	312	272
0	1	2	3	4	5	6	7

	28	123	126	165	226	272	312
0	1	2	3	4	5	6	7

(f) $i=6$，$k=7$，交换 312 和 272，算法结束，排序完成

图 10.6　直接选择排序算法执行过程（续）

在每次选择最小排序码的过程中，对于第 i 次选择，因为算法中内循环要执行 $n-i$ 次比较，所以算法的总比较次数为（$1+2+\cdots+n-1$）。关于算法所发生的移动次数，当待排序文件初始就是有序文件时，该算法不需进行任何移动记录的操作，而在特殊情况下，外循环循环体每一次执行都要进行 3 次移动记录的操作，故最坏情况下共要进行 $3(n-1)$ 次记录的移动。因此，直接选择排序的时间复杂度为 $O(n^2)$。该算法使用了存储一个记录的附加空间。

直接选择排序是不稳定的。例如，当排序码初始序列为 112，112，50 时，两个排序码相同的记录经过直接选择排序后相对位置就改变了。

10.3.2　树型选择排序

在直接选择排序中，排序码的总比较次数为 $n(n-1)/2$。实际上，在该方法中，有许多排序码之间进行了不只一次比较，也就是说，两个排序码之间可能进行了两次以上的比较。能否在选择排序码最小记录的过程中，把其中排序码比较的结果保存下来，使以后需要的时候直接看比较结果，而不再进行比较。回答是肯定的。体育比赛中的淘汰制就是每两个对手经过比赛留下胜者继续参加下一轮的淘汰赛，直到最后剩下两个对手决赛争夺冠军。树型选择排序就是这个道理。将所有待排序记录的排序码任意两个组成一对进行比较，把所有这些比较中的较小者保留下来，继续重复前面的两两比较，直到留下两个再进行一次比较，即得到所有待排序记录中排序码最小的记录。在选择初始待排序文件中最小排序码记录时，若整个文件中记录数 n 为奇数，可增加一个大于所有排序码的值参加比较。每选出一个排序码最小记录后，可将该记录保存起来，并将该记录原始位置的值设置为一个大于所有排序码的值。这样，在接下来选择下一个最小值时，由于保存了许多比较结果，这一过程就没有必要重复已进行了比较的操作，而只需进行部分比较即可。

用一棵二叉树来表示树型选择排序的示意图，所有待排序记录的排序码均作为叶子结点，二叉树中的分支结点保存的是左、右二儿子比较后得到的较小者，二叉树的根结点为所有叶子结点中的最小者。

设待排序的 7 记录的排序码为{312，126，272，226，28，165，123}，采用树型选择排序的过程如图 10.7 所示。

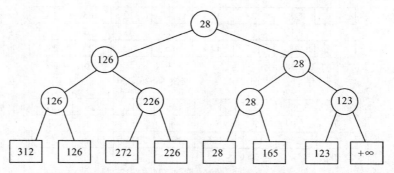

(a) 最小排序码上升到根节点，排序码比较次数：6。已经排序的结果：28

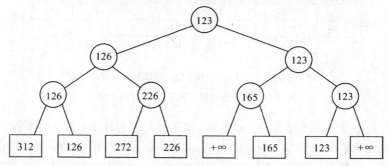

(b) 次小排序码上升到根节点，排序码比较次数：3。已经排序的结果：28，123

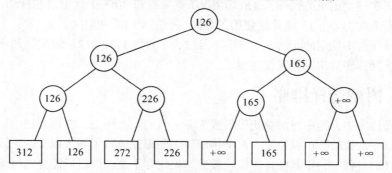

(c) 第 3 小排序码上升到根节点，排序码比较次数：3
已经排序的结果：28，123，126

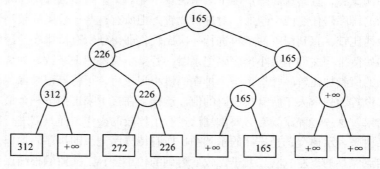

(d) 第 4 小排序码上升到根节点，排序码比较次数：3
已经排序的结果：28，123，126，165

图 10.7　树型选择排序过程示意图

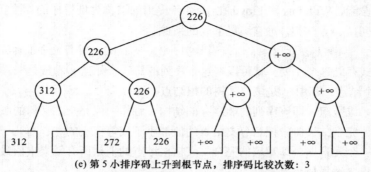

(e) 第 5 小排序码上升到根节点，排序码比较次数：3

已经排序的结果：28，123，126，165，226

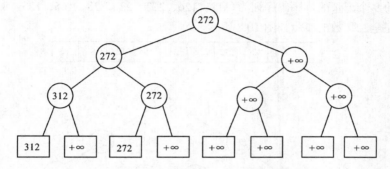

(f) 第 6 小排序码上升到根节点，排序码比较次数：3

已经排序的结果：28，123，126，165，226，272

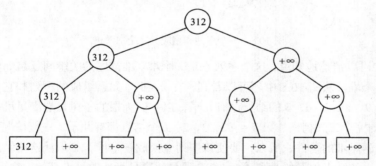

(g) 第 7 小排序码上升到根节点，排序码比较次数：3

已经排序的结果：28，123，126，165，226，272，312

图 10.7　树型选择排序过程示意图（续）

　　树型选择排序使用的是满二叉树，如待排序记录数为 n，则叶子结点数为 n，分支结点数为 $n-1$。从 n 个记录中选最小排序码就需要进行 $n-1$ 次比较。而以后选择第 i 个最小排序码记录时，只需对从根结点到第 $i-1$ 个最小排序码记录所在叶子结点的路径上各结点的值进行比较和必要的修改，其他结点不必考虑，此时要进行 $\log_2 n$ 次比较，所以总的比较次数为 $(n-1)+(n-1)*\log_2 n \approx n*\log_2 n$。因为结点移动次数不会超过比较次数，所以树型选择排序时间复杂度为 $O(n\log_2 n)$。树型选择排序需要的附加存储空间包括存放中间比较结果的分支结点共 $n-1$ 个，存储已排序的记录空间等，空间需求较大。

10.3.3　堆排序

　　为了既要保存中间比较结果，减少后面的比较次数，又不占用大量的附加存储空间，使排序算法具有较好的性能，Willioms 和 Floyd 在 1964 年提出的被称为堆排序的算法实现了这一想法。

堆是一个序列 $\{k_1, k_2, \cdots, k_n\}$，它满足下面的条件。

$$k_i \leqslant k_{2i} \text{ 并且 } k_i \leqslant k_{2i+1}, \text{ 当 } i = 1, 2, \cdots, n/2, \text{ 并且 } 2i+1 \leqslant n$$

采用顺序方式存储这个序列，就可以将这个序列的每一个元素 k_i 看成是一颗有 n 个结点的完全二叉树的第 i 个结点，其中 k_1 是该二叉树的根结点。

把堆对应的一维数组（即该序列的顺序存储结构）看作一棵完全二叉树的顺序存储，那么堆的特征可解释为，完全二叉树中任意分支结点的值都小于或等于它的左、右儿子结点的值。堆的元素序列中的第一个元素 k_1，即对应的完全二叉树根结点的值是所有元素中值最小的。堆排序方法就是利用这一点来选择最小元素。

设待排序的 9 个记录的排序码序列为 {312，126，272，226，28，165，123，8，12}，它的一维数组存储和完全二叉数的表示如图 10.8 所示。

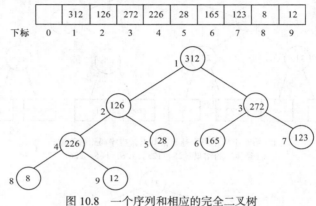

图 10.8　一个序列和相应的完全二叉树

从图 10.8 中可以清楚地知道，这个序列不是一个堆。堆排序的关键问题是如何将待排序记录的排序码建成一个堆。从图 10.8 中还可以看到，在 $n=9$ 个元素组成的序列和它相对应的完全二叉树中，序号为 9，8，7，6，5 的结点没有儿子，以它们为根的子树显然满足堆的条件。因为在有 $n=9$ 个结点的完全二叉树中，第 $4=n/2$，3，2，1 个结点都有儿子，一般情况下，以它们为根结点的子树不会满足堆的条件，所以，要使该序列变换成一个堆，必须从这些结点处进行调整。调整是从序号为 1 的结点处开始直到 4($=n/2$)，还是从序号为 4 的结点开始，然后对序号为 3，2，1 的结点依次进行呢？应该从第 4 个结点开始，依次使以第 4 个结点为根的子树变成堆，直到以第 1 个结点为根的整个完全二叉树具有堆的性质，则建堆完成。为何不可以从序号为 1 的结点处开始调整？请读者试试这种做法，便知其中的缘故。建堆过程如图 10.9 所示。

上述建堆的过程中，一旦发生交换的时候，需要在交换处继续调整，直到以调整处为根的子树满足堆的条件为止。

对于调整处的序号为 k 的调整算法，称之为筛选算法，具体实现过程见算法 10.6。

```
/************************************************/
/*  函数功能:筛选算法                          */
/*  函数参数:结构类型 table 的指针变量 tab      */
/*           整型变量 k 为调整位置               */
/*           整型变量 m 为堆的大小               */
/*  函数返回值:空                               */
/*  文件名:sift.c,函数名:sift()                 */
/************************************************/
```

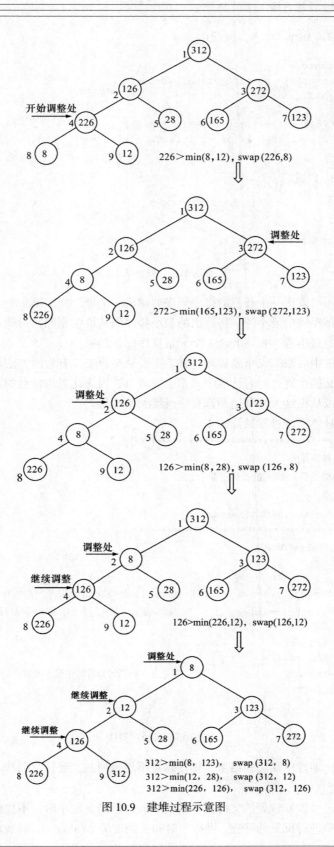

图 10.9　建堆过程示意图

```
void sift(table *tab,int k,int m)
{
  int i,j,finished;
  i=k;j=2*i;tab->r[0]=tab->r[k];finished=0;
  while((j<=m)&&(!finished))
  {
    if((j<m)&&(tab->r[j+1].key<tab->r[j].key)) j++;
    if(tab->r[0].key<=tab->r[j].key) finished=1;
    else
    {
      tab->r[i]=tab->r[j];
      i=j;j=2*j;
    }
  }
  tab->r[i]=tab->r[0];
}
```

算法 10.6　筛选算法

通过筛选算法，可以将一个任意的排序码序列建成一个堆，堆的第 1 个元素，即完全二叉树的根结点的值就是排序码中最小的。将选出的最小排序码从堆中删除，对剩余的部分重新建堆，可以继续选出其中的最小者，直到剩余 1 个元素排序即告结束。

删除完全二叉树中的根结点重新建堆，并不需要从头再来。有效的方法是将当前堆中的最后一个元素和根结点交换位置，同时让堆中元素个数减 1，因为此时根结点的左、右子树都还满足堆的条件，所以可以从根结点处利用筛选算法继续调整建堆。

堆排序算法的具体实现过程见算法 10.7。

```
/************************************************/
/*   函数功能:堆排序算法                        */
/*   函数参数:结构类型 table 的指针变量 tab      */
/*   函数返回值:空                              */
/*   文件名:heapsort.c,函数名:heapsort()        */
/************************************************/
void heapsort(table *tab)
{
  int i;
  for(i=tab->length/2;i>=1;i--) sift(tab,i,tab->length);  /*对所有元素建堆*/
  for(i=tab->length;i>=2;i--)              /*i 表示当前堆的大小，即等待排序的元素的个数*/
  {
    tab->r[0]=tab->r[i];
    tab->r[i]=tab->r[1];
    tab->r[1]=tab->r[0];                   /*上述 3 条语句为将堆中最小元素和最后一个元素交换*/
    sift(tab,1,i-1);
  }
}
```

算法 10.7　堆排序算法

需要说明的是，堆排序算法的结果，排序码是不增排列的。要使它们按不减排列并不难，请读者思考解决办法。

堆排序方法对记录数 n 较大的文件排序是很好的，但当 n 较小时，不提倡使用，因为初始建堆和调整建新堆时要进行反复的筛选。堆排序时间复杂度为 $O(n\log_2 n)$，读者可自行根据二叉树的特点分析出来。

堆排序只需存放一个记录的附加空间。

堆排序是一种不稳定的排序算法。

10.4　交　换　排　序

交换排序的基本思路：对待排序记录两两进行排序码比较，若不满足排序顺序，则交换这对记录，直到任何两个记录的排序码都满足排序要求为止。

本节介绍冒泡排序和快速排序。

10.4.1　冒泡排序

交换排序的一种简单形式是冒泡排序。具体的做法是：第 1 趟，对所有记录从左到右每相邻两个记录的排序码进行比较，如果这两个记录的排序码不符合排序要求，则进行交换，这样一趟做完，将排序码最大者放在最后一个位置（即该排序码对应的记录最终应该放的位置），第 2 趟对剩下的 $n-1$ 个待排序记录重复上述过程，又将一个排序码放于最终位置，反复进行 $n-1$ 次，可将 $n-1$ 个排序码对应的记录放至最终位置，剩下的即为排序码最小的记录，它在第 1 的位置处。如果在某一趟中，没有发生交换，则说明此时所有记录已经按排序要求排列完毕，排序结束。

冒泡排序算法的具体实现过程见算法 10.8。

```
/***************************************************/
/*  函数功能:冒泡排序算法                          */
/*  函数参数:结构类型 table 的指针变量 tab          */
/*  函数返回值:空                                  */
/*  文件名:bubbsort.c,函数名:bubblesort ()         */
/***************************************************/
void bubblesort(table *tab)
{
  int i,j,done;
  i=1;done=1;
  while(i<=tab->length&&done)   /*最多进行 tab->length 次冒泡,如没有发生交换则结束*/
  {
    done=0;
    for(j=1;j<=tab->length-i;j++)
      if(tab->r[j+1].key<tab->r[j].key)
      /*相邻两记录的排序码不符合排序要求,则进行交换*/
      {
        tab->r[0]=tab->r[j];  /*以第 0 个元素作为中间单元进行交换*/
        tab->r[j]=tab->r[j+1];
        tab->r[j+1]=tab->r[0];
        done=1;
      }
    i++;
  }
}
```

算法 10.8　冒泡排序算法

设待排序的 9 个记录的排序码序列为{312，126，272，226，8，165，123，12，28}，使用冒泡排序算法进行的排序过程如图 10.10 所示。

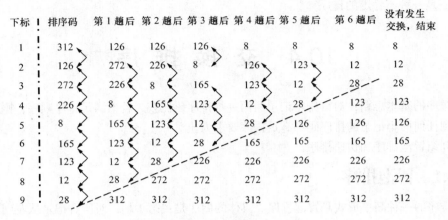

图 10.10　冒泡排序算法示意图

显然，当初始时各记录已有序，则进行一趟两两相邻比较，即 while 循环体只执行一次，算法结束，其中 for 循环中要比较 $n-1$ 次，移动次数为 0。而当初始各记录是按从大到小排序，该算法中 while 循环体要执行 $n-1$ 次，即要进行 $n-1$ 趟比较。第 i 趟比较中，for 循环体中比较 $n-i$ 次，总的比较次数为：

$$\sum_{i=1}^{n-1}(n-i)=(n-1)*n/2$$

交换次数为 $n*(n-1)*3/2$。所以，冒泡排序算法的时间复杂度为 $O(n^2)$，并且其需要的空间为存放 1 个记录的附加存储空间。

冒泡排序是一种稳定的排序算法。

10.4.2　快速排序

快速排序算法的基本思路是：从 n 个待排序的记录中任取一个记录（不妨取第 1 个记录），设法将该记录放置于排序后它最终应该放的位置，使它前面的记录排序码都不大于它的排序码，而后面的记录排序码都大于它的排序码，然后对前、后两部分待排序记录重复上述过程，可以将所有记录放于排序成功后的相应位置，排序即告完成。快速排序又称分区交换排序，其关键的问题是在一组记录中选定一个（第 1 个）记录（排序码假设为 x）后，怎么样将这组记录调换成满足上述要求的前、后两部分，他们的中间存放选定的记录，即：

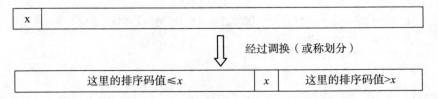

如果再开辟一个数组用于存放这组记录划分后的结果，实现过程是容易的。具体的做法是：将 x 和其他记录的排序码逐个比较，按一定的规则将这组记录放入新开辟的数组空间中，规则就是将排序码不大于 x 的记录从第 1 个位置由左向右顺序存放，而将排序码大于 x 的记录从最后一

个位置由右向左顺序存放，最后那个位置存放排序码 x 对应的记录。这个实现方法简单的原因在于，新开辟的数组原先没有存放数据，在划分的过程中，对任意一个记录，可以依据它的排序码和 x 比较的结果，将该记录简单地存放于新数组的前部或后部。事实上，如果在需要放置一个记录时，其相应的分区（前部或后部）有一个空的位置一样可以实现划分的操作。

受上面方法的启发，为了节省空间，可以不另开辟一个新的数组存储区，而是在原存放记录的数组内原地进行调换也能达到上述目的。先将第 1 个记录（设排序码为 x）暂存，这样就空出了第 1 个位置，该位置应该存放排序码不大于 x 的记录，从第 n 个记录开始向左找一个排序码不大于 x 的记录，将它放在第 1 个位置，这样，后面又空出一个位置，它应该放排序码大于 x 的记录，反过来，又从第 2 个记录开始向右找一个排序码大于 x 的记录，将它放在后面空出的位置，重复这种两边向中间逼近的过程，可以把所有排序码不大于 x 的记录放在前面，而所有排序码大于 x 的记录放在后面，最后当两边逼近于同一位置时，便将暂存的 x 放于该位置，即达到了划分的目的。对前、后两部分递归使用上述操作，排序便可完成。

设待排序的 7 个记录的排序码序列为 {126，272，8，165，123，12，28}，一次划分的过程如图 10.11 所示。

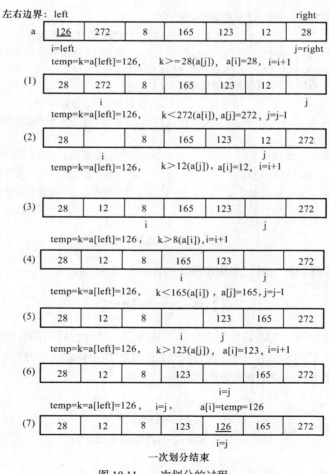

图 10.11　一次划分的过程

快速排序算法的具体实现过程见算法10.9。

```
/******************************************************/
/*  函数功能:快速排序算法                              */
/*  函数参数:结构类型 table 的指针变量 tab             */
/*          整型变量 left 和 right 为左右边界的下标     */
/*  函数返回值:空                                      */
/*  文件名:quicsort.c,函数名:quicksort ()             */
/******************************************************/
void quicksort(table *tab,int left,int right)
{
  int i,j;
  if(left<right)
  {
    i=left;j=right;
    tab->r[0]=tab->r[i];   /*准备以本次最左边的元素值为标准进行划分，先保存其值*/
    do
    {
      while(tab->r[j].key>tab->r[0].key&&i<j) j--;
       /*从右向左找第 1 个不小于标准值的位置 j*/
      if(i<j)                               /*找到了，位置为 j*/
      { tab->r[i].key=tab->r[j].key;i++;}   /*将第 j 个元素置于左端并重置 i*/
      while(tab->r[i].key<tab->r[0].key&&i<j) i++;
       /*从左向右找第 1 个不大于标准值的位置 i*/
      if(i<j)                               /*找到了，位置为 i*/
      { tab->r[j].key=tab->r[i].key;j--;}   /*将第 i 个元素置于右端并重置 j*/
    }while(i!=j);
    tab->r[i]=tab->r[0];                    /*将标准值放入它的最终位置,本次划分结束*/
    quicksort(tab,left,i-1);                /*对标准值左半部递归调用本函数*/
    quicksort(tab,i+1,right);               /*对标准值右半部递归调用本函数*/
  }
}
```

算法 10.9　快速排序算法

如果初始时记录就是有序的，那快速排序的比较次数为：

$$\sum_{i=1}^{n-1}(n-i)=(n-1)*n/2$$

特殊情况下，如果每一次的划分都将分区一分为二，且前、后两部分的大小相等时，则对于待排序记录个数为 n 的时候，排序所需的总比较次数为 $O(n*\log_2 n)$。设快速排序对于总个数为 n 的一个文件进行排序所需的总的比较次数为 $c(n)$，则有：

$$c(n)$$
$$\leqslant n+2*c(n/2)$$
$$\leqslant n+2*(n/2/2+2*c(n/2/2)$$
$$\dots$$
$$\leqslant n*n*\log_2 n+n*c(1)$$
$$=O(n*\log_2 n)$$

快速排序过程中记录的移动次数不会大于比较次数，且可证明平均比较次数为 $O(n*\log_2 n)$，所以快速排序时间复杂度为 $O(n*\log_2 n)$，其所需的空间除附加存储一个记录的空间外，还应考虑递归调用时所需要占用的空间。

快速排序是不稳定的排序算法，请读者给予说明。

10.5　归　并　排　序

归并排序的基本思路是：一个待排序记录构成的文件，可以看作是由多个有序子文件组成的，对有序子文件通过若干次使用归并的方法，得到一个有序文件。归并是指将两个（或多个）有序子表合并成一个有序表的过程。将两个有序子文件归并成一个有序文件的方法很简单，只要将两个有序子文件的当前记录的排序码进行比较，较小者放入目标——有序文件，重复这一过程直到两个有序子文件中的记录都放入同一个有序文件为止，算法的具体实现也较简单。本节介绍的归并排序是指每次对两个有序子文件进行归并，使有序子文件中的记录个数不断增加，反复进行归并，直到所有待排序记录都在一个有序文件中，排序即完成。这种排序方法称为二路归并排序算法。

对于一个由 n 个记录构成的待排序文件怎样进行归并排序呢？初始可以将有 n 个记录的待排序文件看作是由 n 个长度为 1（即由一个记录构成）的子文件组成。每两个相邻的有序子文件分为一组，共有 $\lceil n/2 \rceil$ 组，对每一组进行归并，这样可以得到长度为 2 的 $\lceil n/2 \rceil$ 个有序子文件。重复这一过程，即可得到长度为 n 的一个有序文件，排序完成。在归并过程中有序子文件的个数为奇数的情况下，可以将最后的一个有序子文件直接放入目标文件，或者认为是这个有序子文件与一个空的文件进行归并。

归并排序需要调用两个操作，一个称之为一次归并，另一个称之为一趟归并。一次归并是指将一个数组中两个相邻的有序数组段归并为一个有序数组段，其结果存储于另一个数组中的操作。一次归并操作示意如图 10.12 所示，具体实现过程见算法 10.10。

图 10.12　一次归并图示

```
/**********************************************************/
/*  函数功能:一次归并算法,将有序段 tabs[u..m]            */
/*          和 tabs[m+1..v]合并成有序段 tabg[u..v]       */
/*  函数参数:结构类型 table 的指针变量 tabs 和 tabg       */
/*          整型变量 u、m 和 v                           */
/*  函数返回值:空                                         */
/*  文件名:merge.c,函数名:merge()                        */
/**********************************************************/
void merge(table *tabs,table *tabg,int u,int m,int v)
{
  int i,j,k,t;
  i=u;                    /*i 从第 1 段的起始位置开始,一直到最终位置 m*/
  j=m+1;                  /*j 从第 2 段的起始位置开始,一直到最终位置 v*/
  k=u;                    /*k 表示的是目标 tabg 的起始位置*/
```

```
    while(i<=m&&j<=v)
    {               /*将两段有序元素中元素值较小的元素依次放入目标 tabg 中*/
      if(tabs->r[i].key<=tabs->r[j].key)
      {
        tabg->r[k]=tabs->r[i]; i++;
      }
      else
      {
        tabg->r[k]=tabs->r[j]; j++;
      }
      k++;
    }
    if(i<=m)          /*将第 1 段剩余元素放入目标 tabg 中*/
      for(t=i;t<=m;t++) tabg->r[k+t-i]=tabs->r[t];
    else              /*将第 2 段剩余元素放入目标 tabg 中*/
      for(t=j;t<=v;t++) tabg->r[k+t-j]=tabs->r[t];
}
```

算法 10.10　一次归并算法

在有 n 个元素的数组中，如果从第 1 个元素开始，每连续 len 个元素组成的数组段是有序的，当然，在 n 不是 len 的倍数时，最后一部分的元素也是有序的，那么可以从第 1 个数组段开始，每相邻的两个长度相等的有序数组段进行一次归并，一直到剩余元素个数小于 $2*len$ 时结束这种长度相等的两个有序数组段的归并，对剩余的元素，如果其个数大于 len，则可以对一个长度为 len，另一个长度小于 len 的两个有序数组实行一次归并；如果其个数小于或等于 len，则将这些元素直接拷贝到目标数组中，如图 10.13 所示，这个过程称为一趟归并。

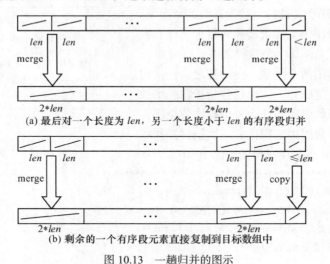

(a) 最后对一个长度为 len，另一个长度小于 len 的有序段归并

(b) 剩余的一个有序段元素直接复制到目标数组中

图 10.13　一趟归并的图示

一趟归并的结果是在目标数组中从第 1 个元素开始，每连续 $2*len$ 个元素组成的数组段是有序的，其后面剩余的元素也是有序的。一趟归并算法的具体实现过程见算法 10.11。

```
/********************************************************************/
/*   函数功能:一趟归并算法，将 tabs 中长度为 len 的连续有序段使用 merge()    */
/*            函数归并成长度为 2*len 的有序段存入 tabg 中                   */
/*   函数参数:结构类型 table 的指针变量 tabs 和 tabg                        */
/*            整型变量 len 为 tabs 中有序段的长度                           */
```

```
/*    函数返回值:空                                                              */
/*    文件名:mergpass.c,函数名:mergepass()                                       */
/**************************************************************************/
void mergepass(table *tabs,table *tabg,int len)
{
  int i,j,n;
  n=tabg->length=tabs->length;
  i=1;
  while(i<=n-2*len+1)   /*将以 i 为起点,长度为 len 的相邻两个有序段依次进行归并*/
  {
    merge(tabs,tabg,i,i+len-1,i+2*len-1);                    /*一次归并*/
    i=i+2*len;                                    /*置下一个一次归并的起始位置*/
  }
  if(i+len-1<n)
    /*对剩下的 1 个长为 len,另 1 个长度不足 len,终点为 n 的两个有序段归并*/
    merge(tabs,tabg,i,i+len-1,n);
  else       /*对剩下的 1 个长不超过 len,终点为 n 的有序段进行处理*/
    for(j=i;j<=n;j++)  tabg->r[j]=tabs->r[j];
}                    /*  本算法结束后 tabg 中的有序段的长度为 2*len  */
```

算法 10.11　一趟归并算法

如果待排序文件中从第 1 个元素开始,每连续 *len* 个元素组成的数组段是有序的,一趟归并算法的结果是在目标数组中从第 1 个元素开始,每连续 2*len 个元素组成的数组段是有序的,其后面剩余的元素也是有序的,即一趟归并算法的结果使有序数组段的长度翻倍。对任意一个待排序的文件,初始时它的有序段的长度为 1,通过不断调用一趟归并算法,使有序段的长度不断增加,直到有序段的长度不小于待排序文件的长度,排序即告完成。下面的归并排序算法给出了这个过程的具体描述,排序的最终结果还是放在初始存储位置,其具体实现过程见算法 10.12。

```
/**********************************************/
/*    函数功能:归并排序算法                  */
/*    函数参数:结构类型 table 的指针变量 tab   */
/*    函数返回值:空                          */
/*    文件名:mergsort.c,函数名:mergesort()    */
/**********************************************/
void mergesort(table *tab)
{
  int len;
  table temp;                        /*中间变量*/
  len=1;                             /*初始时有序段的长度为 1*/
  while(len<tab->length)             /*有序段的长度小于待排序元素的个数,继续归并*/
  {
    mergepass(tab,&temp,len);        /*一趟归并,结果在 temp 中*/
    len=2*len;                       /*有序段的长度翻倍*/
    mergepass(&temp,tab,len);        /*一趟归并,结果在 tab 中*/
    len=2*len;                       /*有序段的长度翻倍*/
  }
}
```

算法 10.12　归并排序算法

设待排序的 9 个记录的排序码序列为{312，126，272，226，8，165，123，12，28}，使用二路归并排序算法进行的排序过程如图 10.14 所示，图中方括号[]内为有序段。

| [312] | [126] | [272] | [226] | [8] | [165] | [123] | [12] | [28] |

| [126 | 312] | [226 | 272] | [8 | 165] | [12 | 123] | [28] |

| [126 | 226 | 272 | 312] | [8 | 12 | 123 | 165] | [28] |

| [8 | 12 | 123 | 165 | 226 | 272 | 312] | [28] |

| [8 | 12 | 28 | 123 | 126 | 165 | 226 | 272 | 312] |

图 10.14 二路归并排序过程示意图

对于二路归并排序而言，因为每一趟归并会使有序子段的长度增长 1 倍，即是原有序子段长度的 2 倍，所以从长度为 1 的子段开始，需经过 $\log_2 n$ 次一趟归并才能产生长度为 n 的有序段，而每一趟归并都需进行至多 $n-1$ 次比较，故其时间复杂度为 $O(n\log_2 n)$。

二路归并排序需要和待排序文件容量相同的辅助存储空间。

二路归并排序是一种稳定的排序算法。

10.6 基 数 排 序

基数排序（又称分配排序）是一种和前述各种方法都不相同的排序方法。前面介绍的排序方法是通过对排序码的比较以及记录的移动来实现排序的，而基数排序没有进行这两种操作，它不对排序码进行比较，是借助于多排序码排序的思想进行单排序码排序的方法。

10.6.1 多排序码的排序

对一个具体问题的了解，有助于理解多排序码排序的思想。一副游戏扑克牌中除大、小王之外的 52 张牌面的次序关系如下：

♣2<♣3<…<♣A<♦2<♦3<…<♦A<♥2<♥3<…<♥A<♠2<♠3<…<♠A

每一张牌有两个"排序码"：花色（梅花<方块<红心<黑桃）和面值（2<3<…<A），且花色的地位高于面值，即面值相等的两张牌，以花色大的为大。在比较两张牌的牌面大小时，先比较花色，若花色相同，再比较面值，通常采用下面的方法将扑克牌进行上述次序的排序：先将 52 张牌以花色分成 4 堆，再对每一堆同花色的牌按面值大小整理有序。实际上，还可以用下面的方法对扑克牌排序：首先将 52 扑克牌按面值分成 13 堆，将这 13 堆牌自小至大叠在一起，然后再重新据不同花色分成 4 堆，最后将这 4 堆牌按自小至大的次序合在一起即可。这就是一个具有两个排序码的排序过程，其中分成若干堆的过程称为分配，从若干堆中自小到大叠在一起的过程称为收集。扑克牌排序使用了 2 次分配和 2 次收集操作。

10.6.2 静态链式基数排序

将扑克牌排序的第二种方法推广，可以得到对多个排序码排序的算法。即若每个记录有 b 个排序码，则可采用与扑克牌排序相同的思想，从最低位排序码 k^b 开始进行排序，再对高一位的排序码 k^{b-1} 进行排序，重复这一过程，直到对最高位 k^1 进行排序后便得到一个有序序列。

对于经常碰到的整数序列，可以把整数的个位数看作是最低位排序码，十位数是次低位排序码，依次类推，若待排序整数序列中最大整数序列中最大整数的位数为 b，则整数序列的排序问题可用 b 个排序码的基数排序方法实现。在对某一位进行排序时，并不要进行比较，而是通过分配与收集来实现。

设一个整数按位存放在一个数组中，若最大整数为 b 位，则整数的个位数放入数组的第 b 个位置，十位数放于数组的第 $b-1$ 位置，整数的最高位放于数组的第 1 个位置。显然对于十进制数而言，每一位的取值范围为 0～9。

静态链式基数排序的思想是：先用静态链表存储待排序文件中的 n 个记录，即建立一个静态单链表，表中每一个结点对应于一个记录，并用表头指针指向该静态单链表的表头结点。第一趟对最低位排序码（个位数）进行分配，修改静态链表的指针域，将 n 个结点分配到序号分别为 0～9 的 10 个链式队列中，其中每个队列中结点对应记录的个位数相同，用 $f[i]$ 和 $e[i]$ 分别作为第 i 个队列的队首和队尾指针；第一趟收集过程将这个 10 个队列中非空的队列依次合并在一起产生一个新的静态单链表，对这个新的静态单链表按十位数进行分配和收集，然后再依次对百位数、千位数直到最高位数反复进行这样的分配和收集操作，排序即可结束。

设待排序的 9 个记录的排序码序列为 {312，126，272，226，8，165，123，12，28}，使用静态链式基数排序算法进行的排序过程如图 10.15 所示。

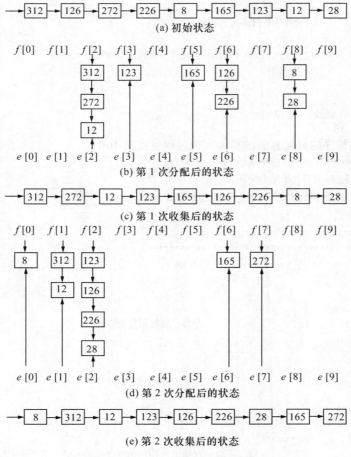

图 10.15　静态链式基数排序示意图

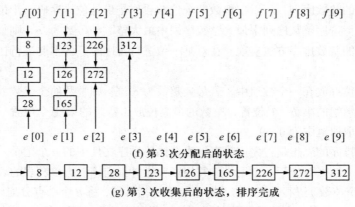

(f) 第 3 次分配后的状态

(g) 第 3 次收集后的状态，排序完成

图 10.15　静态链式基数排序示意图（续）

　　细心体会静态链式基数排序的思想和上述图示，可以给出它的实现。链式基数排序结构定义的头文件如下。

```
/**********************************/
/*   链式基数排序头文件            */
/*   文件名:radisort.h            */
/**********************************/
#define N 20        /*设待排序的记录个数为20*/
#define B 5         /*设排序码最多为5位数*/
typedef struct {
  int key[B+1];     /*key[i]为排序码从右向左（最低位）开始的第 i 位数*/
  int link;         /*指针域*/
}node;
typedef node list[N+1];
typedef int staticlist[10];
staticlist f,e;
```

静态链式基数排序的分配算法的具体实现过程见算法 10.13。

```
/****************************************************/
/*   函数功能:静态链式基数排序分配算法               */
/*   函数参数:结构类型 list 的指针变量 r,整型变量 I */
/*   函数返回值:空                                  */
/*   文件名:distribu.c,函数名:distribute()          */
/****************************************************/
void distribute(list *r,int i)          /*分配*/
 {
  int j,p;
  for(j=0;j<=9;j++)
    {f[j]=0;e[j]=0;}                    /*各子表初始化为空表*/
  p=r[0]->link;
  while(p!=0)
  {
    j=r[p]->key[i];                     /* j 为第 i 个排序码*/
    if(!(f[j]))
      f[j]=p;
    else
      r[e[j]]->link=p;
    e[j]=p;                             /*将 p 所指的结点分配插入第 j 个子表中*/
```

```
        p=r[p]->link;                    /*继续指向下一个结点进行*/
    }
 }
```

算法 10.13 静态链式基数排序分配算法

静态链式基数排序的收集算法的具体实现过程见算法 10.14。

```
/*************************************************/
/*   函数功能:静态链式基数排序收集算法            */
/*   函数参数:结构类型 list 的指针变量 r          */
/*   函数返回值:空                               */
/*   文件名:collect.c,函数名:collect()          */
/*************************************************/
```

```
void collect(list *r)                /*收集*/
{  /*本算法以 key[i]从小到大所指各非空子表（f[j]!=0）依次链接成*/
   /*一个链表，r[0]->link 指向该链表表头*/
   int j=0,t;
   while(!f[j]) j++;                 /*找第一个非空子表*/
   r[0]->link=f[j];                 /*p 指向第一个非空子表中第一个结点*/
   t=e[j];
   while(j<9)
   {
     j++;
     while(j<9&&!f[j]) j++;        /*找下一个非空子表*/
     if(f[j])
     {                            /*链接非空子表*/
        r[t]->link=f[j];
        t=e[j];
     }
   }
   r[t]->link=0;                    /*t 指向最后一个非空子表中的最后一个结点*/
                                    /*置所有非空子表合并后的链表最后一个结点指针域为 0*/
}
```

算法 10.14 静态链式基数排序收集算法

调用静态链式基数排序的分配和收集算法，可以得到静态链式基数排序算法，其具体实现过程见算法 10.15。

```
/*****************************************************/
/*   函数功能:静态链式基数排序算法                    */
/*   函数参数:结构类型 list 的指针变量 r              */
/*   函数返回值:空                                   */
/*   文件名:radisort.c,函数名:radixsort ()           */
/*****************************************************/
void radixsort(list *r)
{  /*采用静态链表表示的顺序表。对 r 作基数排序，使得 r 成为按关键字*/
   /*自小到大的有序静态链表，r[0]为头结点*/
   int i;
   for(i=0;i<N;i++) r[i]->link=i+1;
   r[N]->link=0;         /*建立初始静态链表*/
   for(i=B;i>=1;i--)
```

```
    {  /*按最低位优先依次对各关键字进行分配和收集*/
        distribute(r,i); /*第 i 趟分配*/
        collect(r);        /*第 i 趟收集*/
    }
}
```

算法 10.15　静态链式基数排序算法

从上面链式基数排序算法中可以看出，算法 10.13 中的分配过程和记录的个数有关，其时间复杂度为 $O(n)$，算法 10.14 中的收集过程和各位排序码的取值范围中值的个数 rd（十进制为 10）有关，其时间复杂度为 $O(rd)$，静态链式基数排序要进行 b 趟收集和 b 趟分配，故基数排序的时间复杂度为 $O(b(n+rd))$。

静态链式基数排序除了需 $2rd$（这里是 $2*10$）个队列指针的存储空间外，还增加了 n 个 link 指针域的存储空间。

静态链式基数排序是一种稳定的排序方法。

习　　题

10.1　选择题。

（1）下列序列中，（　　）是执行第一趟快速排序后得到的序列。

　　A. [da,ax,eb,de,bb]ff[ha,gc]　　　　　　B. [cd,eb,ax,da]ff[ha,gc,bb]

　　C. [gc,ax,eb,cd,bb]ff[da,ha]　　　　　　C. [ax,bb,cd,da]ff[eb,gc,ha]

（2）下列说法错误的是（　　）。

　　A. 冒泡排序在数据有序的情况下具有最少的比较次数。

　　B. 直接插入排序在数据有序的情况下具有最少的比较次数。

　　C. 二路归并排序需要借助 $O(n)$ 的存储空间。

　　D. 基数排序适合于实型数据的排序。

（3）下面的序列中初始序列构成最小堆（小根堆）的是（　　）。

　　A. 10、60、20、50、30、26、35、40

　　B. 70、40、36、30、20、16、28、10

　　C. 20、60、50、40、30、10、8、72

　　D. 10、30、20、50、40、26、35、60

（4）在下列算法中，（　　）算法可能出现下列情况：在最后一趟开始之前，所有的元素都不在其最终的位置上。

　　A. 堆排序　　　　　B. 插入排序　　　　C. 冒泡排序　　　　D. 快速排序

（5）若需在 $O(n\log n)$ 的时间内完成对数组的排序，且要求排序算法是稳定的，则可选择的排序方法是（　　）。

　　A. 归并排序　　　　B. 堆排序　　　　　C. 快速排序　　　　D. 直接插入排序

（6）以下排序方法中，不稳定的排序方法是（　　）。

　　A. 直接选择排序　　　　　　　　　　B. 二分法插入排序

　　C. 归并排序　　　　　　　　　　　　D. 基数排序

（7）一个序列中有 10 000 个元素，若只想得到其中前 10 个最小元素，最好采用（ ）方法。

    A. 快速排序   B. 堆排序   C. 插入排序   D. 二路归并排序

（8）若要求尽可能快地对实数数组进行稳定的排序，则应选（ ）。

    A. 快速排序   B. 堆排序   C. 归并排序   D. 基数排序

（9）排序的趟数与待排序元素的原始状态有关的排序方法是（ ）。

    A. 冒泡排序   B. 快速排序   C. 插入排序   D. 选择排序

（10）直接插入排序在最好情况下的时间复杂度为（ ）。

    A. $O(n)$ B. $O(\log n)$ C. $O(n\log n)$ D. $O(n^2)$

10.2　给出初始待排序码{27，46，5，18，16，51，32，26}，使用下面各种排序算法的状态变化示意图：

（1）直接插入排序。

（2）表插入排序。

（3）二分法插入排序。

（4）直接选择排序。

（5）冒泡排序。

（6）快速排序。

（7）二路归并排序。

（8）基数排序。

10.3　在冒泡排序过程中，有的排序码在某一次起泡中可能朝着与最终排序相反的方向移动，试举例说明。在快速排序过程中是否也会出现这种现象？

10.4　修改冒泡排序算法，使第一趟把排序序码最大的记录放到最末尾，第二趟把排序码最小的记录在最前面，如此反复进行，达到排序的目的。

10.5　对习题 10.2 中给出的初始数列，给出堆排序中建堆过程示意图。

10.6　[计数排序] 一个记录在已排序的文件中的位置，可由此文件中比该记录排序码小的记录的个数而定，由此得到一个简单的排序方法，对于每一个记录，增加一个 count 字段确定在已排序的文件中位于该记录之前的记录的个数，写一个算法，确定一个无序文件中的每个记录的 count 的值，并证明若文件有 n 个记录，则至多进行 $n(n-1)/2$ 次排序码比较，即可确定所有记录的 count 值。

10.7　设计一个算法，重新排列一组整数位置，使所有负值的整数位于正值的整数之前（不要对这一组整数进行排序，要求尽量减少算法中的交换次数）。

10.8　对本章中的各种排序算法，说明哪些是稳定的？哪些是不稳定的？对不稳定的排序算法举例说明。

10.9　总结本章中各种排序算法的特点，分析比较各算法的时间、空间复杂度及附加存储空间情况。

10.10　一油田欲建设一条连接油田内 n 口油井的主输油管道，管道由东向西，从每一口油井都有一条支输油管道和主输油管道相连。如果知道每口油井的具体位置，应该如何确定主输油管道的建设位置，使得所有支输油管道的长度之和最小。

10.11　某大学一、二、三年级的学生报名参加一知识竞赛，报名信息包括年级和姓名，已知这 3 个年级都有学生报名，报名信息中的年级用 1、2、3 表示，设计一个算法对所有报名参赛学生按年级排序，要求排序算法的时间复杂度是线性的。

实验 1　线性表的顺序实现

一、实验目的

1. 掌握顺序表的存储结构形式及其描述方法和基本运算的实现。

2. 掌握用顺序表表示集合等数据的方法，并能设计出合理的存储结构，编写出有关运算的算法。

二、实验内容

已知顺序表结构与相关函数定义如下（详见 sequlist.h 文件），基于该文件完成实验题 1~实验题 5。

```
#include <stdlio.h>
#include <stdlib.h>
#define MAXSIZE 100
typedef int datatype;
 typedef struct{
   datatype a[MAXSIZE];
   int size;
 }sequence_list;
/*****************************/
/*函数名称: initseqlist()      */
/*函数功能: 初始化顺序表         */
/*****************************/
void initseqlist(sequence_list *L)
{   L->size=0;
}
/*****************************/
/*函数名称: input()            */
/*函数功能: 输入顺序表           */
/*****************************/
void input(sequence_list *L)
{ datatype x;
   initseqlist(L);
```

```
        printf("请输入一组数据，以 0 做为结束符：\n");
        scanf("%d",&x);
        while (x)
            {       L->a[L->size++]=x;
                    scanf("%d",&x);
            }
}
/********************************/
/*函数名称：inputfromfile()    */
/*函数功能：从文件输入顺序表      */
/********************************/
void inputfromfile(sequence_list *L,char *f)
{  int i,x;
   FILE *fp=fopen(f,"r");
   L->size=0;
   if (fp)
   {   while ( ! feof(fp))
       {
            fscanf(fp,"%d",&L->a[L->size++]);
       }
       fclose(fp);
   }
}
/********************************/
/*函数名称：print()            */
/*函数功能：输出顺序表           */
/********************************/
void print(sequence_list *L)
{   int i;
    for (i=0;i<L->size;i++)
       {   printf("%5d",L->a[i]);
           if ((i+1)%10==0) printf("\n");
       }
    printf("\n");
}
```

1. 基于 sequlist.h 中定义的顺序表，编写算法函数 reverse(sequence_list *L)，实现顺序表的倒置。（实验代码详见 lab1_01.c）

```
#include "sequlist.h"
/*请将本函数补充完整，并进行测试*/
void reverse(sequence_list *L)
{

}
int main()
{   sequence_list L;            /*定义顺序表*/
    input(&L);                  /*输入测试用例*/
    print(&L);                  /*输出原表*/
    reverse(&L);                /*顺序表倒置*/
    print(&L);                  /*输出新表*/
}
```

2. 编写一个算法函数 void sprit(sequence_list *L1,sequence_list *L2,sequence_list *L3)，将顺序表 L1 中的数据进行分类，奇数存放到存到顺序表 L2 中，偶数存到顺序表 L3 中，编写 main()函数进行测试。（实验代码详见 lab1_02.c）

```
#include "sequlist.h"
/*请将本函数补充完整，并进行测试*/
void sprit(sequence_list *L1,sequence_list *L2,sequence_list *L3)
{

}
int main()
{   sequence_list L1,L2,L3;          /*定义三个顺序表*/
    input(&L1);                      /*输入 L1*/
    sprit(&L1,&L2,&L3);              /*对 L1 进行分类*/
    print(&L1);                      /*输出 L1、L2 和 L3*/
    print(&L2);
    print(&L3);
}
```

3. 已知顺序表 L1 和 L2 中数据均由小到大排序，请用尽可能快的方法将 L1 与 L2 中的数据合并到 L3 中，使数据在 L3 中按升序排列。（实验代码详见 lab1_03.c）

```
#include "sequlist.h"
/*请将本函数补充完整，并进行测试*/
void merge(sequence_list *L1,sequence_list *L2,sequence_list *L3)
{

}
int main()
{
    sequence_list L1,L2,L3;
    input(&L1);                      /*输入时请输入有序数据*/
    input(&L2);                      /*输入时请输入有序数据*/
    merge(&L1,&L2,&L3);              /*合并数据到 L3*/
    print(&L3);                      /*输出 L3*/
}
```

4. 假设顺序表 la 与 lb 分别存放两个整数集合，函数 inter(sequence_list *la,sequence_list *lb,sequence_list *lc)的功能是将顺序表 la 与 lb 的交集存放到顺序表 lc 中，请将函数补充完整。（实验代码详见 lab1_04.c）

```
#include "sequlist.h"
/*请将本函数补充完整，并进行测试*/
void inter(sequence_list *la,sequence_list *lb,sequence_list *lc)
{

}
int main()
{
    sequence_list la,lb,lc;
    inputfromfile(&la,"1.txt");          /*从文件 1.txt 建立顺序表*/
    inputfromfile(&lb,"2.txt");          /*从文件 2.txt 建立顺序表*/
    print(&la);                          /*输出 la*/
```

```
    print(&lb);                           /*输出 lb*/
    inter(&la,&lb,&lc);                   /*求 la 与 lb 的交集存于 lc 中*/
    print(&lc);                           /*输出 lc*/
    return 0;
}
```

5. 请编写一个算法函数 partion(sequence_list *L)，尽可能快地将顺序表*L 中的所有奇数调整到表的左边，所有偶数调整到表的右边，并分析算法的时间复杂度。（实验代码详见 lab1_05.c）

```
#include "sequence_list.h"
/*请将本函数补充完整，并进行测试*/
void partion(sequence_list *L)
{

}
int main()
{   sequence_list L;
    inputfromfile(&L,"3.txt");
    print(&L);                            /*输出表 L*/
    partion(&L);
    print(&L);                            /*输出新表*/
    return 0;
}
```

实验 2　不带头结点的单链表

一、实验目的

1. 熟练掌握动态链表结构及有关算法的设计方法。
2. 理解不带头结点的单链表的特点，掌握其基本操作。
3. 熟练掌握运用不带头结点链表表示特定形式的数据的方法，并设计出有关算法。

二、实验内容

已知不带头结点的链表结构定义及头插法建表、尾插法建表和打印链表等函数定义如下（详见 slnklist.h 文件），基于该文件完成实验题 1~实验题 4。

```
#include <stdlib.h>
#include <stdio.h>
typedef int datatype;
typedef struct link_node{
    datatype info;
    struct link_node *next;
 }node;
typedef node *linklist;
/********************************/
/*函数名称: creatbystack()      */
/*函数功能: 头插法建立单链表      */
/********************************/
linklist creatbystack()
```

```
{   linklist  head,s;
    datatype x;
    head=NULL;
    printf("请输入若干整数序列:\n");
    scanf("%d",&x);
    while (x!=0)                 /*以 0 结束输入*/
    {   s=(linklist)malloc(sizeof(node));   /*生成待插入结点*/
        s->info=x;
        s->next=head;           /*将新结点插入到链表最前面*/
        head=s;
        scanf("%d",&x);
    }
    return head;                 /*返回建立的单链表*/
}
/********************************/
/*函数名称: creatbyqueue()        */
/*函数功能: 尾插法建立单链表        */
/********************************/
linklist creatbyqueue()
{   linklist head,r,s;
    datatype x;
    head=r=NULL;
    printf("请输入若干整数序列:\n");
    scanf("%d",&x);
    while (x!=0)                     /*以 0 结束输入*/
    {    s=(linklist)malloc(sizeof(node));
         s->info=x;
         if (head==NULL)             /*将新结点插入到链表最后面*/
            head=s;
         else
            r->next=s;
        r=s;
        scanf("%d",&x);
    }
    if (r)  r->next=NULL;
    return head;                  /*返回建立的单链表*/
}
/********************************/
/*函数名称: print()               */
/*函数功能: 输出不带头结点的单链表   */
/********************************/
void print(linklist head)
{   linklist p;
     int i=0;
    p=head;
    printf("List is:\n");
    while(p)
    {   printf("%5d",p->info);
        p=p->next;
        i++;
        if (i%10==0) printf("\n");
    }
```

```
        printf("\n");
    }
/**********************************/
/*函数名称：delList()              */
/*函数功能：释放不带头结点的单链表    */
/**********************************/
void delList(linklist head)
{ linklist p=head;
   while (p)
   {    head=p->next;
        free(p);
        p=head;
   }
}
```

1. 编写函数 linklist delx(linklist head, datatype x)，删除不带头结点单链表 head 中的第一个值为 x 的结点，并构造测试用例进行测试。(实验代码详见 lab2_01.c)

```
#include "slnklist.h"
/*请将本函数补充完整，并进行测试*/
linklist delx(linklist head,datatype x)
{

}
int main()
{   datatype x;
    linklist head;
    head=creatbyqueue();          /*尾插入法建立单链表*/
    print(head);
    printf("请输入要删除的值：");
    scanf("%d",&x);
    head=delx(head,x);            /*删除单链表的第一个值为 x 的结点*/
    print(head);
    delList(head);                       /*释放单链表空间*/
 return 0;
}
```

2. 假设线性表（$a_1,a_2,a_3,\ldots,a_n$）采用不带头结点的单链表存储，请设计算法函数 linklist reverse1(linklist　head)和 void reverse2(linklist *head)将不带头结点的单链表 head 倒置，使表变成（$a_n,a_{n-1},\ldots,a_3,a_2,a_1$）。并构造测试用例进行测试。(实验代码详见 lab2_02.c)

```
#include "slnklist.h"
/*请将本函数补充完整，并进行测试*/
linklist reverse1(linklist head)
{

}
void reverse2(linklist *head)
{

}

int main()
{   datatype x;
    linklist head;
```

```
                head=creatbystack();                  /*头插入法建立单链表*/
                print(head);                          /*输出原链表*/
                head= reverse1(head);                 /*倒置单链表*/
                print(head);                          /*输出倒置后的链表*/
                reverse2(&head);                      /*倒置单链表*/
                print(head);
                delList(head);
        return 0;
        }
```

3. 假设不带头结点的单链表 head 是升序排列的，设计算法函数 linklist insert(linklist head,datatype x)，将值为 x 的结点插入到链表 head 中，并保持链表有序性。分别构造插入到表头、表中和表尾 3 种情况的测试用例进行测试。（实验代码详见 lab2_03.c）

```
        #include "slnklist.h"
        /*请将本函数补充完整，并进行测试*/
        linklist insert(linklist head ,datatype x)
        {

        }
        int main()
        {   datatype x;
            linklist head;
            printf("输入一组升序排列的整数：\n");
            head=creatbyqueue();                       /*尾插入法建立单链表*/
            print(head);
            printf("请输入要插入的值：");
            scanf("%d",&x);
            head=insert(head,x);                       /*将输入的值插入到单链表适当位置*/
            print(head);
            delList(head);
            return 0;
        }
```

4. 编写算法函数 linklist delallx(linklist head, int x)，删除不带头结点单链表 head 中所有值为 x 的结点。（实验代码详见 lab2_04.c）

```
        #include "slnklist.h"
        /*请将本函数补充完整，并进行测试*/
        linklist delallx(linklist head,int x)
        {

        }
        int main()
        {   datatype x;
            linklist head;
            head=creatbyqueue();                       /*尾插入法建立单链表*/
            print(head);
            printf("请输入要删除的值：");
            scanf("%d",&x);
            head=delallx(head,x);
            print(head);
            delList(head);
            return 0;
        }
```

实验 3 带头结点的单链表

一、实验目的

1. 理解带头结点的单链表的特点，掌握采用这种结构的算法设计。
2. 熟练掌握运用带头结点链表表示特定形式的数据的方法，并设计出有关算法。

二、实验内容

已知带头结点的单链表的存储结构定义同实验 2，修改 slnklist.h 头文件中头插法、尾插法建表函数及链表输出函数，使其能正确应用于带头结点的单链表，在此基础上，完成实验题 1~实验题 9。

1. 编写函数 void delx(linklist head, datatype x)，删除带头结点单链表 head 中第一个值为 x 的结点。并构造测试用例进行测试。（实验代码详见 lab3_01.c）

2. 假设线性表（$a_1,a_2,a_3,\ldots,a_n$）采用带头结点的单链表存储，请设计算法函数 void reverse(linklist head)，将带头结点的单链表 head 倒置，使表变成（$a_n,a_{n-1},\ldots,a_3,a_2,a_1$）。并构造测试用例进行测试。（实验代码详见 lab3_02.c）

3. 假设带头结点的单链表 head 是升序排列的，设计算法函数 void insert(linklist head,datatype x)，将值为 x 的结点插入到链表 head 中，并保持链表有序性。分别构造插入到表头、表中和表尾 3 种情况的测试用例进行测试。（实验代码详见 lab3_03.c）

4. 编写算法函数 void linklist delallx(linklist head, int x)，删除带头结点的单链表 head 中所有值为 x 的结点。（实验代码详见 lab3_04.c）

5. 已知线性表存储在带头结点的单链表 head 中，请设计算法函数 void sort(linklist head)，将 head 中的结点按结点值升序排列。（实验代码详见 lab3_05.c）

```
#include "slnklist.h"
/*请将本函数补充完整，并进行测试*/
void  sort(linklist head)
{

}
int main()
{   linklist head;
    head=creatbyqueue();            /*尾插法建立带头结点的单链表*/
    print(head);                    /*输出单链表 head*/
    sort(head);                     /*排序*/
    print(head);
    delList(head);
    return 0;
}
```

6. 已知两个带头结点的单链表 L1 和 L2 中的结点值均已按升序排序，设计算法函数 linklist mergeAscend (linklist L1,linklist L2)将 L1 和 L2 合并成一个升序的带头结点的单链表作为函数的返回结果；设计算法函数 linklist mergeDescend (linklist L1,linklist L2) 将 L1 和 L2 合并成一个降序的带头结点的单链表作为函数的返回结果；并设计 main()函数进行测试。（要求利用原链表中的结点，不需复制新结点）（实验代码详见 lab3_06.c）

```
#include "slnklist.h"
/*请将本函数补充完整，并进行测试*/
linklist mergeAscend(linklist L1,linklist L2)
{

}
linklist mergeDescend(linklist L1,linklist L2)
{

}
int main()
{   linklist h1,h2,h3;
    h1=creatbyqueue();          /*尾插法建立单链表,请输入升序序列*/
    h2=creatbyqueue();
    print(h1);
    print(h2);
    h3=mergeAscend(h1,h2);      /*升序合并到h3*/
                                /*降序合并请调用 h3=mergeDescend(h1,h2); */
    print(h3);
    delList(h3);
    return 0;
}
```

7. 设计一个算法 linklist interSection(linklist L1,linklist L2)，求两个单链表表示的集合 L1 和 L2 的交集，并将结果用一个新的带头结点的单链表保存并返回表头地址。（实验代码详见 lab3_07.c）

```
#include "slnklist.h"
/*请将本函数补充完整，并进行测试*/
linklist   interSection(linklist L1, linklist L2)
{

}
int main()
{
    linklist h1,h2,h3;
    h1=creatbyqueue();          /*尾插法建立单链表,输入时请勿输入重复数据*/
    h2=creatbyqueue();
    print(h1);                  /*输出单链表h1*/
    print(h2);
    h3=interSection(h1,h2);     /*求 h1 和 h2 的交集*/
    print(h3);
    delList(h1);
    delList(h2);
    delList(h3);
    return 0;
}
```

8. 请编写一个算法函数 void partion(linklist head)，将带头结点的单链表 head 中的所有值为奇数的结点调整到链表的前面，所有值为偶数的结点调整到链表的后面。（实验代码详见 lab3_08.c）

```
#include "slnklist.h"
/*请将本函数补充完整，并进行测试*/
void partion(linklist head)
{

}
int main()
{   linklist head;
    head=creatbyqueue();              /*尾插法建立带头结点的单链表*/
    print(head);                      /*输出单链表 head*/
    partion(head);
    print(head);
    delList(head);
    return 0;
}
```

9. 编写一个程序，用尽可能快的方法返回带头结点单链表中倒数第 k 个结点的地址，如果不存在，则返回 NULL。（实验代码详见 lab3_09.c）

```
#include "slnklist.h"
/*请将本函数补充完整，并进行测试*/
linklist    search(linklist head,int k)
{

}
int main()
{   int k;
    linklist head,p;
    head=creatbyqueue();              /*尾插法建立带头结点的单链表*/
    print(head);                      /*输出单链表 head*/
    printf("k=");
    scanf("%d",&k);
    p=search(head,k);
    if (p) printf("%d\n",p->info);
    else
        printf("Not Found!\n");
    delList(head);
    return 0;
}
```

实验 4　栈与字符串

一、实验目的

1. 掌握栈的结构及基本运算的实现方法。
2. 掌握用栈实现表达式计算的基本技术。
3. 掌握应用栈进行问题求解的基本方法。
4. 理解掌握串的有关概念和运算实现。
5. 掌握快速模式匹配等串的典型算法。

二、实验内容

1. 已知顺序栈存储结构及基本操作已定义（详见 seqstack.h 文件），利用顺序栈结构，编写算法函数 void Dto16(unsigned int m)实现十进制无符号整数 m 到十六进制数的转换。（实验代码详见 lab4_01.c）

```
#include "seqstack.h"
/*请将本函数补充完整，并进行测试*/
void Dto16(int m)
{   seqstack s;                /*定义顺序栈*/
    init(&s);
    printf("十进制数%d对应的十六进制数是：",m);
    while (m)
    {

    }
    while (!empty(&s))
            putchar(        );
    printf("\n");
}
int main()
{   int m;
    printf("请输入待转换的十进制数：\n");
    scanf("%d",&m);
    Dto16(m);
    return 0;
}
```

2. 基于下面的链式栈存储结构，重新实现栈的基本操作，并基于链式栈，改写上题的进位制转换程序。（实验代码详见 lab4_02.c）

```
#include <stdio.h>
#include <stdlib.h>
#define MAXSIZE 100
typedef int datatype;
typedef struct node
{   datatype data;
    struct node *next;
}linknode;
typedef linknode * linkstack;
```

3. 利用字符顺序栈，设计并实现算术表达式求值的程序，请将相关函数补充完整。（实验代码详见 lab4_03.c）

4. 已知字符串采用带结点的链式存储结构（详见 linksrting.h 文件），请编写函数 linkstring substring(linkstring s,int i,int len)函数，在字符串 s 中从第 i 个位置起取长度为 len 的子串，函数返回子串链表。（实验代码详见 lab4_04.c）

```
#include "linkstring.h"
/*请将本函数补充完整，并进行测试*/
linkstring substring(linkstring  s, int i, int len)
{

}
int main()
```

```
{   linkstring str1,str2;
    str1=creat();                   /*建字符串链表*/
    print(str1);
    str2=substring(str1,3,5);       /*测试，从第 3 个位置开始取长度为 5 的子串，请自行构造不同
测试用例*/
    print(str2);                    /*输出子串*/
    delList(str1);
    delList(str2);
    return 0;
}
```

5. 字符串采用带头结点的链表存储，设计算法函数 void delstring(linkstring s, int i,int len)在字符串 s 中删除从第 i 个位置开始，长度为 len 的子串。（实验代码详见 lab4_05.c）

```
#include "linkstring.h"
/*请将本函数补充完整，并进行测试*/
void delstring(linkstring  s, int i, int len)
{

}
int main()
{   linkstring str;
    str=creat();            /*建字符串链表*/
    print(str);
    delstring(str,2,3);     /*测试，从第 2 个位置删除长度为 3 的子串,请自行构造不同的测试用例*/
    print(str);             /*输出*/
    delList(str);
    return 0;
}
```

6. 字符串采用带头结点的链表存储，编写函数 linkstring index(linkstring s, linkstring t)，查找子串 t 在主串 s 中第一次出现的位置，若匹配不成功，则返回 NULL。（实验代码详见 lab4_06.c）

```
#include "linkstring.h"
/*请将本函数补充完整，并进行测试*/
linkstring index(linkstring  s, linkstring t)
{

}
int main()
{   linkstring s,t,p=NULL;
    s=creat();              /*建立主串链表*/
    t=creat();              /*建立子串链表*/
    print(s);
    print(t);
    p=index(s,t);
    if(p)
        printf("匹配成功，首次匹配成功的位置结点值为%c\n",p->data);
    else
        printf("匹配不成功! \n");
    delList(s);
    delList(t);
    return 0;
}
```

7. 利用朴素模式匹配算法，查找模式 t 在主串 s 中所有出现的位置，并将这些位置存储在带头结点的单链表中。（实验代码详见 lab4_07.c）

```c
#include <stdio.h>
#include <string.h>
#include <stdlib.h>
typedef struct node
{       int data;
        struct node *next;
}linknode;
typedef linknode *linklist;
/*朴素模式匹配算法,返回 t 在 s 中第一次出现的位置，没找到则返回-1，请将程序补充完整*/
int index(char *s,char *t)
{


}
/*利用朴素模式匹配算法，将模式 t 在 s 中所有出现的位置存储在带头结点的单链表中,请将函数补充完整*/
linklist indexall(char *s,char *t)
{


}
/*输出带头结点的单链表*/
void print(linklist head)
{ linklist p;
  p=head->next;
  while(p)
  {     printf("%5d",p->data);
        p=p->next;
  }
  printf("\n");
}
int main()
{ char s[80],t[80];
  linklist head;
  printf("请输入主串:\n");
  gets(s);
  printf("请输入模式串:\n");
  gets(t);
  int k=index(s,t);
  printf("k=%d",k);
  head=indexall(s,t);
  printf("\n[ %s ]在[ %s ]中的位置有: \n",t,s);
  print(head);
  return 0;
}
```

8. 编写快速模式匹配 KMP 算法，请将相关函数补充完整。（实验代码详见 lab4_08.c）

```c
#define maxsize 100
typedef struct{
    char str[maxsize];
    int length ;
} seqstring;
/*求模式 p 的 next[]值，请将函数补充完整*/
void getnext(seqstring p,int next[])
```

```
{

}
/*快速模式匹配算法，请将函数补充完整*/
int kmp(seqstring t,seqstring p,int next[])
{

}
int  main()
 {    seqstring t, p;
    int next[maxsize],pos;
    printf("请输入主串: \n");
    gets(t.str);
    t.length=strlen(t.str);
    printf("请输入模式串: \n");
    gets(p.str);
    p.length=strlen(p.str);
    getnext(p,next);
    pos=kmp(t,p,next);
    printf("\n");
    printf("%d",pos);
    return 0;
}
```

实验 5　递　　归

一、实验目的

1. 理解递归程序的执行过程。
2. 掌握应用递归进行问题求解的基本方法。
3. 应用递归技术对线性表问题进行问题求解。

二、实验内容

已知 ArrayIo.h 内容如下所示，基于 ArrayIo.h 完成实验题 1～实验题 4 的程序。

```
#include <stdio.h>
#include <stdlib.h>
#include <time.h>
/*对长度为 n 的整型数组作输入*/
/*******************************/
/*函数名称: input()                 */
/*函数功能: 数组输入                */
/*******************************/
void input( int a[],int n)
{    int i;
    printf("请输入 %d 个整数: \n",n);
    for (i=0;i<n;i++)
        scanf("%d",&a[i]);
}
```

```
/********************************/
/*函数名称: print()             */
/*函数功能: 数组输出            */
/********************************/
void print(int a[ ],int n)
{  int i;
   printf("\n数组的内容是: \n");
   for (i=0;i<n;i++)
     { if (i%10==0) printf("\n");
       printf("%6d",a[i]);
     }
   printf("\n");
}
/********************************/
/*函数名称: init()              */
/*函数功能: 用随机数初始化数组  */
/********************************/
void init(int a[],int n)
{   int i;
    srand(time(NULL));
    for (i=0;i<n;i++)
        a[i]=rand()%1000;
}
```

1. 编写递归算法 int max(int a[],int left, int right)，求数组 a[left..right]中的最大数。（实验代码详见 lab5_01.c）

```
#include "ArrayIo.h"
/*请将本函数补充完整，并进行测试*/
int max(int a[],int left,int right)
{

}
int main()
{  int a[10];
   input(a,10);
   print(a,10);
   printf("数组的最大数是:%d\n",max(a,0,9));
   return 0;
}
```

2. 请编写一个递归算法函数 void partion(int a[], int left, int right)，将数组 a[left..right]中的所有奇数调整到数组的左边，所有偶数调整到数组的右边。（实验代码详见 lab5_02.c）

```
#include "ArrayIo.h"
#define N 10
/*请将本函数补充完整，并进行测试*/
void partion(int a[], int left,int right)
{

}
int main()
{  int a[N];
   init(a,N);                    /*随机产生N个数*/
   print(a,N);
```

```
        partion(a,0,N-1);
        print(a,N);
        return 0;
    }
```

3. 请编写递归函数 void bubbleSort(int a[],int n)，对长度为 *n* 的数组采用冒泡法进行升序排序；并编写递归函数 int binSearch(int a[], int left, int right,int key)，采用二分查找法在数组 a[left..right] 中查找值为 key 的元素所在的位置，若查找失败函数返回-1。（实验代码详见 lab5_03.c）

```c
#include "ArrayIo.h"
#define N 10
/*请将本函数补充完整，并进行测试*/
void bubbleSort(int a[],int n)
{

}
int binSearch(int a[], int left,int right,int key)
{

}
int main()
{   int x,pos,a[N];
    init(a,N);
    bubbleSort(a,N);
    print(a,N);
    printf("请输入要查找的数：\n");
    scanf("%d",&x);
    pos=binSearch(a,0,N-1,x);
    if (pos!=-1) printf("a[%d]=%d\n",pos,x);
    else printf("Not found!\n");
    return 0;
}
```

4. 已知带头结点的单链表结构定义同实验 3，假设链表中所有结点值均不相同，请编写一个递归函数 linklist max(linklist head)，返回表中最大数所在的结点地址，若链表为空，返回 NULL。（实验代码详见 lab5_04.c）

```c
#include "slnklist.h"
/*请将本函数补充完整，并进行测试*/
linklist max(linklist head)
{

}
int main()
{   linklist head,p;
    head=creatbyqueue();
    print(head);
    p=max(head);
    if (p)
        printf("max=%d\n",p->info);
    else
        printf("链表为空\n");
    return 0;
}
```

实验 6　树

一、实验目的

1. 理解树的结构特征及各种存储方法。
2. 掌握前序序列递归建树算法。
3. 掌握树的前序、后序及层次遍历算法，设计并实现树结构相关问题算法，如求高度、叶子结点数等。

二、实验内容

已知树的指针方式的孩子表示存储结构及前序递归建树算法定义如下（详见 tree.h 文件），完成实验题 1～实验题 5。

```
#include <stdio.h>
#include <stdlib.h>
#include <malloc.h>
#include <string.h>
#define m 3                    /*树的最大度*/
#define MAXLEN 100
typedef char datatype;
typedef struct node {
    datatype data;
    struct node *child[m];
} node;
typedef  node *tree;
/**************************************************/
/*  函数功能:根据树的前序遍历结果建立一棵3度树      */
/*  函数返回值:树根地址                           */
/*  文件名:tree.h,函数名:createtree ()            */
/**************************************************/
tree  createtree()
 { int i; char ch;
   tree t;
   if ((ch=getchar())=='#')  t=NULL;
   else
     {     t=(tree) malloc (sizeof(node));
           t->data=ch;
           for (i=0;i<m;++i)
                    t->child[i]= createtree();
           }
     return t;
 }
```

1. 编写算法函数 void levelorder(tree t)实现树的层次遍历。（实验代码详见 lab6_01.c）

```
#include "tree.h"
```

/*请将本函数补充完整，并进行测试*/

```
void levelorder(tree t)     /*层次遍历以 t 为根结点的 m 度树*/
```

```
{

}
int main()
{    tree t;
     printf("前按树的前序序列输入结点信息:\n");
     t=createtree();
     printf("\nthe levelorder is:");
     levelorder(t);
     return 0;
}
```

2. 假设树采用指针方式的孩子表示法存储, 试编写一个非递归函数 void PreOrder1(tree root), 实现树的前序遍历算法。(实验代码详见 lab6_02.c)

```
#include "tree.h"
/*请将本函数补充完整, 并进行测试*/
void  PreOrder1(tree root)
{

}
int main ()
{  tree root;
   printf("please input the preorder sequence of the tree:\n");
   root =createtree();
   printf("前序序列是: \n");
   PreOrder1(root);
   return 0;
}
```

3. 假设树采用指针方式的孩子表示法存储, 试编写一个非递归函数 void PostOrder1(tree t), 实现树的后序遍历算法。(实验代码详见 lab6_03.c)

```
#include "tree.h"
/*请将本函数补充完整, 并进行测试*/
void  PostOrder1(tree root)
{

}
int main ()
{    tree root;
     printf("please input the preorder sequence of the tree:\n");
     root =createtree();
     printf("后序序列是: \n");
     PostOrder1(root);
     return 0;
}
```

4. 假设树采用指针方式的孩子表示法存储, 试编写一个函数 int isequal(tree t1, tree t2), 判断两棵给定的树是否等价(两棵树等价当且仅当其根结点的值相等且其对应的子树均相互等价)。(实验代码详见 lab6_04c)

```
#include "tree.h"
#define TRUE  1
#define FALSE 0
/*请将本函数补充完整, 并进行测试*/
int equal(tree t1,tree t2)
```

```
{

}
int main()
{   tree t1,t2;
    printf("please input the preorder sequence of the tree:\n");
    t1=createtree();
    getchar();
    printf("please input the preorder sequence of the tree:\n");
    t2=createtree();
    if ( equal(t1,t2) == TRUE)
    {   printf ("两树相等\n");
    }
    else
    {   printf ("两树不相等\n");
    }
    return 0;
}
```

5. 假设树采用指针方式的孩子表示法存储结构，试编写一个函数 tree Ct(char s[])，根据输入的树的括号表示字符串 s，建立树的存储结构。例如，若要建立教材图 6.4 所示的树，应输入 A（B（E，F），C，D（G（I，J，K），H））。（说明，tree.h 中定义的常量 m 表示树的最大度，请根据建树的需要自行修改 m 的值）（实验代码详见 lab6_05）

```
#include "tree.h"
/*请将本函数补充完整，并进行测试*/
tree Ct(char s[MAXLEN])
{

}
int main ()
{   char s[MAXLEN];
    tree root = NULL;
    printf ("请用树的括号表示法输入一棵树:\n");
    scanf ("%s",s);
    root = Ct(s);
    preorder(root);              /*前序遍历树*/
    return 0;
}
```

实验 7　二　叉　树

一、实验目的

1. 掌握二叉树的动态存储结构及表示方法。
2. 掌握二叉树的前序、中序和后序遍历的递归与非递归算法，掌握二叉树的层次遍历算法。
3. 运用二叉树的 3 种遍历算法求解基于二叉树的有关问题。

二、实验内容

已知二叉树的二叉链表存储结构、顺序栈及根据二叉树扩充前序字符串 a 建立二叉树存储结构的函数 creatbintree()已定义在 bintree.h 文件中，完成实验题 1~实验题 6。

```c
#include <stdio.h>
#include <stdlib.h>
#define N 100
extern char *a;          /*存放扩充二叉树的前序序列的外部变量*/
typedef struct node      /*二叉树结构定义*/
{  char data;
   struct node *lchild,*rchild;
}binnode;
typedef binnode *bintree;
/*函数 creatbintree (根据扩充二叉树的前序序列(字符串 a)建立二叉树 t 的存储结构*/
bintree  creatbintree()
{  char ch=*a++;
   bintree t;
   if  (ch=='#')  t=NULL;
   else
   { t=(bintree)malloc(sizeof(binnode));
     t->data=ch;
     t->lchild=creatbintree();
     t->rchild=creatbintree();
   }
   return t;
}
```

1. 编写算法函数 void preorder1(bintree t)，实现二叉树 t 的非递归前序遍历。（实验代码详见 lab7_01.c）

```c
#include "bintree.h"
char *a="ABC##D#E##F##";            /*扩充二叉树序树 t 的前序序列*/
/*请将本函数补充完整，并进行测试*/
void preorder1(bintree t)
{

}
int main()
{  bintree t;
   t=creatbintree();                /*建立二叉树 t 的存储结构*/
   printf("二叉树的前序序列为：\n");
   preorder1(t);                    /*前序非递归遍历二叉树*/
   return 0;
}
```

2. 编写算法函数 void levelbintree(bintree t)，实现二叉树的层次遍历。（实验代码详见 lab7_02.c）

```c
#include "bintree.h"
char *a="ABC##D#E##F##";            /*扩充二叉树序树 t 的前序序列*/
/*请将本函数补充完整，并进行测试*/
void levelbintree(bintree t)
{
```

```
}
int main()
{   bintree t;
    t=creatbintree();            /*建立二叉树 t 的存储结构*/
    printf("二叉树的层次序列为：\n");
    levelbintree (t);            /*层次遍历二叉树*/
    return 0;
}
```

3. 编写函数 bintree prelist(bintree t)和 bintree postfirst(bintree t)，分别返回二叉树 t 在前序遍历下的最后一个结点地址和后序遍历下的第一个结点地址。（实验代码详见 lab7_03.c）

```
#include "bintree.h"
char *a="ABC##D##EF#G###";            /*扩充二叉树树 t 的前序序列*/
/*请将本函数补充完整，并进行测试*/
bintree prelast(bintree t)
{

}
bintree postfirst(bintree t)
{

}
int main()
{   bintree t,p,q;
    t=creatbintree();            /*建立二叉树 t 的存储结构*/
    p=prelast(t);
    q=postfirst(t);
    if(t!=NULL)  {   printf("前序遍历最后一个结点为：%c\n",p->data);
                     printf("后序遍历第一个结点为：%c\n",q->data);
                 }
    else printf("二叉树为空！");
    return 0;
}
```

4. 假设二叉树采用链式方式存储，t 为其根结点，编写一个函数 int Depth(bintree t, char x)，求值为 x 的结点在二叉树中的层数。（实验代码详见 lab7_04.c）

```
#include "bintree.h"
char *a="ABC##D##EF#G###";            /*扩充二叉树树 t 的前序序列*/
/*请将本函数补充完整，并进行测试*/
int Depth(bintree t,char x)
{

}
int main()
{   bintree root;
    char x;
    int k=0;
    root=creatbintree();
    printf("请输入树中的 1 个结点值：\n");
    scanf("%c",&x);
    k=Depth(root,x);
```

```
        printf("%c 结点的层次为%d\n",x,k);
}
```

5. 试编写一个函数，将一棵给定二叉树中所有结点的左、右子女互换。（实验代码详见 lab7_05.c）

```
#include "bintree.h"
char *a="ABC##D##EF#G###";              /*扩充二叉树序树 t 的前序序列*/
/*请将本函数补充完整，并进行测试*/
void change(bintree t)
{

}
int main()
{   bintree root;
    root=creatbintree();
    change(root);
    preorder(root);
}
```

6. 试编写一个递归函数 bintree buildBintree(char *pre, char *mid, int length)，根据二叉树的前序序列 pre、中序序列 mid 和前序序列长度 length，构造二叉树的二叉链表存储结构，函数返回二叉树的树根地址。（实验代码详见 lab7_06.c）

```
#include "bintree.h"
#include <string.h>
char *a="";
/*请将本函数补充完整，并进行测试*/
bintree buildBintree(char *pre, char *mid ,int length)
{

}
int main()
{   bintree root;
    char pre[100],mid[100];
    puts("请输入前序序列: ");
    gets(pre);
    puts("请输入中序序列: ");
    gets(mid);
    root=buildBintree(pre,mid,strlen(pre));
    puts("后序序列是: ");
    postorder(root);
}
```

实验 8　图

一、实验目的

1. 熟练掌握图的邻接矩阵与邻接表存储结构及其应用。
2. 能设计出基于两种遍历算法的相关问题的求解，如深度遍历生成树的求解、广度遍历生成树的求解。

3. 理解并掌握最小生成树算法的基本思想及其算法方法。

4. 理解并掌握最短路径算法的基本思想及其算法方法。

5. 理解并掌握拓扑排序算法的基本思想及其算法方法。

二、实验内容

已知图的邻接表存储结构定义及建立图的邻接表、输出邻接表等函数均已定义（详见 ljb.h 文件）；图的邻接矩阵存储结构定义及建立图的邻接矩阵、输出邻接矩阵等函数均已定义（详见 ljjz.h 文件），完成实验题 1~实验题 6。

1. 编写程序输出以邻接表为存储结构的无向图的各顶点的度。（实验代码详见 lab8_01.c）

```c
#include "ljb.h"
/*请将本函数补充完整，并进行测试*/
void degree(LinkedGraph g)
{

}
int main()
{ LinkedGraph g;
  creat(&g,"g11.txt",0);        /*已知g11.txt中存储了图的信息*/
  printf("\n The graph is:\n");
  print(g);
  degree(g);
}
```

2. 图采用邻接表存储结构，编程对图进行广度优先遍历。（实验代码详见 lab8_02.c）

```c
#include "ljb.h"
int visited[M];                    /*全局标志向量*/
/*请将本函数补充完整，并进行测试*/
void bfs(LinkedGraph g, int i)
{ /*从顶点 i 出发广度优先变量图 g 的连通分量*/

}
/*BfsTraverse(g)在 lab8_02.c 中已定义，此处略*/
int main()
{    LinkedGraph g;
     int count;
     creat(&g,"g11.txt",0);            /*创建图的邻接表*/
     printf("\n The graph is:\n");
     print(g);
     printf("广度优先遍历序列为：\n");
     count=BfsTraverse(g);        /*从顶点 0 出发广度优先遍历图 g*/
     printf("\n该图共有%d 个连通分量。\n",count);
}
```

3. 图采用邻接表存储结构，编程对图进行深度优先遍历。（实验代码详见 lab8_03.c）

```c
#include "ljb.h"
int visited[M];
/*请将本函数补充完整，并进行测试*/
void dfs(LinkedGraph g,int i)
```

```
{   /*从顶点 i 开始深度优先遍历图的连通分量*/
    EdgeNode *p;
    printf("visit vertex: %c \n",g.adjlist[i].vertex);/*访问顶点 i*/
    visited[i]=1;
    p=g.adjlist[i].FirstEdge;
    while (p)                    /*从 p 的邻接点出发进行深度优先搜索*/
    {

    }
}
/*DfsTraverse(g)在 lab8_03.c 中已定义，此处略*/
int main()
{ LinkedGraph g;
  creat(&g,"g11.txt",0);                   /*创建图的邻接表*/
  printf("\n The graph is:\n");
  print(g);
  printf("深度优先遍历序列为：\n");
  DfsTraverse(g);                          /*从顶点 0 开始深度优先遍历图无向图 g*/
}
```

4. 无向图采用邻接矩阵存储结构，编程实现 Prim 求解最小生成树算法。（实验代码详见 lab8_04.c）。

5. 无向图采用邻接矩阵存储结构，编程实现 Dijkstra 求单源最短路径算法。（实验代码详见 lab8_05.c）。

6. 编程实现图的拓扑排序算法。（实验代码详见 lab8_06.c）。

实验 9   检   索

一、实验目的

1. 掌握顺序表的查找方法，尤其是二分查找方法，并能给予实现。

2. 掌握基于链表的查找方法，并能给予实现。

3. 掌握二叉排序树的建立及查找算法，并能给出实现。

二、实验内容

已知 data1.txt 中存储了 50 万个无序整数，data2.txt 中存储了 50 万个有序整数。slnklist.h 文件定义同实验 3。ArrayIo.h 定义了相关函数：int readData(int a[],int n,char *f)的功能是从 f 指示的文件读入 n 个整数存入数组 a[0]...a[n-1]，函数返回实际成功读入的数据个数（若 n<=500000，返回 n；若 n>500000，返回 500000）；void saveData(int a[],int n,char *f)的功能是将数组 a 的前 n 个数存入到文件 f 中；请利用 ArrayIo.h 完成实验题 1~实验题 4。

1. 利用 readData()函数从 data1.txt 中读入不同规模的数据存入数组，编写基于数组的顺序查找算法，测试数据量为 1 万、5 万、10 万、20 万、30 万、40 万和 50 万时的数据查询时间。（实验代码详见 lab9_01.c）

```
#include "ArrayIo.h"
#define N 10000                              /*数据量，可自行修改*/
/*请将本函数补充完整，并进行测试*/
int seqsearch(int a[],int n,int key)
{

}
int main()
{   int a[N],n,x,pos;
    n=readData(a,N,"data1.txt"); /*从 data1.txt 文件中读入前 N 个数存入 a 中，函数返回成功读入
的数据个数*/
    printf("请输入要查找的整数：");
    scanf("%d",&x);
    pos=seqsearch(a,n,x);
    if (pos==-1)
        printf("查找失败");
    else
        printf("a[%d]=%d\n",pos,x);
}
```

2. 利用 slnklist.h 中的 creatLink()函数从 data1.txt 中读入不同规模的数据存入不带头结点的单链表，编写基于单链表的顺序查找算法，测试数据量为 1 万、5 万、10 万、20 万、30 万、40 万和 50 万时的数据查询时间。（实验代码详见 lab9_02.c）

3. 利用 readData()函数从 data2.txt 中读入有序数据存入数组，编写基于数组的非递归二分查找算法，测试数据量为 1 万、5 万、10 万、20 万、30 万、40 万和 50 万时的数据查询时间。（实验代码详见 lab9_03.c）

4. 利用 readData()函数从 data2.txt 中读入有序数据存入数组，编写基于数组的递归二分查找算法。（实验代码详见 lab9_04.c）

5. 已知二叉树存储结构定义见 bstree.h，请编写一个算法函数 bstree creatBstree(int a[],int n)，以数组 a 中的数据作为输入建立一棵二叉排序树，并将建立的二叉排序树进行中序遍历。（提示，数组 a 中的原始数据可从 data1.txt 中读入，实验代码详见 lab9_05.c）

实验 10　排　　序

一、实验目的

1. 理解并掌握内部排序的各种算法性能和适用场合。
2. 理解并掌握 Shell 排序的基本思想及其算法。
3. 理解并掌握堆排序的基本思想及其算法。
4. 理解并掌握快速排序的基本思想及其算法。
5. 理解并掌握归并排序的基本思想及其算法。
6. 理解并掌握基于链表的基数排序的基本思想及其算法。
7. 能根据具体问题的要求（如数据的初始特征），选择最合适的算法。

二、实验内容

已知 data1.txt 中存储了 50 万个无序整数，本节实验代码中的 ArrayIo.h 相关函数已修改为：n 个数据存储在数组 a 中的位置为 1～n，a[0]不存储数据。利用 ArrayIo.h 完成实验题 1～实验题 8。

1. 请设计直接插入排序算法函数 void insertSort(int a[],int n)，对 a[1]...a[n]进行升序排序。并测试在不同数据规模（1 万~50 万）下的排序效率。（实验代码详见 lab10_01.c）

```
#include "Arrayio.h"
#define N 10000      /*N 为数据量大小，因 data1.txt 中只有 50 万个数，所以自行设定 N 值时需让
N<=500000*/
/*请将本函数补充完整，并进行测试*/
void insertSort(int a[],int n)
{

}
int  main()
{ int a[N+1],n;                    /*有效数据存储在 a[1]...a[N]中*/
  printf("数据初始化...\n");
  n=readData(a,N,"data1.txt"); /*从 data1.txt 中读入 N 个整数存入数组 a，n 为实际读入的数据个数*/
  printf("%d 个数据排序中...\n",n);
  insertSort(a,n);
  saveData(a,n,"out.txt");         /*排序结果存放在 out.txt 文件中*/
  printf("排序结束，排序结果保存在 out.txt 文件中。\n");
  return 0;
}
```

2. 请设计二分插入排序算法函数 void binInsertSort(int a[],int n)，对 a[1]...a[n]进行升序排序。并测试在不同数据规模下的排序效率。（实验代码详见 lab10_02.c）

3. 请设计 shell 排序算法函数 void shellSort(int a[],int n)，对 a[1]...a[n]进行升序排序。并测试在不同数据规模下的排序效率。（实验代码详见 lab10_03.c）

4. 请设计简单选择排序算法函数 void slectSort(int a[],int n)，对 a[1]...a[n]进行升序排序。并测试在不同数据规模下的排序效率。（实验代码详见 lab10_04.c）

5. 请设计筛选函数 void sift(int a[],int k,int n)，对 a[k] 进行筛选，并利用其设计堆排序算法函数 void heapSort(int a[],int n)，对 a[1]...a[n]进行升序排序。并测试在不同数据规模下的排序效率。（实验代码详见 lab10_05.c）

6. 请设计冒泡排序算法函数 void bubbleSort(int a[],int n)，对 a[1]...a[n]进行升序排序。并测试在不同数据规模下的排序效率。（实验代码详见 lab10_06.c）

7. 请设计快速排序算法函数 void quickSort(int a[],int low,int right)，对 a[low]...a[right]进行升序排序。并测试在不同数据规模下的排序效率。（实验代码详见 lab10_07.c）

8. 请设计归并排序算法函数 void mergeSort(int a[],int n)，对 a[1]...a[n]进行升序排序。并测试在不同数据规模下的排序效率。（实验代码详见 lab10_08.c）

9. 请设计基于链表的基数排序函数 void radixSort(linklist head)，对带头结点的整型非负单链表进行升序排序。（注：slnklist.h 定义同实验 3，链表中的最大整数为 500 000）。（实验代码详见 lab10_09.c）

```
#include "slnklist.h"
struct  node2
```

```
  {
      linklist front,rear;
  };
  #define N 1000        /*N 为数据量大小，因 data1.txt 中只有 50 万个数，所以自行设定 N 值时需让
N<=500000*/
  /*请将本函数补充完整，并进行测试*/
  void radixSort(linklist head)
  {    struct node2 q[10];/*队列*/


  }
  int  main()
  { linklist head;
    printf("数据初始化...\n");
    head=creatLink("data1.txt",N);     /*从 data1.txt 中读入 N 个整数存入数组 a, n 为实际读入的数
据个数*/
    printf("数据排序中...\n");
    radixSort(head);
    writetofile(head,"out.txt");        /*排序结果保存在 out.txt 中*/
    delList(head);
    return 0;
  }
```

附录 2
综合实验

1. 基本要求

综合实验又称为课程设计，要求组成设计小组，综合运用所学各章知识上机解决与实际应用结合紧密的、规模较大的问题，通过分析、设计、编码和调试等各环节的训练，使学生深刻理解、牢固掌握、综合应用数据结构和算法设计技术，增强分析、解决实际问题的能力，培养项目管理和团队合作精神。

实验应该采用基本的软件工程开发方法。常用的软件开发方法是将软件开发过程划分为需求分析、系统设计、编码实现和系统维护 4 个阶段。每个阶段设置相应的里程碑进行检查，对学生的设计过程进行评价。

（1）需求分析阶段

首先应该充分地分析和理解问题，明确要求做什么？限制条件是什么？这里强调的是做什么，而不是怎么做。对所需完成的任务做出明确的回答。例如，输入数据的类型、值的范围以及输入的形式；输出数据的类型、值的范围及输出的形式；若是会话式的输入，结束标志是什么？是否接受非法的输入，对非法输入的回答方式是什么等。另外，还应该为调试程序准备好测试数据，包括合法的输入数据和非法的输入数据。同时，实验小组应对设计工作进行分工，并形成小组成员通过的书面记录。

（2）概要设计和详细设计阶段

设计通常分为概要设计和详细设计两步。在进行概要设计时，要对问题描述中涉及的操作对象定义相应的抽象数据类型，并按照自顶向下，逐步求精的原则划分模块，画出模块之间的调用关系图。详细设计原则是定义相应的存储结构并写出各函数的伪码算法。

（3）编码实现阶段

在详细设计的基础上，用特定的程序设计语言编写程序。良好的程序设计风格可以保证我们较快地完成程序测试。程序的每行不要太长，每个函数不要太大，否则应该考虑将其分解为较小的函数。对函数功能、核心语句、重要的类型和变量等应给出注释。一定要按凹入格式书写程序，分清每条语句的凹入层次，上下对齐层次的括号，这样便于发现语法错误。

（4）总结和整理报告阶段

调试正确后，认真整理源程序及其注释，提交带有完整注释且格式良好的源程序并填写实习报告。

课程设计报告中除了上面提到的分析、设计过程外，还应给出下面几方面内容。

① 调试分析：调试过程中主要遇过哪些问题？是如何解决的？核心算法的时空复杂度分析和改进设想、经验和体会。

② 使用说明：列出每一个操作步骤，说明每一步的具体操作要求和注意事项。

③ 测试结果：采用测试数据，列出实际的输入、输出结果。

与课程设计报告同时提交的应包括一个说明文件以及实验程序的项目文件。说明文件应包括程序的运行环境、编译运行步骤和程序功能等内容；实验程序项目内容应包含所有和项目相关的源码、外部资源文件以及配置文件。

2. 课程设计题例

以下题例仅供参考，读者可以结合应用背景与课程知识，自行设计更丰富的课程设计题目。

题例 1　图书管理程序

（1）问题描述

图书管理程序是大家非常熟悉的信息管理软件，高校图书管理系统实现图书馆馆藏图书的信息管理与图书借阅。请使用文件和顺序表分别作为外部与内部存储，设计一个简易的图书管理程序。

（2）基本要求

系统应具有以下基本功能。

① 新进图书基本信息的输入。

② 图书基本信息的查询。

③ 对撤销图书信息的删除。

④ 为借书人办理注册。

⑤ 办理借书手续。

⑥ 办理还书手续

（3）算法分析

本课程设计主要训练学生应用顺序表存储和管理信息的综合能力，涉及顺序表的删除、查找、插入和排序等基本算法。

题例 2　学生信息管理程序

（1）问题描述

学生信息包括：学号、姓名、年龄、性别、出生年月、地址、电话和 E-mail 等。试设计一个学生信息管理程序，实现学生信息的电子化管理。要求：使用文件方式存储数据，采用链表组织学生数据。

（2）基本要求

系统应具有以下基本功能。

① 系统以菜单方式工作。

② 学生信息录入功能（学生信息用文件保存）——输入。

③ 学生信息浏览功能——输出。

④ 学生信息查询功能——按学号查询、按姓名查询。

⑤ 学生信息的删除与修改。

⑥ 学生信息的排序（按学号，按年龄）。

（3）算法分析

本课程设计主要训练学生应用链表存储和管理信息的综合能力，涉及链表的删除、查找、插入和排序等基本算法。

题例 3　哈夫曼编/译码器

（1）问题描述

利用哈夫曼编码进行信息通信可大大提高信道利用率，缩短信息传输时间，降低传输成本。

要求：在发送端通过一个编码系统对待传数据预先编码；在接收端将传入的数据进行译码（复原）。对于双工信道（即可以双向传输信息的信道），每端都需要一个完整的编/译码系统。试为这样的信息收发站写一个哈夫曼的编/译码系统。

（2）基本要求

系统应具有以下功能。

① I：初始化。从终端读入字符集大小 n 及 n 个字符和 n 个权值，建立哈夫曼树，并将它存于文件 HuffmanTree 中。

② C：编码。利用已建立好的哈夫曼树（如不在内存，则从文件 HuffmanTree 中读入）。对文件 tobetrans 中的正文进行编码，然后将结果存入文件 codefile 中。

③ D：解码。利用已建立好的哈夫曼树将文件 codefile 中的代码进行译码，结果存入 testfile 中。

④ P：打印代码文件。将文件 codefile 以紧凑格式显示在终端上，每行 50 个代码。同时将此字符形式的编码文件写入文件 codeprint 中。

⑤ T：打印哈夫曼树。将已在内存中的哈夫曼树以直观的方式（树或凹入表形式）显示在终端上，同时将此字符形式的哈夫曼树写入文件 treeprint 中。

（3）算法分析

本题例主要用到 3 个算法如下。

① 哈夫曼编码。在初始化（I）的过程中，要用输入的字符和权值建立哈夫曼树并求得哈夫曼编码。先将输入的字符和权值放到一个结构体数据中，建立哈夫曼树，将计算所得的哈夫曼编码存储到另一个结构体数组中。

② 串的匹配。在解码（D）的过程中，要对已经编码过的代码进行译码，可利用循环，将代码中与哈夫曼编码长度相同的串与这个哈夫曼编码进行比较，如果相等就回显并存入文件。

③ 二叉树的遍历。在打印哈夫曼树（T）的过程中，因为哈夫曼树也是二叉树，所以就要利用二叉树的前序遍历将哈夫曼树输出。

题例 4　电话号码查询系统

（1）问题描述

设计散列表实现电话号码查找系统。

（2）基本要求

① 每个记录有数据项：电话号码、用户名、地址。

② 从键盘输入各记录，分别以电话号码和用户名为关键字设计散列表；采用不同的散列函数，比较冲突率。

③ 采用适当的方法解决冲突；在散列函数确定的前提下，尝试不同类型处理冲突的方法，考察平均查找长度的变化。

④ 查找并显示给定电话号码的记录。

⑤ 查找并显示给定用户名的记录。

题例 5　农夫过河问题

（1）问题描述

一个农夫带着一只狼、一只羊和一棵白菜，身处河的南岸，他要把这些东西全部运到北岸。他面前只有一条小船，船只能容下他和一件物品，另外只有农夫才能撑船。如果农夫在场，则狼不能吃羊，羊不能吃白菜；否则狼会吃羊，羊会吃白菜。所以农夫不能留下羊和白菜自己离开，也不能留下狼和羊自己离开，而狼不吃白菜。要求给出农夫将所有的东西运过河的方案。

（2）问题提示

求解该问题的简单方法是一步一步进行试探，每一步搜索所有可能的选择，对前一步状态如何的选择，再考虑下一步的方案。

模拟农夫过河需要对问题中每个角色的位置进行描述。可用4位二进制数顺序分别表示农夫、狼、羊和白菜的位置。用0表示农夫或者某某东西在河的南岸，1表示在河的北岸。问题变成：从初始状态二进制0000（全部在河的南岸）出发，寻找一种全部由安全状态构成的状态序列，它以二进制1111（全部到达河的北岸）为最终目标，并且在序列中的每一个状态都可以从前一状态得到。为避免重复，要求在序列中不出现重复的状态。

实现求解的搜索过程可采用广度优先搜索和深度优先搜索实现。

农夫过河问题的广度优先算法，把每一步所有可能的状态都放在队列中，从队列中顺序取出分别进行处理，处理过程中再把下一步的状态放在队列中……具体算法中需要用到一个整数队列moveTo，它的每个元素表示一个可以安全到达的中间状态。还需要一个数据结构记录已被访问过的各种状态，以及已被发现的能够到达当前这个状态的路径。构造一个包含16个元素的整数顺序表route来列举所有16种状态（二进制0000到1111）。顺序表route的每个分量初始值为-1，第i个元素记录状态i是否已被访问过，若已被访问过，则在这个顺序表元素中记录前驱状态值。route的一个元素具有非负值表示这个状态已访问过，或者正被考虑。最后，可以利用route顺序表元素的值建立起正确的状态路径。

（3）功能设计

① 确定农夫、狼、羊和白菜位置的功能模块。

用整数locate表示4位二进制数描述的状态。用4位二进制数表示农夫、狼、白菜和羊，使用位操作的"与"操作来考察每个角色所在位置的代码是0还是1。函数返回值为真，表示所考察的角色在河的北岸，否则在南岸。

② 确定安全状态的功能模块。

此功能模块通过位置分布的代码来判断当前状态是否安全。若状态安全返回1，状态不安全返回0。

③ 将各个安全状态还原成友好的提示信息的功能模块。

由于route表中存放整型数据，使用状态表把各个整数按照4位二进制数的各个位置上的0、1代码所表示的含义输出成容易理解的文字。附表1为测试结果。

附表1　　　　　　　　　　　　　　　测试结果

步　骤	状　态 南　岸	北　岸
0	农夫　狼　羊　白菜	—
1	狼　白菜	农夫　羊
2	狼	农夫　羊　白菜
3	农夫　狼　羊	白菜
4	羊	农夫　狼　白菜
5	农夫　羊	狼　白菜
6	—	农夫　狼　羊　白菜

题例6　全国交通咨询模拟

（1）问题描述

处于不同目的的旅客对交通工具有不同的要求。例如，因公出差的旅客希望在旅途中的时间尽可能短，出门旅游的游客则期望旅费尽可能省，而老年旅客则要求中转次数最少。编制一个全国城市间的交通咨询程序，为旅客提供两种或三种最优决策的交通咨询。

（2）基本要求

① 提供对城市信息进行编辑（如：添加或删除）的功能。

② 城市之间有两种交通工具：火车和飞机。提供对列车时刻表和飞机航班进行编辑（增设或删除）的功能。

③ 提供两种最优决策：最快到达和最省钱到达。全程只考虑一种交通工具。

④ 旅途中耗费的总时间应该包括中转站的等候时间。

⑤ 咨询以用户和计算机的对话方式进行。由输入起始站、终点站、最优决策原则和交通工具，输出信息：最快需要多长时间才能到达或者最少需要多少旅费才能到达，并详细说明于何时乘坐哪一趟列车或哪一次班机到何地。

测试数据：参考全国交通图，自行设计列车时刻表和飞机航班。

（3）实现提示

① 对全国城市交通图和列车时刻表及飞机航班表进行编辑，应该提供文件形式输入和键盘输入两种方式。飞机航班表的信息应包括：起始站的出发时间、终点站的到达时间和票价；列车时刻表则需根据交通图给出各个路段的详细信息。

② 以邻接表作为交通图的存储结构，表示边的结构内除含有邻接点的信息外，还应包括交通工具、路程中耗费的时间和花费以及出发和到达的时间等多种属性。

选作内容：增加旅途中转次数最少的最优决策。

题例7　例句搜索

在写英文文章时，遇到生词可能会借助于一些字典工具，用来查找某个词的词义、词性。但是如果仅仅根据这些还不是太容易掌握其地道的用法，很有可能造出中国式的英语来，所以直接借鉴别人的使用方法是一种比较可靠的途径。该作业的目的就是做一个好用的根据英语单词查找相应例句的搜索程序。

（1）问题描述

输入某一个（或若干个）英语单词，要求返回相应的英语例句。

可以按下列3个步骤来进行。

①准备语料。寻找英语文章，如托福、GRE的文章等，或者下载一些英语新闻。

② 处理语料。对语料进行清理、分句、索引、生成字典。需要做一些取语干的操作。分句可以根据标点符号处理，也可以根据提供的资料进行处理。

③ 根据索引进行查询。支持一个或多个查询，需要进行取词干的处理。例如，查read，那么reading等单词也要能够返回。

（2）问题提示

① 索引功能是最基本的功能，而且需要物化到外存。不能每次机械地从原始语料中去匹配字符串，也不能每次都是在内存里建立好索引，下次启动程序时又重新建立一次索引。

② 索引的粒度可以自己根据实际情况调整，由于查询的结果是语句。如果按照词与文章的关系建立倒排索引，每次去查询时可能需要太多的匹配操作。而且如果只是针对原始语料进行索

引，最后还需要从文档中找出句子，导致查询比较慢。

③ 可以针对一些特殊类型的单词做一些处理，如一些常用词，这些词可能导致索引膨胀得比较厉害，可以进行一些删减。

④ 可以预先定义一个词典，这个词典可以扩充。需要保证在语料中的词都能够被检索到。预先定义的词典可以包含其他内容，如单词中的中文翻译等。

⑤ 查询的最基本要求是给出一个单词，可以找出这些单词对应的例句。

（3）加分功能

① 支持解释单词的意思，中英文解释皆可。可能需要学生自己找词库。当然，如果能够根据语料库的内容来自动生成解释可以加更多的分（如网络上的新词，一些特殊用法等）。

② 支持不断增加的语料库。

③ 支持一些复杂的查询，例如布尔查询。支持中文查询（输入中文词语，查询对应的英语单词的语句），或者一些拼写检查的功能、近义词和相关查询等。

④ 支持一些相关信息查询，如同义、反义词、词形变化、固定搭配和相关搭配（例如一个名词前常用的形容词等）。

⑤ 其他更多的先进功能，如例句的好坏评价、语法分析等。

（4）参考资料

① 取词干算法可以参考以下资源。

http://www.comp.lancs.ac.uk/computing/research/stemming/index.htm

http://www.comp.lancs.ac.uk/computing/research/stemming/general/

http://en.wikipedia.org/wiki/stemming

② 语料：大学英语教材。

③ 参考网站：http://www.jukuu.com/index.php。

参考文献

[1] 严蔚敏, 吴伟民. 数据结构（C 语言版）. 北京：清华大学出版社，1997.

[2] 许卓群, 张乃孝, 杨冬青, 等. 数据结构. 北京：高等教育出版社，1987.

[3] 阿霍, 霍普克罗夫特, 厄尔曼. 数据结构与算法. 唐守文, 宋俊京, 陈良, 等译. 北京：科学出版社，1987.

[4] 黄明和, 周定康, 谢旭升, 等. 数据结构. 南昌：江西教育出版社，1998.

[5] 黄育潜, 滕少华. 数据结构教程. 武汉：华中理工大学出版社，1996.

[6] 薛锦云, 李云清, 杨庆红, 等. 程序设计方法. 北京：高等教育出版社，2001.

[7] 全国硕士研究生入学统一考试辅导用书编委会. 全国硕士研究生入学考试：计算机专业基础综合考试大纲解析（2014 年版）. 北京：高等教育出版社，2013.

[8] 李文新. 北京大学计算机科学核心课程系列实验班教学实施方案. 北京：高等教育出版社，2012.

[9] 教育部高等学校计算机科学与技术教学指导委员会. 高等学校计算机科学与技术实践教学体系与规范. 北京：清华大学出版社，2008.

[10] Sedgewick Robert. 算法：C 语言实现（第 1～4 部分） 基础知识、数据结构、排序及搜索（原书第 3 版）. 霍红卫, 译. 北京：机械工业出版社，2009.

[11] 教育部高等学校计算机科学与技术教学指导委员会, 高等学校计算机科学与技术专业核心课程教学实施方案. 北京：高等教育出版社，2009.